河合塾
SERIES

厳選！
大学入試数学問題集
文系160

河合塾数学科 編

問題編

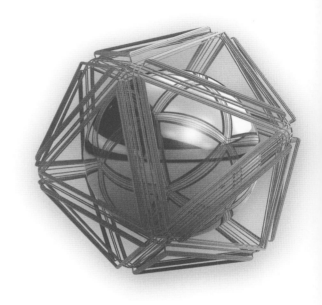

JN083353

河合出版

は じ め に

　この問題集は，数学Ⅰ，Ａ，Ⅱ，Ｂ，Ｃ（ベクトル）の教科書をひと通り終え，これから本格的に受験勉強を始める文系の受験生を対象としています．

　河合出版では毎年，その年の入試問題の中から厳選された問題を集めた『大学入試攻略数学問題集』を出版しています．この『大学入試攻略数学問題集』を過去 30 年以上に渡って精査し，さらに厳選を重ねてこの問題集を作成しました．いわば，この 30 年間の入試問題の集大成と言えるでしょう．特別な難問やありふれた易問は極力避け，効率よく大学入試に対応できるような問題が 160 題収録されています．

　一部理系の大学の問題も収録されていますが，これは大学名で選んだわけではなく，あくまで入試に必要な学力を効率良く伸ばすという観点で選んだためです．

　解答はできるだけ自然なものを心がけました．ここで提示された解法は是非とも身につけてもらいたいものばかりです．

　問題によっては，〈方針〉，（別解），【注】，〔参考〕などもつけ，その 1 題をより深く理解できるようにしました．

　なお，問題の主旨を変えない範囲で問題文の表現を変更したものには問題番号に＊が，また，問題の主旨を若干変えたものには出典大学に 改 の字がついています．

　この問題集を大いに活用して，ゆるぎない実力が養成されることを期待します．

目　次

1 2次関数 $y=x^2+ax+b$ と，この関数のグラフ C について，次の問に答えよ．ただし，a, b は定数とする．

(1) C の頂点が $(2, -1)$ のとき，C と x 軸との交点の座標を求めよ．

(2) C の軸が直線 $x=-1$ で，C が点 $(1, 1)$ を通るとき，この関数の最小値を求めよ．

(3) C を x 軸方向に a，y 軸方向に $-a$ 平行移動すると，2点 $(0, 0)$，$(2, -6)$ を通る放物線になるとき，a, b の値を求めよ．

(4) この関数の $-1 \leqq x \leqq 2$ における最小値が 0，最大値が 8 であるとき，a, b の値を求めよ．

（東北学院大）

2 x の2次関数 $f(x)=x^2-2ax+a+2$ を考える．$0 \leqq x \leqq 3$ における $f(x)$ の最大値を M，最小値を m とおく．次の問に答えよ．

(1) $a<0$ のとき，M, m を a を用いてそれぞれ表せ．

(2) $0 \leqq a < \dfrac{3}{2}$ のとき，M, m を a を用いてそれぞれ表せ．

(3) $0 \leqq x \leqq 3$ を満たすすべての x について不等式 $0 < f(x) < 6$ が成り立つような a の値の範囲を求めよ．

（同志社大）

*3　a を定数とする 2 次関数
$$f(x)=x^2+2ax+2a+4,$$
$$g(x)=-x^2+1$$
がある.

(1)　すべての実数 x に対して $f(x)>g(x)$ が成り立つような a のとり得る値の範囲を求めよ.

(2)　実数 k をうまく選べばすべての実数 x に対して $f(x)>k>g(x)$ が成り立つような a の値の範囲を求めよ.

（南山大）

4　2 次関数 $f(x)=2x^2-4ax+a+1$ について,次の問に答えよ.ただし,a は定数とする.

(1)　$0\leqq x\leqq 4$ における $f(x)$ の最小値を m とするとき,m を a を用いて表せ.

(2)　$0\leqq x\leqq 4$ においてつねに $f(x)>0$ が成り立つように,a の値の範囲を定めよ.

（秋田大）

5　a は実数の定数とする.

(1)　$|x-a|<2$ を満たす実数 x の値の範囲を求めよ.

(2)　$|x-a|<2$ を満たす正の実数 x が存在するような a の値の範囲を求めよ.

(3)　$|x-a|<x+1$ を満たす実数 x が存在するような a の値の範囲を求めよ.

(4)　a の値が (3) の範囲にあるとき,$|x-a|<x+1$ を満たす実数 x の値の範囲を求めよ.

(5)　すべての実数 x に対して $|x^2-a|>x-a$ が成り立つような a の値の範囲を求めよ.

（慶應義塾大）

6　実数 x の関数 $f(x)=|x-1|(x-2)$ を考える．$y=f(x)$ のグラフと直線 $y=x+a$ との共有点の個数は，定数 a の値によって，どのように変わるかを調べよ．

（千葉大）

7　k は実数の定数であるとする．方程式

$$x^2-2kx+2k^2-2k-3=0$$

について，次の問に答えよ．

（1）　この方程式が 2 つの実数解をもち，1 つの解が正でもう 1 つの解が負であるための k の値の範囲を求めよ．

（2）　この方程式が，少なくとも 1 つの正の解をもつための k の値の範囲を求めよ．

（関西大）

＊8　2 次不等式

$$2x^2+(4-7a)x+a(3a-2)<0$$

の解がちょうど 3 個の整数を含むような正の定数 a の値の範囲を求めよ．

（中京大）

9 AB=3, BC=8, CA=7 の △ABC がある.

(1) ∠B=⬚° である.

(2) △ABC の外接円の半径は $\dfrac{\boxed{}}{\boxed{}}\sqrt{\boxed{}}$ である.

(3) △ABC の外接円の B を含まない弧 AC 上に AD=3 となる点 D をとり, △ABC の辺 BC 上に BE=3 となる点 E をとる.

このとき, ∠AEC=⬚°, CD=⬚ である.

(4) 四角形 ABCD の面積は $\dfrac{\boxed{}}{\boxed{}}\sqrt{\boxed{}}$ である.

(5) BD=$\dfrac{\boxed{}}{\boxed{}}$ である.

(6) ∠AEC の二等分線と AC との交点を F とすると, AF=$\dfrac{\boxed{}}{\boxed{}}$,

EF=$\dfrac{\boxed{}}{\boxed{}}$ である.

（上智大）

10 四角形 ABCD は円に内接し, AB=2, BC=6, CD=4, B=60° である. 次の問に答えよ.

(1) AC と AD の長さを求めよ.

(2) $\sin C$ の値を求めよ.

(3) AB と CD のそれぞれの延長線の交点を E とするとき, AE と DE の長さを求めよ.

（法政大）

11 △ABC の 3 辺の長さが，BC$=a$，CA$=3a-2$，AB$=5a-4$ であるとき，a の値の範囲を求めると ☐ である．また，△ABC が鈍角三角形で外接円の半径が $\frac{\sqrt{3}}{3}(5a-4)$ ならば，$a=$ ☐ である．

（福岡大）

12 AB$=$AC，BC$=1$，∠ABC$=72°$ の △ABC を考える．∠ABC の二等分線と辺 AC の交点を D とする．次の問に答えよ．

(1) 線分 AD の長さと辺 AC の長さを求めよ．

(2) $\cos 72°$ を求めよ．

(3) △ABD の内接円の半径を r，△CBD の内接円の半径を s とするとき，$\frac{r}{s}$ の値を求めよ．

（大阪教育大）

13 右図のような正五角形 ABCDE で，AC と BE の交点を F，AD と BE の交点を G とする．

以下の問に答えよ．

(1) ∠BAE は何度か．

(2) ∠BAF は何度か．

(3) ∠FAG は何度か．

(4) △ABG と △GAF は相似であることを証明せよ．

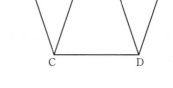

(5) BF$=1$，AB$=x$ としたとき，x について成り立つ式を求めよ．

(6) x を求めよ．

（中央大）

14 水平な地面に高さ h の鉄塔が垂直に立っている．鉄塔の頂点を P，地面上の異なる2点を A，B とし，AB 間の距離を c，A から P を見上げた角を α，$\angle\text{PAB}$ を θ_A，$\angle\text{PBA}$ を θ_B とする．以下の問に答えよ．

(1) 高さ h を α，θ_A，θ_B，c を用いて表せ．

(2) 線分 AB 上の点から P を見上げた角の最大値を β とする．$\alpha=30°$，$\theta_A=60°$，$\theta_B=80°$ のとき，$\sin\beta$ を求めよ．

（岐阜大）

15 四面体 ABCD は

$$AB=6, \quad BC=\sqrt{13},$$
$$AD=BD=CD=CA=5$$

を満たしているとする．

(1) △ABC の面積を求めよ．

(2) 四面体 ABCD の体積を求めよ．

（学習院大）

16 右図のように，中心が O_1，O_2 である2つの円が2点 A，B で交わっている．直線 m を2つの円の共通接線，接点を C，D とし，直線 AB と直線 m の交点を M とする．このとき，次の問に答えよ．

(1) 点 M は線分 CD の中点であることを示せ．

(2) $\angle\text{CMA}$ が直角であるとき，2つの円の半径は等しいことを示せ．

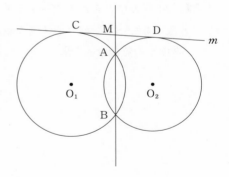

（岩手大）

17 三角形 ABC において, 辺 AB を $3:2$ に内分する点を D, 辺 AC を $5:3$ に内分する点を E とする. また, 線分 BE と CD の交点を F とする. このとき, 次の問に答えよ.

(1) CF : FD を求めよ.

(2) 4点 D, B, C, E が同一円周上にあるとする. このとき, AB : AC を求めよ. さらに, この円の中心が辺 BC 上にあるとき, AB : AC : BC を求めよ.

(香川大)

18 鋭角三角形 ABC において, 頂点 A, B, C から各対辺に垂線 AD, BE, CF を下ろす. これらの垂線は垂心 H で交わる. このとき, 以下の問に答えよ.

(1) 四角形 BCEF と AFHE が円に内接することを示せ.

(2) $\angle ADE = \angle ADF$ であることを示せ.

(東北大)

19 20 個の値からなるデータがある. そのうちの 15 個の値の平均値は 10 で分散は 5 であり, 残りの 5 個の値の平均値は 14 で分散は 13 である. このデータの平均値と分散を求めよ.

(信州大)

20 下の表は，5 人の生徒 A，B，C，D，E の英語と数学の小テスト（各 10 点満点）の点数をまとめたものである．ただし，a, b は 0 以上 10 以下の整数である．

	A	B	C	D	E
英語	a	b	6	a	5
数学	5	2	5	b	5

英語の点数の平均値が 6，数学の点数の分散が 1.6 であるとき，次の問に答えよ．

(1) a, b の値を求めよ．

(2) 英語の点数と数学の点数の相関係数を小数第 3 位を四捨五入して小数第 2 位まで求めよ．

（山口大）

21 1 から 2000 までの自然数の集合を A とする．

(1) A の要素のうち，7 または 11 のいずれか一方のみで割り切れるものの個数を求めよ．

(2) A の要素のうち，7，11，13 のいずれか一つのみで割り切れるものの個数を求めよ．

（奈良女子大）

22 10 個の文字 $a, a, a, b, b, c, c, d, e, f$ から 4 個の文字を選び，一列に並べて文字列を作成する．

(1) 同じ文字を 3 個含む文字列の総数を求めよ．

(2) 文字がすべて異なる文字列の総数を求めよ．

(3) 作成可能な文字列の総数を求めよ．

（信州大）

23 次のような道路の図において，最も小さい正方形の一辺の長さは 1 m であるとする．このとき，次の間に答えよ．

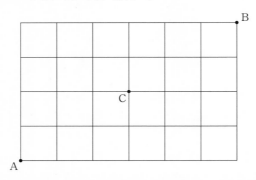

(1) A 地点から B 地点まで最短距離で行く経路は何通りあるかを求めよ．

(2) A 地点から B 地点まで最短距離で行く経路のうち，C 地点を通らないものは何通りあるかを求めよ．

(3) A 地点から B 地点まで最短距離で行く経路のうち，その経路に含まれる最も長い直線路の長さが 5 m 以上であるものは何通りあるかを求めよ．

(4) A 地点から B 地点まで最短距離で行く経路のうち，その経路に含まれる最も長い直線路の長さが 4 m 以上であるものは何通りあるかを求めよ．

（高知大）

24 男子 4 人，女子 3 人がいる．次の並び方は何通りあるか．

(1) 男子が両端にくるように 7 人が一列に並ぶ．

(2) 女子が隣り合わないように 7 人が一列に並ぶ．

(3) 女子のうち 2 人だけが隣り合うように 7 人が一列に並ぶ．

(4) 女子の両隣りには男子がくるように 7 人が円周上に並ぶ．

（青山学院大）

***25** 1000 から 9999 までの 4 桁の自然数について，次の問に答えよ．

(1) 1 が使われているものはいくつあるか．

(2) 1，2 の両方が使われているものはいくつあるか．

(3) 1，2，3 のすべてが使われているものはいくつあるか．

（名古屋市立大）

***26** 1，2，3，4，5 の番号それぞれがついた 5 個の引き出しと，1，2，3，4，5 の数字それぞれがついたカードが 5 枚ある．1 つの引き出しにカードを 1 枚ずつ，すべての引き出しに入れることにする．次の問に答えよ．

(1) 入れ方の総数を求めよ．

(2) 引き出しの番号と引き出しに入っているカードの数字が 3 つのみの引き出しで一致する入れ方の数を求めよ．

(3) 引き出しの番号と引き出しに入っているカードの数字が 2 つのみの引き出しで一致する入れ方の数を求めよ．

(4) 引き出しの番号と引き出しに入っているカードの数字が 1 つのみの引き出しで一致する入れ方の数を求めよ．

(5) 引き出しの番号と引き出しに入っているカードの数字がいずれの引き出しでも一致しない入れ方の数を求めよ．

（東京理科大）

***27** 8 個の玉に 1 から 8 までの数字がそれぞれ 1 つずつ記されている．この 8 個の玉をすべて箱 A と箱 B に分けて入れることを考える．ただし，どちらの箱にも少なくとも 1 個の玉を入れるものとする．

(1) 分け方は全部で何通りあるか．

(2) 箱 A に偶数が記された玉のみが入るような分け方は何通りあるか．

(3) 箱 A と箱 B のいずれについても，偶数が記された玉 2 個と奇数が記された玉 2 個が入るような分け方は何通りあるか．

(4) 箱 A と箱 B のいずれについても，偶数が記された玉と奇数が記された玉がそれぞれ少なくとも 1 個は入るような分け方は何通りあるか．

（神戸学院大）

28 整数 a, b, c の組 (a, b, c) を考える.

(1) $1 \leq a \leq 9$, $1 \leq b \leq 9$, $1 \leq c \leq 9$ を満たす組 (a, b, c) は全部で [   ] 組ある.

(2) $1 \leq a < b < c \leq 9$ を満たす組 (a, b, c) は全部で [   ] 組ある.

(3) $1 \leq a \leq b \leq c \leq 9$ を満たす組 (a, b, c) は全部で [   ] 組ある.

(4) $a + b + c = 9$, $a \geq 0$, $b \geq 0$, $c \geq 0$ を満たす組 (a, b, c) は全部で [   ] 組ある.

(5) $a + b + c = 9$, $a \geq 1$, $b \geq 1$, $c \geq 1$ を満たす組 (a, b, c) は全部で [   ] 組ある.

（近畿大・改）

29 立方体の各面に，隣り合った面の色は異なるように色を塗りたい．ただし，立方体を回転させて一致する塗り方は同じとみなす．このとき，次の問に答えよ.

(1) 異なる 6 色をすべて使って塗る方法は何通りあるか.

(2) 異なる 5 色をすべて使って塗る方法は何通りあるか.

(3) 異なる 4 色をすべて使って塗る方法は何通りあるか.

（琉球大）

30 1 から 9 までの数字の中から，重複しないように 3 つの数字を無作為に選ぶ．その中の最大の数字を X とする．このとき，次の問に答えよ.

(1) $X = 3$ となる確率を求めよ.

(2) $X = 4$ となる確率を求めよ.

(3) $X = k$ $(3 \leq k \leq 9)$ となる確率を k を用いて表せ.

(4) 期待値 $E(X)$ を求めよ.

（鳥取大）

31 1 から 4 までの番号を 1 つずつ書いた 4 枚のカードがある．この中から 1 枚を抜き取り，番号を記録してもとに戻す．これを n 回繰り返したとき，記録された n 個の数の最大公約数を X とする．ただし，n は 2 以上の自然数とする．次の問に答えよ．

(1) $X=3$ となる確率と $X=4$ となる確率を n を用いて表せ．

(2) $X=2$ となる確率を n を用いて表せ．

(3) X の期待値を n を用いて表せ．

（琉球大）

32 袋の中に 1 から 5 までのいずれかの数字を書いた同じ形の札が 15 枚入っていて，それらは 1 の札が 1 枚，2 の札が 2 枚，3 の札が 3 枚，4 の札が 4 枚，5 の札が 5 枚からなる．袋の中からこれらの札のうち 3 枚を同時に取り出すとき，札に書かれている数の和を S とする．このとき，次の問に答えよ．

(1) S が 2 の倍数である確率を求めよ．

(2) S が 3 の倍数である確率を求めよ．

（熊本大）

33 3 個のさいころを同時に投げる．このとき，次の問に答えよ．

(1) 出る目の最小値が 3 以上になる確率を求めよ．

(2) 3 個のうち，いずれか 2 個の目の和が 8 になる確率を求めよ．

(3) 出る目の最小値が 2 以下になり，かつどの 2 個の目の和も 8 でない確率を求めよ．

（滋賀大）

34 さいころを n 回 $(n \geqq 2)$ 投げ, k 回目 $(1 \leqq k \leqq n)$ に出る目を X_k とする.

 (1) 積 $X_1 X_2$ が 18 以下である確率を求めよ.

 (2) 積 $X_1 X_2 \cdots X_n$ が偶数である確率を求めよ.

 (3) 積 $X_1 X_2 \cdots X_n$ が 4 の倍数である確率を求めよ.

 (4) 積 $X_1 X_2 \cdots X_n$ を 3 で割ったときの余りが 1 である確率を求めよ.

(千葉大)

35 動点 P は, xy 平面上の原点 $(0, 0)$ を出発し, x 軸の正の方向, x 軸の負の方向, y 軸の正の方向, y 軸の負の方向のいずれかに, 1 秒ごとに 1 だけ進むものとする. その確率は, x 軸の正の方向と負の方向にはそれぞれ $\dfrac{1}{5}$, y 軸の正の方向には $\dfrac{2}{5}$, および y 軸の負の方向には $\dfrac{1}{5}$ である. このとき次の問に答えよ.

 (1) 2 秒後に動点 P が原点 $(0, 0)$ にある確率を求めよ.

 (2) 4 秒後に動点 P が原点 $(0, 0)$ にある確率を求めよ.

 (3) 5 秒後に動点 P が点 $(2, 3)$ にある確率を求めよ.

(岩手大)

36 正六角形 ABCDEF の 6 本の辺と 9 本の対角線を合わせた 15 本の線分から，異なる 2 本の線分を選ぶ．このとき，次の問に答えよ．

(1) 2 本の線分の選び方は何通りあるか．

(2) 選んだ 2 本の線分が A を共有点にもつ確率を求めよ．

(3) 選んだ 2 本の線分が共有点をもたない確率を求めよ．

（福井大）

37 A，B，C の 3 人でじゃんけんをする．一度じゃんけんで負けたものは，以後のじゃんけんから抜ける．残りが 1 人になるまでじゃんけんを繰り返し，最後に残ったものを勝者とする．ただし，あいこの場合も 1 回のじゃんけんを行ったと数える．

(1) 1 回目のじゃんけんで勝者が決まる確率を求めよ．

(2) 2 回目のじゃんけんで勝者が決まる確率を求めよ．

(3) 3 回目のじゃんけんで勝者が決まる確率を求めよ．

(4) $n \geqq 4$ とする．n 回目のじゃんけんで勝者が決まる確率を求めよ．

（東北大）

38 白玉 13 個と赤玉 5 個が入った袋がある．この袋から玉を無作為に 1 個取り出すという試行を繰り返す．ただし，取り出した玉は袋に戻さないこととする．このとき，次の問に答えよ．

(1) 試行を 3 回繰り返したとき，取り出した 3 つの玉のうち少なくとも 1 つが赤玉である確率を求めよ．

(2) n 回目の試行で 4 個目の赤玉を取り出す確率を P_n とする．P_n が最大となる n の値を求めよ．

（名古屋市立大）

39 A，B，C の 3 人のうち 2 人が，1 から 13 までの数字が書かれた 13 枚のカードの束から順に 1 枚ずつカードを引き，大きい数のカードを引いた者を勝者とするルールで代わる代わる対戦する．

ただし，最初に A と B が対戦し，その後は，直前の対戦の勝者と休んでいた者が対戦を行う．また，カードを引く順番は最初は A から，その後は直前の対戦の勝者からとする．なお，対戦に先立って毎回カードの束をシャッフルし，引いたカードは対戦後直ちにもとの束に戻すものとする．このとき，次の問に答えよ．

(1) 最初の対戦で A が勝つ確率を求めよ．

(2) 4 回目の対戦に A が出場する確率を求めよ．

(3) 5 回の対戦を行うとき，A が 3 人の中で一番先に連勝を達成する確率を求めよ．

(岡山大)

*40 1 から n までの番号が書かれた n 枚のカードがある．この n 枚のカードの中から 1 枚を取り出し，その番号を記録してからもとに戻す．この操作を 3 回繰り返す．記録した 3 個の番号が 3 つとも異なる場合には大きい方から 2 番目の値を X とする．2 つが一致し，1 つがこれと異なる場合には，2 つの同じ値を X とし，3 つとも同じならその値を X とする．

(1) 確率 $P(X \leqq k)$ $(k=1, 2, \cdots, n)$ を求めよ．

(2) 確率 $P(X=k)$ $(k=1, 2, \cdots, n)$ を求めよ．

(千葉大)

41 図のような正六角形 ABCDEF と動点 P があり，点 P は最初頂点 A の位置にある．サイコロを振って，1，2，3 の目が出れば時計回りに隣の頂点へ移動し，4，5 の目が出れば反時計回りに隣の頂点に移動する．そして，6 の目が出たときはその位置にとどまる．このとき以下の問に答えよ．

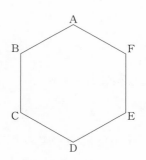

(1) サイコロを 3 回振った時点で点 P が頂点 D の位置にある確率を求めよ．

(2) サイコロを 4 回振った時点で点 P が頂点 E の位置にある確率を求めよ．

(3) サイコロを 6 回振った時点で点 P が頂点 A の位置にある確率を求めよ．

（大分大）

42 赤玉 3 個と白玉 5 個が入っている袋がある．この袋から玉を 1 個取り出しその色のいかんにかかわらず白玉 1 個をこの袋へ入れるという操作を繰り返す．2 回目までに少なくとも 1 回は赤玉が取り出されたことがわかっているとき，3 回目に赤玉が取り出される確率を求めよ．

（琉球大）

*43 ある病原菌を検出する検査法によると，病原菌がいるときに正しく判定する確率と病原菌がいないときに正しく判定する確率がともに 95％ である．全体の 2％ にこの病原菌がいるとされる検体の中から 1 個の検体を抜き出して検査する．

(1) 抜き出した検体に病原菌がいると判定される確率を求めよ．

(2) 抜き出した検体に病原菌がいると判定されたとき，この判定が正しい確率を求めよ．

(3) 抜き出した検体に病原菌がいないと判定されたとき，この判定が誤りである確率を求めよ．

（摂南大）

整数問題

44 方程式

$$\frac{1}{x}+\frac{1}{2y}+\frac{1}{3z}=\frac{4}{3} \qquad \cdots ①$$

を満たす正の整数の組 $(x,\ y,\ z)$ について考える.

(1) $x=1$ のとき,正の整数 $y,\ z$ の組をすべて求めよ.

(2) x のとり得る値の範囲を求めよ.

(3) 方程式 ① を解け.

(早稲田大)

45 n を 2 以上の整数とするとき,次の問に答えよ.

(1) n^3-n が 6 で割り切れることを証明せよ.

(2) n^5-n が 30 で割り切れることを証明せよ.

(弘前大)

46 1 から n までの自然数 1, 2, 3, $\cdots$, n の和を S とするとき,次の問に答えよ.

(1) n を 4 で割った余りが 0 または 3 ならば,S が偶数であることを示せ.

(2) S が偶数ならば,n を 4 で割った余りが 0 または 3 であることを示せ.

(3) S が 4 の倍数ならば,n を 8 で割った余りが 0 または 7 であることを示せ.

(神戸大)

47 以下の問に答えよ.

(1) 任意の自然数 a に対し,a^2 を 3 で割った余りは 0 か 1 であることを証明せよ.

(2) 自然数 a, b, c が $a^2+b^2=3c^2$ を満たすと仮定すると,a, b, c はすべて 3 で割り切れなければならないことを証明せよ.

(3) $a^2+b^2=3c^2$ を満たす自然数 a, b, c は存在しないことを証明せよ.

(九州大)

48 30 の階乗 30! について,以下の問に答えよ.

(1) 2^k が 30! を割り切るような最大の自然数 k を求めよ.

(2) 30! の一の位は 0 である.ここから始めて十の位,百の位と順に左に見ていく.最初に 0 でない数字が現れるまでに,連続していくつの 0 が並ぶかを答えよ.

(3) (2)において,最初に現れる 0 でない数字は何であるかを理由とともに答えよ.

(千葉大)

49 実数 a, b, c に対して,3 次関数 $f(x)=x^3+ax^2+bx+c$ を考える.このとき,次の問に答えよ.

(1) $f(-1)$, $f(0)$, $f(1)$ が整数であるならば,すべての整数 n に対して,$f(n)$ は整数であることを示せ.

(2) $f(2010)$, $f(2011)$, $f(2012)$ が整数であるならば,すべての整数 n に対して,$f(n)$ は整数であることを示せ.

(新潟大)

50 整数を係数とする 3 次式
$$f(x)=x^3+ax^2+bx+c$$
について，以下の問に答えよ．

(1) 有理数 r が方程式 $f(x)=0$ の 1 つの解であるとき，r は整数であることを示せ．

(2) 整数 $f(1)$, $f(2)$, $f(3)$ のいずれも 3 で割り切れないとき，方程式 $f(x)=0$ は有理数の解をもたないことを示せ．

（首都大東京）

数　学　Ⅱ

51 正の数 a, b, c, d が不等式

$$\frac{a}{b} \leqq \frac{c}{d}$$

を満たすとき，不等式

$$\frac{a}{b} \leqq \frac{2a+c}{2b+d} \leqq \frac{c}{d}$$

が成り立つことを示せ.

（学習院大）

52 a, b, c を実数とする. 以下の問に答えよ.
(1) $a+b=c$ であるとき，$a^3+b^3+3abc=c^3$ が成り立つことを示せ.
(2) $a+b \geqq c$ であるとき，$a^3+b^3+3abc \geqq c^3$ が成り立つことを示せ.

（東北大）

53 自然数 n に対して，次の等式が成り立つことを示せ.
(1) $_nC_0 + {}_nC_1 + \cdots + {}_nC_n = 2^n$
(2) $_nC_1 + 2 \cdot {}_nC_2 + \cdots + n \cdot {}_nC_n = 2^{n-1}n$
(3) $_{2n+1}C_0 + {}_{2n+1}C_1 + \cdots + {}_{2n+1}C_n = 2^{2n}$

（大阪府立大）

54 正の実数 a, b, c に対して，不等式

$$\frac{1}{a} + \frac{1}{b} + \frac{1}{c} \geqq \frac{9}{a+b+c}$$

を証明せよ. また，等号が成り立つための条件を求めよ.

（学習院大）

55 (1) $a>0$, $b>0$ のとき, $\left(a+\dfrac{2}{b}\right)\left(b+\dfrac{8}{a}\right)$ の最小値は $\boxed{}$ であり, このとき $ab=\boxed{}$ である.

(2) $a>1$ のとき, $\dfrac{a-1}{a^2-2a+5}$ の最大値は $\boxed{}$ であり, このとき $a=\boxed{}$ である.

（立命館大）

56 a, b を正の定数とする. 座標平面上の点 $(a,\ b)$ を通る直線 l が, x 軸の正の部分および y 軸の正の部分と交わるように動くとする. x 軸, y 軸および直線 l で囲まれる三角形の面積が最小になるような直線 l の方程式を求めよ.

（福島大）

57 (1) $d\neq0$ は整数とする. d^2 が 3 で割り切れるならば, d も 3 で割り切れることを示せ.

(2) $\sqrt{3}$ は無理数であることを示せ.

(3) $\sqrt{2}$ および $\sqrt{6}$ は無理数である. このとき $a+\sqrt{2}\,b+\sqrt{3}\,c=0$ を満たす有理数 a, b, c は

$$a=0, \quad b=0, \quad c=0$$

に限ることを示せ.

（中央大）

58 次の命題の真偽を述べよ．また，真であるときは証明し，偽であるときは反例（成り立たない例）をあげよ．ただし，x, y は実数とし，n は自然数とする．

(1) x が無理数ならば，x^2 と x^3 の少なくとも一方は無理数である．

(2) $x+y$, xy がともに有理数ならば，x, y はともに有理数である．

(3) n^2 が 8 の倍数ならば，n は 4 の倍数である．

（東北学院大）

59 多項式 $P(x)=2x^{15}+4x^{10}+6x^5+8$ が与えられたとき，

(1) $P(x)$ を x^4-1 で割った余りは，

$$\boxed{}x^3+\boxed{}x^2+\boxed{}x+\boxed{}$$

である．

(2) $P(x)$ を x^3+x^2+x+1 で割った余りは，

$$\boxed{}x^2+\boxed{}x+\boxed{}$$

である．

(3) $P(x)$ を x^3-x^2+x-1 で割った余りは，

$$\boxed{}x^2+\boxed{}x+\boxed{}$$

である．

（青山学院大）

*60 a, b, c を実数とし，x についての多項式 P, Q を

$$P = x^3 + 2(1+a+b)x^2 + (1-2a+4b)x + 2ab - a + 2b,$$
$$Q = (x+1)^2$$

とする．

(1) P を Q で割ったときの商は $x + \boxed{} a + \boxed{} b$,

余りは $- \boxed{} ax + \boxed{} ab - \boxed{} a$ である．

(2) P が $(x+1)^2(x-c)$ に等しくなるのは，

$$a = \boxed{}, \quad c = - \boxed{} b$$

のときである．

(3) 次の (i)〜(iii) の $\boxed{}$ に，下の①〜④のうちからあてはまるものを

1 つずつ選べ．

(i) $a^2 + b^2 = 0$ は，P が Q で割り切れるための $\boxed{}$．

(ii) $ab = 0$ は，P が Q で割り切れるための $\boxed{}$．

(iii) $a(b^2 - b + 1) = 0$ は，P が Q で割り切れるための $\boxed{}$．

① 必要十分条件である

② 必要条件であるが十分条件ではない

③ 十分条件であるが必要条件ではない

④ 必要条件でも十分条件でもない

（麻布大）

61 文字 x についての多項式 $P(x)$ を，2次式 x^2+2x+1 で割ると余りが $5x-2$ で，別の2次式 x^2-3x+2 で割ると余りが $2x+1$ であるとする．このとき，以下の問に答えよ．

(1) 多項式 $P(x)$ を2次式 x^2-x-2 で割ったときの余りを求めよ．

(2) 多項式 $P(x)$ は4次式であるとし，かつ $P(x)$ は1次式 x で割り切れるとする．このとき，多項式 $P(x)$ を求めよ．

（首都大東京）

62 多項式 $P(x)$ を $x-1$ で割ると 1 余り，$(x+1)^2$ で割ると $3x+2$ 余る．

(1) $P(x)$ を $x+1$ で割ったときの余りを求めよ．

(2) $P(x)$ を $(x-1)(x+1)$ で割ったときの余りを求めよ．

(3) $P(x)$ を $(x-1)(x+1)^2$ で割ったときの余りを求めよ．

（早稲田大）

63 x の2次方程式 $x^2-(a-2)x+a^2+2a-8=0$ が異なる2つの実数解 α，β をもつとき，定数 a の値の範囲は $\boxed{}<a<\boxed{}$ である．また，$\alpha^2+\beta^2$ を，a を用いて表すと $\boxed{}$ となり，$\alpha^2+\beta^2$ のとり得る値の範囲は $\boxed{}<\alpha^2+\beta^2\leqq\boxed{}$ となる．

（日本歯科大）

64 a, b は 0 でない定数であり，x の 2 次方程式 $2x^2+ax+b=0$ の解を α, β とすると，$\alpha+\beta$, $\alpha\beta$ は，a または b を用いて

$$\alpha+\beta=\boxed{}, \quad \alpha\beta=\boxed{}$$

と表せる．このとき $\dfrac{1}{\alpha}$, $\dfrac{1}{\beta}$ を解とする x^2 の係数が b である x の 2 次方程式は

$$\boxed{}=0$$

である．また $\dfrac{1}{\alpha}$, $\dfrac{1}{\beta}$ が x の 3 次方程式

$$bx^3-3ax-4=0$$

の解になっているとき，a と b の値はそれぞれ $a=\boxed{}$, $b=\boxed{}$ である．また，この 3 次方程式の $\dfrac{1}{\alpha}$, $\dfrac{1}{\beta}$ 以外の解は $\boxed{}$ である．

（関西大）

65 3 次方程式 $x^3-2x^2+3x-7=0$ の 3 つの解を α, β, γ とするとき，次の式の値を求めよ．

(1) $\alpha^2+\beta^2+\gamma^2$

(2) $\alpha^2\beta^2+\beta^2\gamma^2+\gamma^2\alpha^2$

(3) $\alpha^3+\beta^3+\gamma^3$

（秋田大）

*66 a, b を実数とする．x の方程式

$$x^3+ax^2+bx+2a-2=0$$

の解の 1 つが複素数 $1+2i$ であるとき，a, b および他の 2 つの解を求めよ．

（関西学院大）

67 n を自然数とし，$\omega = \dfrac{-1+\sqrt{3}\,i}{2}$ とする．ただし，i は虚数単位である．次の問に答えよ．

(1) ω^{2005} の値を求めよ．

(2) $\omega^{n+1}+(\omega+1)^{2n-1}=0$ を示せ．

(3) x の多項式 $x^{n+1}+(x+1)^{2n-1}$ は x^2+x+1 で割り切れることを示せ．

（岡山県立大）

68 実数の定数 a, b $(b>0)$ に対し，2 次方程式 $x^2-2ax-b=0$ と 3 次方程式 $x^3-(2a^2+b)x-4ab=0$ を考える．この 2 次方程式の解のうちの 1 つだけが，この 3 次方程式の解になるための必要十分条件を a と b の関係式で表せ．また，その共通な解を a で表せ．

（大阪市立大）

69 x の 4 次方程式

$$x^4+2x^3+ax^2+2x+1=0 \qquad \cdots(*)$$

について，次の問に答えよ．ただし，a は実数の定数とする．

(1) $x+\dfrac{1}{x}=t$ とおくとき，$(*)$ を t の方程式として表せ．

(2) $a=3$ のとき，$(*)$ の解を求めよ．

(3) $(*)$ が異なる 4 個の実数解をもつとき，a のとり得る値の範囲を求めよ．

（名城大）

70 曲線 $C:y=x^3-12x^2+25x-10$ と直線 $l:y=mx-10$ を考える．このとき，次の問に答えよ．

(1) C と l が異なる 3 点で交わるような m の値の範囲を求めよ．

(2) (1)において，C と l の交点を x 座標が小さいものから順に A，B，C とおく．このとき，AB：BC＝1：2 となる m の値をすべて求めよ．

（山口大）

71 a, b を実数とし，xy 平面上の 3 直線を

$$l : x+y=0, \quad l_1 : ax+y=2a+2, \quad l_2 : bx+y=2b+2$$

で定める．

(1) 直線 l_1 は a の値によらない 1 点 P を通る．P の座標を求めよ．

(2) l, l_1, l_2 によって三角形がつくられるための a, b の条件を求めよ．

(3) a, b は (2) で求めた条件を満たすものとする．点 $(1, 1)$ が (2) の三角形の内部にあるような a, b の範囲を求め，それを ab 平面上に図示せよ．

（北海道大）

72 座標平面上に，中心が $(2, 2)$ で半径が 1 の円 C と，原点を通り傾きが m の直線 l がある．

(1) 円 C と直線 l が異なる 2 点で交わるための m の値の範囲を求めよ．

(2) 円 C と直線 l の 2 つの共有点と円 C の中心とでできる三角形の面積が最大となるような m の値を求めよ．

（お茶の水女子大）

73 実数 t は $t>1$ を満たすとする．点 $\left(\dfrac{1}{2}, t\right)$ から，円 $x^2+y^2=1$ に相異なる 2 本の接線を引き，2 つの接点を通る直線を l とする．

(1) 直線 l の方程式を t を用いて表せ．

(2) t を $t>1$ の範囲で動かすとき，t によらず l が通る点がある．この点の座標を求めよ．

（青山学院大）

74 円 $x^2+y^2=1$ を C_1, 円 $(x-a)^2+y^2=\dfrac{1}{4}$ を C_2 とする.

(1) 円 C_1 と C_2 が共有点をもたないような a の値の範囲を求めよ.

(2) 円 C_1 の, 点 $\left(\dfrac{1}{2},\ \dfrac{\sqrt{3}}{2}\right)$ における接線を l とする. 直線 l の方程式を求めよ.

(3) 円 C_2 が(2)で求めた接線 l と接するような a の値を求めよ. ただし, a は(1)で求めた範囲にあるものとする.

(4) a が(3)で求めた値をとるとき, 円 C_1, C_2 の両方に接する直線をすべて求めよ.

(青山学院大)

75 2 つの円 $x^2+(y-2)^2=9$ と $(x-4)^2+(y+4)^2=1$ に外接し, 直線 $x=6$ に接する円を求めよ. ただし, 2 つの円がただ 1 点を共有し, 互いに外部にあるとき, 外接するという.

(名古屋大)

76 連立不等式

$$\begin{cases} 3x+2y \leqq 22 \\ x+4y \leqq 24 \\ x \geqq 0 \\ y \geqq 0 \end{cases}$$

の表す座標平面上の領域を D とする. このとき, 次の問に答えよ.

(1) 2つの直線

$$3x+2y=22, \quad x+4y=24$$

の交点の座標を求めよ.

(2) 領域 D を図示せよ.

(3) 点 (x, y) が領域 D を動くとき, 以下の (i), (ii), (iii) に答えよ.

  (i) $x+y$ の最大値, および, その最大値を与える x, y の値を求めよ.

  (ii) $2x+y$ の最大値, および, その最大値を与える x, y の値を求めよ.

  (iii) a を正の実数とするとき, $ax+y$ の最大値を求めよ.

(山形大)

77 座標平面上の2点 Q(1, 1), R$\left(2, \dfrac{1}{2}\right)$ に対して, 点 P が円 $x^2+y^2=1$

の周上を動くとき, 次の問に答えよ.

(1) △PQR の重心の軌跡を求めよ.

(2) 点 P から △PQR の重心までの距離が最小になるとき, 点 P の座標を求めよ.

(3) △PQR の面積の最小値を求めよ.

(大阪教育大)

78 直線 $l: y=k(x+1)$ および放物線 $C: y=x^2$ について，以下の問に答えよ．ただし，k は実数である．

(1) 直線 l と放物線 C が異なる 2 点で交わるような k の値の範囲を求めよ．

(2) k が (1) で求めた範囲を動くとき，l と C の 2 つの交点の中点が描く軌跡を求め，xy 平面上に図示せよ．

（青山学院大）

*79 O を原点とする座標平面において，第 1 象限の点 P に対し，点 Q は次の (i), (ii), (iii) の条件を満たすとする．

(i) Q の x 座標は負である．

(ii) 直線 OP と直線 OQ は垂直である．

(iii) $\text{OP} \cdot \text{OQ} = 1$ である．

次の問に答えよ．

(1) P の座標が $(1, 2)$ のとき，Q の座標は $\boxed{}$ である．

(2) P の座標を (s, t) とする．Q の座標を s, t で表すと $\boxed{}$ である．

(3) (2) のとき，P が $s+t=1$，$0<s<1$ を満たしながら動くとき，Q は中心 $\boxed{}$，半径 $\boxed{}$ の円周上の一部を動く．この軌跡を図示すると $\boxed{}$ となる．

（京都産業大）

*80　a を実数とし，座標平面上に2点 A$(a,\ 0)$，B$(3,\ 1)$ があるとき，次の問に答えよ．

(1)　2点 A，B から等距離にある点の軌跡を表す方程式を a を用いて表せ．

(2)　線分 AB の垂直二等分線を l とする．a が実数全体を動くとき，直線 l が通る点 $(x,\ y)$ の全体を図示せよ．

(3)　a が $a \geqq 0$ の範囲を動くとき，線分 AB の垂直二等分線 l が通る点 $(x,\ y)$ の全体を図示せよ．

（同志社大）

81　座標平面上の2直線 $mx - y + 1 = 0$，$x + my - m - 2 = 0$ の交点を P とする．ここで，m は実数とする．

(1)　m の値が変化するとき，点 P が描く軌跡の方程式は $\boxed{}$ である．ただし，点 $(0,\ 1)$ を含まない．

(2)　m の値が $\dfrac{1}{\sqrt{3}} \leqq m \leqq 1$ のとき，点 P が描く曲線の長さは $\boxed{}$ である．

（久留米大）

82　2つの数 $x,\ y$ に対し，

$$s = x + y, \quad t = xy$$

とおく．

(1)　$x,\ y$ が実数を動くとき，点 $(s,\ t)$ の存在範囲を求めよ．

(2)　実数 $x,\ y$ が

$$(x - y)^2 + x^2 y^2 = 4$$

を満たしながら変化するとする．

(i)　点 $(s,\ t)$ の描く図形を st 平面上に図示せよ．

(ii)　$(1 - x)(1 - y)$ のとり得る値の範囲を求めよ．

（東京理科大）

83 (1) $\sin 3\theta$ を $\sin \theta$ を用いて表せ.

(2) $\sin \dfrac{2\pi}{5} = \sin \dfrac{3\pi}{5}$ に着目して $\cos \dfrac{\pi}{5}$ と $\sin \dfrac{\pi}{5}$ の値を求めよ.

(3) 積 $\sin \dfrac{\pi}{5} \sin \dfrac{2\pi}{5} \sin \dfrac{3\pi}{5} \sin \dfrac{4\pi}{5}$ の値を求めよ.

（中央大）

84 $\angle A = \dfrac{\pi}{2}$, $\angle B = \alpha$ である $\triangle ABC$ を考える. $\triangle ABC$ の外接円の半径を R とする. この外接円上の点 P が, 点 A を含まない弧 BC 上を動くものとする. $\angle BAP = \theta \left(0 < \theta < \dfrac{\pi}{2} \right)$ とするとき, 次の問に答えよ.

(1) $\triangle ABP$ の面積の最大値を R, α を用いて表せ.

(2) $\triangle BPC$ の面積を R, θ を用いて表せ.

(3) $\alpha = \dfrac{\pi}{3}$ とする. $\triangle ABP$ と $\triangle BPC$ の面積の和 S の最大値を求めよ.

（長崎大）

85 関数
$$y = \sqrt{3} \sin 2x - \cos 2x + 2\sin x - 2\sqrt{3} \cos x$$
について, 以下の問に答えよ.

(1) $\sin x - \sqrt{3} \cos x = t$ とおいて, y を t の式で表せ.

(2) $0 \leqq x \leqq \dfrac{2}{3}\pi$ のとき, y の最大値および最小値を求めよ.

（熊本大）

86 座標平面の x 軸の正の部分にある点 A と y 軸の正の部分にある点 B を考える．原点 O から点 A，B を通る直線 l に下ろした垂線と，直線 l との交点を P とする．OP$=1$ であるように点 A，B が動くとき，次の問に答えよ．

(1) $\theta=\angle$AOP とするとき，OA$+$OB$-$AB を $\cos\theta$ と $\sin\theta$ で表せ．

(2) OA$+$OB$-$AB の最小値を求めよ．

(琉球大)

87 $-90°<\alpha<\beta<90°$ である．角度 x をどのようにとっても
$$\sin(x+\alpha)+\sin(x+\beta)=\sqrt{3}\sin x$$
が成り立つならば，$\alpha=\boxed{}°$，$\beta=\boxed{}°$ である．

(東京薬科大)

88 t を任意の正の実数とし，右図のように座標平面上に 3 点 A$(0, 4)$，B$(0, 2)$，C$(t, 0)$ をとる．このとき，次の問に答えよ．

(1) $\angle$ACB$=\theta$ とおくとき，$\tan\theta$ を t で表せ．

(2) x 軸上の正の範囲で点 C を動かして，$\dfrac{1}{\tan\theta}$ が最小となるときの t を求めよ．

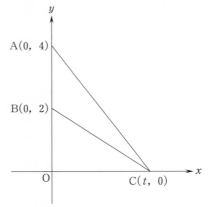

(3) (2)のとき，3 点 A，B，C を通る円は，x 軸に接していることを示せ．

(立教大)

89 直角三角形 ABC があり，AB＝2，∠ACB＝90° を満たしている．直線 AC に関して，B と反対側に点 D をとり，正三角形 ACD をつくる．

∠BAC＝θ $(0°<\theta<90°)$，四角形 ABCD の面積を S とするとき，次の問に答えよ．

(1) S を θ を用いて表せ．

(2) S の最大値を求めよ．

（名城大）

90 a を実数とする．方程式
$$\cos^2 x-2a\sin x-a+3=0$$
の解で $0\leqq x<2\pi$ の範囲にあるものの個数を求めよ．

（学習院大）

91 不等式
$$x\cos 2\theta+2\sqrt{2}\,y\cos\theta+1\geqq 0$$
がすべての実数 θ について成り立つような点 $(x,\ y)$ の範囲を座標平面に図示せよ．

（お茶の水女子大）

92 以下の問に答えよ．

(1) 等式 $\cos 3\theta=4\cos^3\theta-3\cos\theta$ を示せ．

(2) $2\cos 80°$ は 3 次方程式 $x^3-3x+1=0$ の解であることを示せ．

(3) $x^3-3x+1=(x-2\cos 80°)(x-2\cos\alpha)(x-2\cos\beta)$ となる角度 $\alpha,\ \beta$ を求めよ．ただし，$0°<\alpha<\beta<180°$ とする．

（筑波大）

93 連立方程式

$$\begin{cases} \log_{2x} y + \log_x 2y = 1 \\ \log_2 xy = 1 \end{cases}$$

を解け.

（横浜国立大）

94 関数 $y = \left(\log_2 \dfrac{x}{8}\right)(\log_2 2x)$ を考える.

$y = (\log_2 x)^2 - \boxed{} \log_2 x - \boxed{}$ が成り立ち，$1 \leqq x \leqq 8$ のとき，y は $x = \boxed{}$ で最大値 $\boxed{}$ をとり，$x = \boxed{}$ で最小値 $\boxed{}$ をとる.

（関西学院大）

95 $\log_{10} 2 = 0.3010$, $\log_{10} 3 = 0.4771$ とするとき，次の $\boxed{}$ にあてはまる数を求めよ.

(1) $\log_{10} 4 = \boxed{}$, $\log_{10} 5 = \boxed{}$, $\log_{10} 6 = \boxed{}$ となる.

ただし，小数第4位までを求めよ.

(2) 大小関係 $48 < 49 < 50$ より，$\log_{10} 7 = \boxed{}$ となる.

ただし，小数第2位までを求めよ.

(3) 自然数 n の7乗が7桁の数であるとき，n の値は

$$\boxed{} \leqq n \leqq \boxed{}$$

である.

(4) 18^{50} は $\boxed{}$ 桁の整数であり，また，最高位の数字は $\boxed{}$ で，1の位の数字は $\boxed{}$ である.

（京都薬科大）

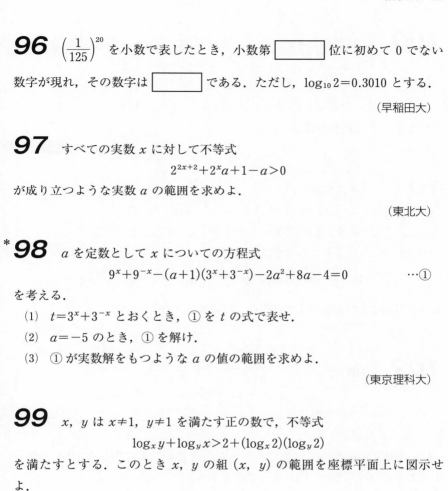

96 $\left(\dfrac{1}{125}\right)^{20}$ を小数で表したとき，小数第 ☐ 位に初めて 0 でない

数字が現れ，その数字は ☐ である．ただし，$\log_{10}2=0.3010$ とする．

（早稲田大）

97 すべての実数 x に対して不等式
$$2^{2x+2}+2^x a+1-a>0$$
が成り立つような実数 a の範囲を求めよ．

（東北大）

***98** a を定数として x についての方程式
$$9^x+9^{-x}-(a+1)(3^x+3^{-x})-2a^2+8a-4=0 \qquad \cdots ①$$
を考える．

(1) $t=3^x+3^{-x}$ とおくとき，① を t の式で表せ．

(2) $a=-5$ のとき，① を解け．

(3) ① が実数解をもつような a の値の範囲を求めよ．

（東京理科大）

99 x，y は $x\neq1$，$y\neq1$ を満たす正の数で，不等式
$$\log_x y+\log_y x>2+(\log_x 2)(\log_y 2)$$
を満たすとする．このとき x，y の組 (x, y) の範囲を座標平面上に図示せよ．

（京都大）

*100　3次関数 $y=x^3-3x$ のグラフ上に点 A$(a,\ a^3-3a)$ がある. ただし, $a>0$ とする.

(1)　点 A における接線の方程式を求めよ.

(2)　(1)で求めた接線と関数 $y=x^3-3x$ のグラフとの共有点のうち, 点 A と異なる点 B の座標を求めよ.

（立命館大）

101　a を定数とし,
$$f(x)=2x^3+3(1-a)x^2-6ax+9a-5$$
とおく. $f(x)=0$ が3個の相異なる実数解をもつとき, 次の問に答えよ.

(1)　a のとり得る値の範囲を求めよ.

(2)　$f(x)$ の極大値と極小値の差が $\dfrac{125}{27}$ であるとき, a の値を求めよ. このとき, $f(x)=0$ の実数解で正となる解の個数も求めよ.

（関西大）

102　関数
$$f(x)=ax^3+3bx+1$$
は $x=1$ において極大値 3 をとる.

(1)　$a,\ b$ の値を求めよ.

(2)　座標平面において, 点 $(2,\ t)$ から曲線 $y=f(x)$ に異なる3本の接線を引くことができるとき, 定数 t の範囲を求めよ.

（東京理科大）

103 関数 $f(x)=x^3-3x$ について，次の問に答えよ．

(1) $f(x)$ の増減を調べて，$y=f(x)$ のグラフを描け．

(2) x の方程式 $f(x)=a$（a は正の定数）が異なる3つの実数解をもつような a の値の範囲を求めよ．

(3) (2)のとき，異なる3つの実数解を α, β, γ（$\alpha<\beta<\gamma$）とすると，$|\alpha|+|\beta|+|\gamma|$ のとり得る値の範囲を求めよ．

（名城大）

104 xy 平面において，放物線 $y=-x^2+6x$ と x 軸で囲まれた図形に含まれ，$(a, 0)$ と $(a, -a^2+6a)$ を結ぶ線分を一辺とする長方形を考える．ただし，$0<a<3$ とする．このような長方形の面積の最大値を $S(a)$ とする．

(1) $S(a)$ を a の式で表せ．

(2) $S(a)$ の値が最大になる a を求め，関数 $S(a)$ のグラフをかけ．

（北海道大）

105 a を実数とし，関数
$$f(x)=x^3-3ax+a$$
を考える．$0\leqq x\leqq 1$ において，$f(x)\geqq 0$ となるような a の範囲を求めよ．

（大阪大）

106 底面の半径 r，高さ h の直円錐に図のように内接する円柱について，以下の問に答えよ．

(1) 円柱の高さを x とするとき，円柱の体積 V を x の式で表せ．

(2) 円柱の体積の最大値 M を求めよ．

(3) r, h が $r+h=3$ を満たすとする．このとき，M の最大値を求めよ．

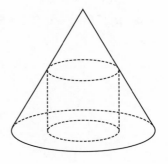

（佐賀大）

***107**　放物線 $C : y = x^2$ 上の点 $\mathrm{P}(t,\ t^2)$ $(t>0)$ における C の接線を l_1 とする．点 P を通り l_1 と直交する直線を l_2 とする．また，C と l_2 の2つの交点のうち P と異なる点を Q とする．

(1)　$t=1$ のときを考える．

l_1 を表す方程式は $y = \boxed{} x - \boxed{}$ である．l_1 と x 軸の交点の x

座標は $\dfrac{\boxed{}}{\boxed{}}$ である．C と l_1 および x 軸とで囲まれた部分の面積は

$\dfrac{\boxed{}}{\boxed{}}$ である．

(2)　点 Q の x 座標は $x = \boxed{}$ である．C と l_2 で囲まれた部分の面積

は，$t = \dfrac{\boxed{}}{\boxed{}}$ のとき最小となり，その最小値は $\dfrac{\boxed{}}{\boxed{}}$ である．

（近畿大）

108　$0 \leq a \leq 2$ とする．放物線

$$y = 3x(x-2)$$

と直線 $x=a$，$x=a+1$ および x 軸で囲まれる部分の面積を $S(a)$ とする．次の問に答えよ．

(1)　$S(a)$ を求めよ．

(2)　a が $0 \leq a \leq 2$ の範囲を動くとき，$S(a)$ の最大値とそのときの a の値を求めよ．

（東京都立大）

109 xy 平面において，曲線 $C : y = x(x-1)$ と直線 $l : y = kx$（k は定数）がある．l と C が $0 < x < 1$ の範囲で共有点をもつとき，次の問に答えよ．

(1) k の値の範囲を求めよ．

(2) 曲線 C と直線 l，$x = 1$ で囲まれた 2 つの部分の面積の和 S を求めよ．

(3) k が(1)で求めた範囲を動くとき，S の最小値とそのときの k の値を求めよ．

（関西学院大）

110 a を正の実数とし，2 つの放物線
$$C_1 : y = x^2$$
$$C_2 : y = x^2 - 4ax + 4a$$
を考える．

(1) C_1 と C_2 の両方に接する直線 l の方程式を求めよ．

(2) 2 つの放物線 C_1，C_2 と直線 l で囲まれた図形の面積を求めよ．

（北海道大）

111 実数 $p > 0$ と関数 $f(x) = x^3 - x$ がある．2 曲線 $C_1 : y = f(x)$，$C_2 : y = f(x+p) - p$ について，次の問に答えよ．

(1) 曲線 C_1 と C_2 が共有点を 2 個もつときの p の範囲を求めよ．

(2) 実数 α, β に対して
$$\int_\alpha^\beta (\beta - x)(x - \alpha)\, dx = \frac{1}{6}(\beta - \alpha)^3$$
を示せ．

(3) p が(1)で求めた範囲を動くとき，曲線 C_1，C_2 によって囲まれた図形の面積 $S(p)$ の最大値を求めよ．

（九州工業大）

112 放物線 $y=x^2$ 上の 2 点 P$(\alpha,\ \alpha^2)$, Q$(\beta,\ \beta^2)$ $(\alpha<\beta)$ における放物線の接線をそれぞれ l, m とおくとき,次の問に答えよ.

(1) 2つの接線 l, m の交点 R の座標を,α, β を用いて表せ.

(2) 直線 PQ と放物線によって囲まれる図形の面積 S を,α, β を用いて表せ.

(3) 線分 PR,QR および放物線で囲まれる図形の面積を T とするとき,$\dfrac{S}{T}$ の値を求めよ.

(同志社大)

113 関数 $f(x)$, $g(x)$ が 2 つの関係式

$$\begin{cases} f(x)=3x^2+2x-2\displaystyle\int_0^3 g(t)\,dt \\[2mm] g(x)=x^2-4x+\displaystyle\int_1^2 f(t)\,dt \end{cases}$$

を満たすならば

$$\int_1^2 f(t)\,dt=\boxed{}, \quad \int_0^3 g(t)\,dt=\boxed{}$$

である.

(明治大)

114 2 次関数 $f(x)$ は

$$xf(x)=\frac{2}{3}x^3+(x^2+x)\int_0^1 f(t)\,dt+\int_0^x f(t)\,dt$$

を満たすとする.

(1) $f(x)$ を求めよ.

(2) 関数 $xf(x)$ の $x\geqq0$ における最小値を求めよ.

(千葉大)

115 $x \geqq 0$ とする．このとき，関数 $f(x)$ を

$$f(x) = \int_0^1 |t^2 - xt|\, dt$$

と定義する．次の各問に答えよ．

(1) t の関数 $g(t) = |t^2 - xt|$ のグラフの概形をかけ．

(2) $f(x)$ を求めよ．

(3) $f(x)$ の最小値を求めよ．

（鹿児島大・改）

116 曲線

$$y = 12x^3 - 12(a+2)x^2 + 24ax \quad (0 \leqq a \leqq 2)$$

と x 軸で囲まれた部分の面積を $S(a)$ とする．次の各問に答えよ．

(1) $S(a)$ を a を用いて表せ．

(2) $S(a)$ の最大値と最小値を求めよ．

（名城大）

117 実数 a, b を係数とする関数 $f(x) = x^4 + ax^3 + bx^2$ について次の問に答えよ．

(1) $y = f(x)$ のグラフを C とする．点 $(1,\ f(1))$ における接線 l の式を a, b を用いて表せ．

(2) (1)における接線 l は点 $(-2,\ f(-2))$ においても C に接している．このとき，a, b の値を求めよ．

(3) (2)のとき，C と l で囲まれた部分の面積を求めよ．

（京都産業大）

118 3つの異なる実数 a, b, c がこの順序で等差数列をなし，b, c, a の順序で等比数列をなすとする．ただし，公差は 0 でなく，公比は 1 でないとする．

a, b, c の和が 15 であるとき，$(a,\ b,\ c)=\boxed{}$ である．

また，a, b, c の積が 64 であるとき，$(a,\ b,\ c)=\boxed{}$ である．

（愛知大）

119 3 で割り切れないすべての正の整数を，小さいものから順に並べてできる数列を，

$$a_1,\ a_2,\ a_3,\ \cdots,\ a_n,\ \cdots$$

とする．

(1) 正の整数 m に対して，第 $2m$ 項 a_{2m} を m の式で表せ．

(2) 正の整数 n に対して，和 $S_n = a_1 + a_2 + \cdots + a_n$ を n の式で表せ．

(3) $S_n \geqq 600$ となる最小の正の整数 n を求めよ．

（立教大）

120 数列 $\{a_n\}$ は等差数列，$\{b_n\}$ は公比が正の等比数列で

$$a_1 = 1, \quad b_1 = 3, \quad a_2 + 2b_2 = 21, \quad a_4 + 2b_4 = 169$$

を満たすとする．

(1) 一般項 a_n, b_n を求めよ．

(2) $S_n = \displaystyle\sum_{k=1}^{n} \frac{a_k}{b_k}$ を求めよ．

（学習院大）

121 第 k 項が

$$a_k = \frac{2}{k(k+2)} \quad (k=1, 2, 3, \cdots)$$

で定められた数列がある．任意の自然数 k に対して

$$a_k = \frac{p}{k} - \frac{p}{k+2}$$

が成り立つような定数 p は $p=\boxed{}$ である．よって，初項から第 n 項

までの和 S_n を n の式で表すと $\boxed{}$ であり，$S_n > \dfrac{5}{4}$ となる最小の n は

$\boxed{}$ である．

（関西学院大）

122 xy 平面上の点のうち，x 座標と y 座標がともに整数である点を格子点という．次の問に答えよ．

(1) 領域 $\{(x, y) | 1 \leqq x$ かつ $2^x \leqq y \leqq 2^2\}$ に含まれるすべての格子点の座標を求めよ．さらに，これらの格子点を xy 平面上に図示せよ．

(2) 領域 $\{(x, y) | 1 \leqq x$ かつ $2^x \leqq y \leqq 2^3\}$ に含まれる格子点の個数を求めよ．

(3) 領域 $\{(x, y) | 1 \leqq x$ かつ $2^x \leqq y \leqq 2^n\}$ に含まれる格子点の個数を求めよ．ただし，n は自然数である．

（龍谷大）

123 k を自然数とするとき，

$$x < y < k < x+y$$

を満たす自然数の組 (x, y) の個数を a_k とする．次の問に答えよ．

(1) a_7, a_8 を求めよ．

(2) n を自然数とするとき，a_{2n-1}, a_{2n} を n の式で表せ．

(3) n を自然数とするとき，$\displaystyle\sum_{k=1}^{2n} a_k$ を n の式で表せ．

（横浜国立大）

124 2 の累乗を分母とする既約分数を次のように並べた数列について，次の問に答えよ．

$$\frac{1}{2}, \ \frac{1}{4}, \ \frac{3}{4}, \ \frac{1}{8}, \ \frac{3}{8}, \ \frac{5}{8}, \ \frac{7}{8}, \ \frac{1}{16}, \ \frac{3}{16}, \ \frac{5}{16}, \ \cdots, \ \frac{15}{16}, \ \frac{1}{32}, \ \cdots$$

(1) 分母が 2^n となっている項の和を求めよ．

(2) 第1項から第1000項までの和を求めよ．

（岩手大）

125 自然数 $p, \ q$ の組 $(p, \ q)$ を

(i) $p+q$ の値の小さい組から大きい組へ，

(ii) $p+q$ の値の同じ組では，p の値が大きい組から小さい組へ

という規則にしたがって，次のように一列に並べる．

$$(1, \ 1), \ (2, \ 1), \ (1, \ 2), \ (3, \ 1), \ (2, \ 2), \ (1, \ 3), \ \cdots$$

このとき，

(1) 組 $(m, \ n)$ は，はじめから何番目にあるか．

(2) はじめから100番目にある組を求めよ．

（立命館大）

*126 数列 $\{a_n\}$ が

$$a_1 = 5, \quad a_{n+1} = 2a_n + 3^{n+1} \quad (n=1, \ 2, \ 3, \ \cdots)$$

で定義されている．

(1) $b_n = \dfrac{a_n}{3^n} - 3 \ (n=1, \ 2, \ 3, \ \cdots)$ とおくとき，b_n を n の式で表せ．

(2) $\displaystyle\sum_{k=1}^{n} a_k$ を n の式で表せ．

（福岡大）

127　次の条件によって定められる数列 $\{a_n\}$ がある.

$$a_1=2, \quad a_2=7, \quad a_{n+2}=5a_{n+1}-6a_n \quad (n=1, 2, 3, \cdots)$$

次の問に答えよ.

(1)　$b_n=a_{n+1}-2a_n$ とおくとき, b_{n+1} を b_n の式で表し, 数列 $\{b_n\}$ の一般項を求めよ.

(2)　$c_n=a_{n+1}-3a_n$ とおくとき, c_{n+1} を c_n の式で表し, 数列 $\{c_n\}$ の一般項を求めよ.

(3)　数列 $\{a_n\}$ の一般項を求めよ.

（名城大）

128　数列 $\{a_n\}$ の初項から第 n 項までの和を S_n とするとき, 関係式

$$S_n=2a_n+n$$

が成り立っている. このとき, 次の問に答えよ.

(1)　$n\geqq 2$ のとき, a_n を a_{n-1} を用いて表せ.

(2)　$n\geqq 1$ のとき, $b_n=a_{n+1}-a_n$ とおく. b_n を n を用いて表せ.

(3)　a_n を n を用いて表せ.

（宮崎大）

*129　$x_1=x_2=1$ とし, x_n $(n=3, 4, 5, \cdots)$ は x_{n-2} と x_{n-1} の和を 3 で割ったときの余りであるとして, 数列 $\{x_n\}$ $(n=1, 2, 3, \cdots)$ を定める. このとき, 次の問に答えよ.

(1)　数列 $\{x_n\}$ の第 3 項から第 12 項までのそれぞれの値を求めよ.

(2)　x_{346} を求めよ.

(3)　$S_m=\sum_{n=1}^{m}x_n$ とおくとき, $S_m\geqq 684$ を満たす最小の自然数 m を求めよ.

（広島大）

130　階段を上るとき，一度に上ることができる段数は 1 段または 2 段のみであるとする．このとき以下の問に答えよ．

(1)　ちょうど 10 段上る方法は全部で何通りあるか答えよ．

(2)　n を正の整数とする．ちょうど n 段上る方法は全部で何通りあるか答えよ．

（大分大）

131　1 の目が出ているサイコロがある．このサイコロを等確率でいずれかの横の面の側に倒す．この操作を繰り返して n 回目に 1 か 6 の目が出る確率を求めよ．ただし，1 と 6 とは反対側の面にあるものとする．

（名古屋大）

132　図のように，正三角形を 9 つの部屋に辺で区切り，部屋 P, Q を定める．1 つの球が部屋 P を出発し，1 秒ごとに，そのままその部屋にとどまることなく，辺を共有する隣の部屋に等確率で移動する．球が n 秒後に部屋 Q にある確率を求めよ．

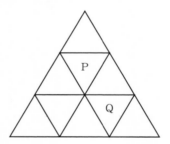

（東京大）

133 x の多項式 $f_n(x)$ $(n=1,\ 2,\ 3,\ \cdots)$ を

$$f_1(x)=3x^2+6x, \quad f_{n+1}(x)=f_1(x)+\frac{1}{2}\int_0^1 f_n(x)\,dx$$

で定める．次の問に答えよ．

(1) $a_n=\displaystyle\int_0^1 f_n(x)\,dx$ とおく．a_{n+1} を a_n で表せ．

(2) $f_n(x)$ を求めよ．

（法政大）

134 正の実数からなる数列 $\{a_n\}$ の初項から第 n 項までの和を S_n とおく．

数列 $\{a_n\}$ が

$$2S_n=a_n{}^2+n \quad (n=1,\ 2,\ 3,\ \cdots)$$

を満たすとき，次の問に答えよ．

(1) a_1 を求めよ．

(2) $a_2,\ a_3,\ a_4$ を求めよ．

(3) a_n を予想し，それが正しいことを数学的帰納法によって証明せよ．

（香川大）

135 数列 $\{a_n\}$ を

$$a_1=1, \quad a_2=1, \quad a_{n+2}=7a_{n+1}+a_n \quad (n=1,\ 2,\ 3,\ \cdots)$$

によって定める．次の問に答えよ．

(1) a_{n+3} を $a_n,\ a_{n+1}$ で表せ．

(2) a_{3n} $(n=1,\ 2,\ 3,\ \cdots)$ が偶数であることを数学的帰納法で証明せよ．

(3) a_{4n} $(n=1,\ 2,\ 3,\ \cdots)$ が 3 の倍数となることを示せ．

（県立広島大）

136　$\alpha=1+\sqrt{2}$, $\beta=1-\sqrt{2}$ に対して，$P_n=\alpha^n+\beta^n$ とする．このとき，すべての自然数 n に対して，P_n は 4 の倍数ではない偶数であることを証明せよ．

（長崎大）

137　n を自然数とするとき，次の不等式を数学的帰納法によって証明せよ．

$$\frac{1}{1\cdot 2}+\frac{1}{3\cdot 4}+\frac{1}{5\cdot 6}+\cdots+\frac{1}{(2n-1)\cdot 2n}\leqq\frac{3}{4}-\frac{1}{4n}$$

（東北学院大）

138　箱の中に 1 から n までの番号のついた n 枚のカードが入っている．この中から 1 枚取りだしたときの番号を x，これを箱にもどして再び 1 枚取りだしたときの番号を y とする．このときの x と y の最大値を X とする．

(1)　$X\leqq k$ である確率を求めよ．ただし，k は $1\leqq k\leqq n$ となる整数とする．

(2)　X の確率分布を求めよ．

(3)　X の平均値と分散を求めよ．

（新潟大）

139　1 個のさいころを 3 回投げる．

(1)　3 回とも偶数の目が出る事象を A，出る目の数がすべて異なる事象を B とする．このとき，A と B は独立であるか，独立でないか，答えよ．

(2)　出る目の数の和を X とし，$Y=2X$ とおく．確率変数 Y の期待値 $E(Y)$ と分散 $V(Y)$ を求めよ．

（鹿児島大）

NOTES

140　サイコロを投げて，1，2 の目が出たら 0 点，3，4，5 の目が出たら 1 点，6 の目が出たら 100 点を得点するゲームを考える．このとき，次の問に答えよ．

(1)　サイコロを 5 回投げるとき，得点の合計が 102 点になる確率を求めよ．

(2)　サイコロを 100 回投げたときの合計得点を 100 で割った余りを X とする．次ページの正規分布表を用いて，$X \leqq 46$ となる確率を求めよ．

（琉球大）

141　1 回投げると，確率 p $(0 < p < 1)$ で表，確率 $1 - p$ で裏が出るコインがある．このコインを投げたとき，動点 P は，表が出れば $+1$，裏が出れば -1 だけ，数直線上を移動することとする．はじめに，P は数直線の原点 O にあり，n 回コインを投げた後の P の座標を X_n とする．以下の問に答えよ．必要に応じて，次ページの正規分布表を用いてもよい．

(1)　$p = \dfrac{1}{2}$ とする．X_4 と X_5 の確率分布，平均および分散を，それぞれ求めよ．

(2)　$p = \dfrac{1}{2}$ とする．6 回コインを投げて，6 回目ではじめて原点 O に戻る確率を求めよ．

(3)　X_1 の平均と分散を，それぞれ p を用いて表せ．また，X_n の平均と分散を，それぞれ n と p を用いて表せ．

(4)　コインを 100 回投げたところ $X_{100} = 28$ であった．このとき，p に対する信頼度 95 ％の信頼区間を求めよ．

（長崎大）

付表：正規分布表

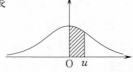

u	.00	.01	.02	.03	.04	.05	.06	.07	.08	.09
0.0	0.0000	0.0040	0.0080	0.0120	0.0160	0.0199	0.0239	0.0279	0.0319	0.0359
0.1	0.0398	0.0438	0.0478	0.0517	0.0557	0.0596	0.0636	0.0675	0.0714	0.0753
0.2	0.0793	0.0832	0.0871	0.0910	0.0948	0.0987	0.1026	0.1064	0.1103	0.1141
0.3	0.1179	0.1217	0.1255	0.1293	0.1331	0.1368	0.1406	0.1443	0.1480	0.1517
0.4	0.1554	0.1591	0.1628	0.1664	0.1700	0.1736	0.1772	0.1808	0.1844	0.1879
0.5	0.1915	0.1950	0.1985	0.2019	0.2054	0.2088	0.2123	0.2157	0.2190	0.2224
0.6	0.2257	0.2291	0.2324	0.2357	0.2389	0.2422	0.2454	0.2486	0.2517	0.2549
0.7	0.2580	0.2611	0.2642	0.2673	0.2704	0.2734	0.2764	0.2794	0.2823	0.2852
0.8	0.2881	0.2910	0.2939	0.2967	0.2995	0.3023	0.3051	0.3078	0.3106	0.3133
0.9	0.3159	0.3186	0.3212	0.3238	0.3264	0.3289	0.3315	0.3340	0.3365	0.3389
1.0	0.3413	0.3438	0.3461	0.3485	0.3508	0.3531	0.3554	0.3577	0.3599	0.3621
1.1	0.3643	0.3665	0.3686	0.3708	0.3729	0.3749	0.3770	0.3790	0.3810	0.3830
1.2	0.3849	0.3869	0.3888	0.3907	0.3925	0.3944	0.3962	0.3980	0.3997	0.4015
1.3	0.4032	0.4049	0.4066	0.4082	0.4099	0.4115	0.4131	0.4147	0.4162	0.4177
1.4	0.4192	0.4207	0.4222	0.4236	0.4251	0.4265	0.4279	0.4292	0.4306	0.4319
1.5	0.4332	0.4345	0.4357	0.4370	0.4382	0.4394	0.4406	0.4418	0.4429	0.4441
1.6	0.4452	0.4463	0.4474	0.4484	0.4495	0.4505	0.4515	0.4525	0.4535	0.4545
1.7	0.4554	0.4564	0.4573	0.4582	0.4591	0.4599	0.4608	0.4616	0.4625	0.4633
1.8	0.4641	0.4649	0.4656	0.4664	0.4671	0.4678	0.4686	0.4693	0.4699	0.4706
1.9	0.4713	0.4719	0.4726	0.4732	0.4738	0.4744	0.4750	0.4756	0.4761	0.4767
2.0	0.4772	0.4778	0.4783	0.4788	0.4793	0.4798	0.4803	0.4808	0.4812	0.4817
2.1	0.4821	0.4826	0.4830	0.4834	0.4838	0.4842	0.4846	0.4850	0.4854	0.4857
2.2	0.4861	0.4864	0.4868	0.4871	0.4875	0.4878	0.4881	0.4884	0.4887	0.4890
2.3	0.4893	0.4896	0.4898	0.4901	0.4904	0.4906	0.4909	0.4911	0.4913	0.4916
2.4	0.4918	0.4920	0.4922	0.4925	0.4927	0.4929	0.4931	0.4932	0.4934	0.4936
2.5	0.4938	0.4940	0.4941	0.4943	0.4945	0.4946	0.4948	0.4949	0.4951	0.4952
2.6	0.49534	0.49547	0.49560	0.49573	0.49585	0.49598	0.49609	0.49621	0.49632	0.49643
2.7	0.49653	0.49664	0.49674	0.49683	0.49693	0.49702	0.49711	0.49720	0.49728	0.49736
2.8	0.49744	0.49752	0.49760	0.49767	0.49774	0.49781	0.49788	0.49795	0.49801	0.49807
2.9	0.49813	0.49819	0.49825	0.49831	0.49836	0.49841	0.49846	0.49851	0.49856	0.49861
3.0	0.49865	0.49869	0.49874	0.49878	0.49882	0.49886	0.49889	0.49893	0.49897	0.49900

142　B 型の薬の有効率（服用して効き目のある確率）は 0.6 である
といわれている．A 型の薬を 200 人の患者に与えたところ，134 人の患者に
効き目があったという．A 型の薬は B 型の薬より，すぐれているといえる
か．有意水準 5 ％で検定（両側検定）せよ．

　必要ならば，確率変数 Z が標準正規分布 $N(0,\ 1)$ に従うとき，
$P(Z \geqq 1.96) = 0.025$ であることを用いてよい．

（旭川医科大・改）

143 座標平面上の △ABC において，辺 BC を $1:2$ に内分する点を P，辺 AC を $3:1$ に内分する点を Q，辺 AB を $6:1$ に外分する点を R とする．頂点 A，B，C の位置ベクトルをそれぞれ $\vec{a}$，$\vec{b}$，$\vec{c}$ とするとき，次の問に答えよ．

(1) ベクトル $\overrightarrow{AP}$, $\overrightarrow{AQ}$, $\overrightarrow{AR}$ を $\vec{a}$, $\vec{b}$, $\vec{c}$ で表せ．

(2) 3点 P，Q，R が一直線上にあることを証明せよ．

(信州大)

144 △OAB に対し，$\vec{a}=\overrightarrow{OA}$，$\vec{b}=\overrightarrow{OB}$ とおく．△OAB の重心 G を通る直線 l は辺 OA と交わり，その交点を C とする．ただし，点 C は頂点 O とは異なるとする．さらに，直線 l と直線 OB が交わるとき，その交点を D とし，$\overrightarrow{OC}=r\vec{a}$，$\overrightarrow{OD}=s\vec{b}$ とする．このとき，次の問に答えよ．

(1) $\overrightarrow{OG}$ を $\vec{a}$，$\vec{b}$ を用いて表せ．

(2) $\overrightarrow{OG}$ を r, s, $\overrightarrow{OC}$, $\overrightarrow{OD}$ を用いて表せ．

(3) $\dfrac{1}{r}+\dfrac{1}{s}$ の値を求めよ．

(4) △OCD の面積と △OAB の面積が等しいとき，r の値を求めよ．

(5) OC : CA $= 3 : 1$ のとき，OD : DB を求めよ．

(香川大)

145

△OAB に対し,
$$\overrightarrow{\mathrm{OP}}=s\overrightarrow{\mathrm{OA}}+t\overrightarrow{\mathrm{OB}}, \quad s\geqq0, \quad t\geqq0$$
とする. また, △OAB の面積を S とする.

(1) $1\leqq s+t\leqq3$ のとき, 点 P の存在しうる領域の面積は S の [ ] 倍である.

(2) $1\leqq s+2t\leqq3$ のとき, 点 P の存在しうる領域の面積は S の [ ] 倍である.

(上智大)

146

点 O を原点とする座標平面上に △OAB がある. 動点 P が
$$\overrightarrow{\mathrm{OP}}+\overrightarrow{\mathrm{AP}}+\overrightarrow{\mathrm{BP}}=k\overrightarrow{\mathrm{OA}}$$
を満たしながら △OAB の内部を動くとき, 次の問に答えよ.

(1) $\overrightarrow{\mathrm{OP}}$ を $\overrightarrow{\mathrm{OA}}$ と $\overrightarrow{\mathrm{OB}}$ で表せ.

(2) 定数 k の値の範囲を求めよ.

(3) P の動く範囲を図示せよ.

(名城大)

147

ベクトル $\vec{a}$, $\vec{b}$ とそのなす角を θ とし, $|\vec{a}|=3$, $|\vec{b}|=1$, $\theta=60°$ とする. t を実数とするとき, $|\vec{a}-t\vec{b}|$ の最小値とそのときの t の値を求めよ.

(兵庫県立大)

148

2つのベクトル $\vec{a}=(1, x)$, $\vec{b}=(2, -1)$ について, 次の問に答えよ.

(1) $\vec{a}+\vec{b}$ と $2\vec{a}-3\vec{b}$ が垂直であるとき, x の値を求めよ.

(2) $\vec{a}+\vec{b}$ と $2\vec{a}-3\vec{b}$ が平行であるとき, x の値を求めよ.

(3) $\vec{a}$ と $\vec{b}$ のなす角が $60°$ であるとき, x の値を求めよ.

(静岡大)

149　△ABC は点 O を中心とする半径 1 の円に内接していて
$$3\overrightarrow{OA}+4\overrightarrow{OB}+5\overrightarrow{OC}=\overrightarrow{0}$$
を満たしているとする.

(1)　内積 $\overrightarrow{OA}\cdot\overrightarrow{OB}$, $\overrightarrow{OB}\cdot\overrightarrow{OC}$, $\overrightarrow{OC}\cdot\overrightarrow{OA}$ を求めよ.

(2)　△ABC の面積を求めよ.

（高知大）

150　∠BAC＝90° である直角三角形 ABC において, 辺 AB の中点を M とする. また, 辺 BC を $s:(1-s)$ に内分する点を P とし, 線分 AP と CM との交点を R とする. ただし, $0<s<1$ とする. $\overrightarrow{AB}=\overrightarrow{a}$, $\overrightarrow{AC}=\overrightarrow{b}$ とおくとき, 次の問に答えよ.

(1)　ベクトル $\overrightarrow{AR}$ を s, $\overrightarrow{a}$ および $\overrightarrow{b}$ で表せ.

(2)　$|\overrightarrow{a}|=1$, $|\overrightarrow{b}|=\sqrt{2}$ とする. 線分 AP と CM が直交するときの s の値を求めよ. また, このときの $\overrightarrow{AR}$ の大きさを求めよ.

（岩手大）

151　△ABC の辺 AB, AC の長さはそれぞれ 4, 5 であり $\cos A=\dfrac{1}{8}$ である. この三角形の内心を I とし, ベクトル $\overrightarrow{AI}$ を $\overrightarrow{AB}$ と $\overrightarrow{AC}$ を用いて表したい. ∠A の二等分線と辺 BC との交点を D とする.

　まず, 辺 BC の長さは [　　　] である. 次に, 線分比 BD：DC を, つづいて AI：ID を容易に求めることができる. これを用いれば, $\overrightarrow{AI}$ を
$$\overrightarrow{AI}=\boxed{}\overrightarrow{AD}=\boxed{}\overrightarrow{AB}+\boxed{}\overrightarrow{AC}$$
と表せる. このことから $|\overrightarrow{AI}|=\boxed{}$ も得られる.

（東京慈恵会医科大）

152　四面体 OABC に平面 α が辺 OA，AB，BC，OC とそれぞれ P，Q，R，S で

$$\text{OP}:\text{PA}=\text{AQ}:\text{QB}=\text{BR}:\text{RC}=1:2$$

を満たすように交わっている．$\vec{a}=\overrightarrow{\text{OA}}$，$\vec{b}=\overrightarrow{\text{OB}}$，$\vec{c}=\overrightarrow{\text{OC}}$ とし，$\overrightarrow{\text{OS}}=s\vec{c}$ とおく．

(1)　$\overrightarrow{\text{PQ}}$，$\overrightarrow{\text{PR}}$，$\overrightarrow{\text{PS}}$ を s，$\vec{a}$，$\vec{b}$，$\vec{c}$ を用いて表せ．

(2)　s の値を求めよ．

（大阪府立大）

153　空間に右図のような六角柱
ABCDEF−GHIJKL がある．この六角柱の底
面はともに正六角形であり，6 つの側面はすべ
て正方形である．

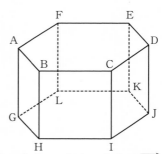

$\overrightarrow{\text{AB}}=\vec{a}$，$\overrightarrow{\text{AF}}=\vec{b}$，$\overrightarrow{\text{AG}}=\vec{c}$ として，以下の
問に答えよ．

(1)　$\overrightarrow{\text{AC}}$ を $\vec{a}$，$\vec{b}$ で表せ．

(2)　線分 CG を $t:(1-t)$ $(0<t<1)$ に内分する点を R とするとき，$\overrightarrow{\text{AR}}$
を $\vec{a}$，$\vec{b}$，$\vec{c}$，t で表せ．

(3)　実数 x，y が存在して $\overrightarrow{\text{BQ}}=x\overrightarrow{\text{BD}}+y\overrightarrow{\text{BI}}$ となるとき，点 Q はどのよう
な図形の上にあるか答えよ．また，このとき $\overrightarrow{\text{AQ}}$ を $\vec{a}$，$\vec{b}$，$\vec{c}$，x，y で表
せ．

(4)　点 P を (3) の図形と線分 CG との共有点とする．$\overrightarrow{\text{AP}}$ を $\vec{a}$，$\vec{b}$，$\vec{c}$ で
表せ．

（岩手大）

154 四面体 OABC と点 P について,
$$6\overrightarrow{OP}+3\overrightarrow{AP}+2\overrightarrow{BP}+4\overrightarrow{CP}=\vec{0}$$
が成り立っている. $\overrightarrow{OA}=\vec{a}$, $\overrightarrow{OB}=\vec{b}$, $\overrightarrow{OC}=\vec{c}$ とするとき, 次の問に答えよ.

(1) 3点 A, B, C を通る平面と直線 OP との交点を Q とするとき, $\overrightarrow{OQ}$ を $\vec{a}$, $\vec{b}$, $\vec{c}$ を用いて表せ.

(2) 直線 AQ と辺 BC との交点を R とするとき, 四面体 OABC の体積 V に対する四面体 PABR の体積 W の比 $\dfrac{W}{V}$ を求めよ.

(宮城教育大)

*155 四面体 OABC の 6 つの辺の長さを
$$OA=\sqrt{10}, \quad OB=\sqrt{5}, \quad OC=\sqrt{6},$$
$$AB=\sqrt{5}, \quad AC=2\sqrt{2}, \quad BC=\sqrt{5}$$
とする.

(1) 内積 $\overrightarrow{OA}\cdot\overrightarrow{OB}$, $\overrightarrow{OA}\cdot\overrightarrow{OC}$, $\overrightarrow{OB}\cdot\overrightarrow{OC}$ の値をそれぞれ求めよ.

(2) $\overrightarrow{OH}=\dfrac{1}{5}\overrightarrow{OA}+\dfrac{2}{5}\overrightarrow{OB}$ とおくとき, $\overrightarrow{CH}$ は $\overrightarrow{OA}$ と $\overrightarrow{OB}$ のいずれとも垂直であることを示せ.

(3) 四面体 OABC の体積を求めよ.

(熊本大)

156 空間内の 3 点 A(0, 1, 0), B(−1, 1, 1), C(−1, 3, 2) を通る平面を α とし, 原点 O から α に下ろした垂線と α との交点を H とする. 以下の問に答えよ.

(1) △ABC の面積 S を求めよ.

(2) 点 H の座標を求めよ.

(3) 四面体 OABC の体積 V を求めよ.

(三重大)

157 空間ベクトル

$$\vec{a}=(2,\ 1,\ -2), \quad \vec{b}=(3,\ -2,\ 6)$$

に対して, $\vec{c}=t\vec{a}+\vec{b}$ (t は実数)とする.

(1) $|\vec{c}|$ の最小値は ☐ である.

(2) $\vec{c}$ が $\vec{a}$ と $\vec{b}$ のなす角を二等分するとき, $t=$ ☐ である.

(名城大)

158

座標空間において, 2点 A(4, 2, 1), B(4, 0, 3) をとる. 直線 l を点 A を通り $\vec{a}=(-1,\ 1,\ 1)$ に平行なものとし, 直線 m を点 B を通り $\vec{b}=(2,\ -1,\ 0)$ に平行なものとする. P, Q をそれぞれ直線 l 上の点, 直線 m 上の点とするとき, 次の問に答えよ.

(1) 線分 PQ の長さが最小になるとき, P, Q それぞれの座標と, 線分 PQ の長さを求めよ.

(2) 直線 l と yz 平面との交点を P′ とする. P′ の座標を求めよ.

(東京理科大・改)

159

原点 O(0, 0, 0) と点 A(1, 1, 1) を通る直線を l とし, 3点 B(1, 0, 0), C(0, 2, 0), D(0, 0, 3) を通る平面を α とする. 以下の問に答えよ.

(1) ベクトル $\vec{a}$ は平面 α に垂直で, 成分がすべて正であり, 長さが 7 になるものとする. このとき, $\vec{a}$ を成分で表せ.

(2) △BCD の面積を求めよ.

(3) O から平面 α へ引いた垂線と平面 α との交点を H とする. 線分 OH の長さを求めよ.

(4) P は座標がすべて正である直線 l 上の点とする. P を中心とする半径 7 の球面が点 Q で平面 α に接するとき, P, Q の座標を求めよ.

(首都大東京)

160 xyz 空間の中で，$(0,\ 0,\ 1)$ を中心とする半径 1 の球面 S を考える．点 Q が $(0,\ 0,\ 2)$ 以外の S 上の点を動くとき，点 Q と点 P$(1,\ 0,\ 2)$ の 2 点を通る直線 l と平面 $z=0$ との交点を R とおく．R の動く範囲を求め，図示せよ．

（京都大）

河合塾
SERIES

厳選！
大学入試数学問題集
文系160

河合塾数学科 編

解答編

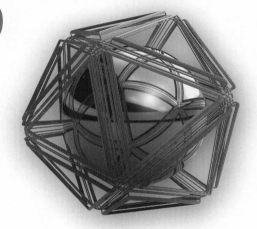

河合出版

目 次

※解答・解説は河合出版が作成しています。

数　学　Ⅰ・A

1 ──〈方針〉──

(4) a の値で場合分けする.

(1) 頂点が $(2, -1)$ のとき, C の方程式は,
$$y=(x-2)^2-1$$
$$=x^2-4x+3.$$
$y=0$ のとき,
$$x^2-4x+3=0.$$
$$(x-1)(x-3)=0.$$
よって,
$$x=1, 3.$$
ゆえに, C と x 軸の交点の座標は,
$$(1, 0), (3, 0).$$

(2) 軸が直線 $x=-1$ のとき, C の方程式は,
$$y=(x+1)^2+k$$
と表される.
C が $(1, 1)$ を通ることから,
$$1=(1+1)^2+k.$$
$$k=-3.$$
よって, この関数は
$$y=(x+1)^2-3$$
となるから, 最小値は,
$$-3.$$

(3) C を x 軸方向に a, y 軸方向に $-a$ 平行移動した関数の方程式は,
$$y+a=(x-a)^2+a(x-a)+b.$$
これが 2 点 $(0, 0)$, $(2, -6)$ を通ることから,
$$\begin{cases} a=(-a)^2-a^2+b, \\ -6+a=(2-a)^2+a(2-a)+b \end{cases}$$
すなわち,
$$\begin{cases} a=b, \\ 3a-b=10. \end{cases}$$
これを解いて,
$$a=5, \quad b=5.$$

(4) C の方程式は,
$$y=x^2+ax+b$$
$$=\left(x+\frac{a}{2}\right)^2-\frac{a^2}{4}+b$$
となり, 軸は直線 $x=-\dfrac{a}{2}$ である.

区間 $-1\leqq x\leqq 2$ と $x=-\dfrac{a}{2}$ の位置関係で場合分けして考える.

(ⅰ) $-\dfrac{a}{2}<-1$, すなわち $a>2$ のとき.

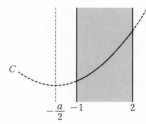

グラフより, y は
$$x=-1 \text{ で最小値 } 1-a+b,$$
$$x=2 \text{ で最大値 } 4+2a+b$$
をとる. したがって,
$$\begin{cases} 1-a+b=0, \\ 4+2a+b=8. \end{cases}$$
これを解いて,
$$a=\frac{5}{3}, \quad b=\frac{2}{3}.$$
これは $a>2$ を満たさず不適.

(ⅱ) $-1\leqq -\dfrac{a}{2}\leqq \dfrac{1}{2}$, すなわち $-1\leqq a\leqq 2$ のとき.

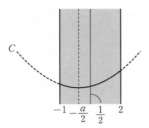

グラフより，y は

$$x=-\frac{a}{2} \text{ で最小値 } -\frac{a^2}{4}+b,$$
$$x=2 \text{ で最大値 } 4+2a+b$$

をとる．

したがって，

$$\begin{cases} -\dfrac{a^2}{4}+b=0, \\ 4+2a+b=8. \end{cases}$$

これより，

$$a=-4\pm4\sqrt{2}.$$

$-1\leqq a\leqq2$ より，

$$a=-4+4\sqrt{2}.$$

このとき，

$$b=12-8\sqrt{2}.$$

(iii) $\dfrac{1}{2}<-\dfrac{a}{2}\leqq2$，すなわち $-4\leqq a<-1$ のとき．

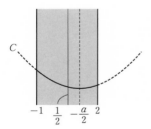

グラフより，y は

$$x=-\frac{a}{2} \text{ で最小値 } -\frac{a^2}{4}+b,$$
$$x=-1 \text{ で最大値 } 1-a+b$$

をとる．

したがって，

$$\begin{cases} -\dfrac{a^2}{4}+b=0, \\ 1-a+b=8. \end{cases}$$

これより，

$$a=2\pm4\sqrt{2}.$$

$-4\leqq a<-1$ より，

$$a=2-4\sqrt{2}.$$

このとき，

$$b=9-4\sqrt{2}.$$

(iv) $2<-\dfrac{a}{2}$，すなわち $a<-4$ のとき．

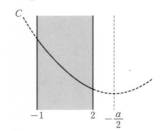

グラフより，y は

$$x=2 \text{ で最小値 } 4+2a+b,$$
$$x=-1 \text{ で最大値 } 1-a+b$$

をとる．

したがって，

$$\begin{cases} 4+2a+b=0, \\ 1-a+b=8. \end{cases}$$

これを解いて，

$$a=-\frac{11}{3}, \ b=\frac{10}{3}.$$

これは $a<-4$ を満たさず不適．

以上により，

$$\begin{aligned} (\boldsymbol{a}, \ \boldsymbol{b})=&(4\sqrt{2}-4, \ 12-8\sqrt{2}), \\ &(2-4\sqrt{2}, \ 9-4\sqrt{2}). \end{aligned}$$

2 ──〈方針〉

(3) $0<f(x)<6$ が成り立つための条件は $M<6$ かつ $m>0$ である.

$$f(x)=x^2-2ax+a+2$$
$$=(x-a)^2-a^2+a+2.$$

(1) $a<0$ のとき, $0\leqq x\leqq 3$ における $y=f(x)$ のグラフは次図のようになる.

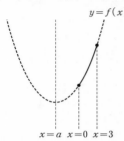

これより,
$$M=f(3)=-5a+11,$$
$$m=f(0)=a+2.$$

(2) $0\leqq a<\dfrac{3}{2}$ のとき, $0\leqq x\leqq 3$ における $y=f(x)$ のグラフは次図のようになる.

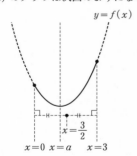

これより,
$$M=f(3)=-5a+11,$$
$$m=f(a)=-a^2+a+2.$$

(3) 条件を満たすためには,
$$M<6 \quad かつ \quad m>0 \qquad \cdots(*)$$
であればよい.

(1), (2) と同様にして $a\geqq\dfrac{3}{2}$ のときを考える.

(i) $\dfrac{3}{2}\leqq a<3$ のとき, $0\leqq x\leqq 3$ における $y=f(x)$ のグラフは次図のようになる.

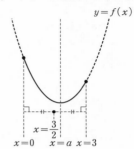

これより,
$$M=f(0)=a+2,$$
$$m=f(a)=-a^2+a+2.$$

(ii) $a\geqq 3$ のとき, $0\leqq x\leqq 3$ における $y=f(x)$ のグラフは次図のようになる.

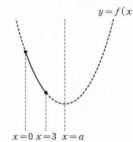

これより,
$$M=f(0)=a+2,$$
$$m=f(3)=-5a+11.$$

したがって,

(ア) $a<0$ のとき.

(1)の結果と $(*)$ より,
$$\begin{cases} -5a+11<6, \\ a+2>0, \\ a<0, \end{cases}$$

すなわち,
$$\begin{cases} a>1, \\ a>-2, \\ a<0. \end{cases}$$

これを満たす a は存在しない.

(イ) $0 \leqq a < \dfrac{3}{2}$ のとき.

(2) の結果と (∗) より,

$$\begin{cases} -5a+11 < 6, \\ -a^2+a+2 > 0, \\ 0 \leqq a < \dfrac{3}{2}, \end{cases}$$

すなわち,

$$\begin{cases} a > 1, \\ -1 < a < 2, \\ 0 \leqq a < \dfrac{3}{2}. \end{cases}$$

よって,

$$1 < a < \dfrac{3}{2}.$$

(ウ) $\dfrac{3}{2} \leqq a < 3$ のとき.

(i) と (∗) より,

$$\begin{cases} a+2 < 6, \\ -a^2+a+2 > 0, \\ \dfrac{3}{2} \leqq a < 3, \end{cases}$$

すなわち,

$$\begin{cases} a < 4, \\ -1 < a < 2, \\ \dfrac{3}{2} \leqq a < 3. \end{cases}$$

よって,

$$\dfrac{3}{2} \leqq a < 2.$$

(エ) $a \geqq 3$ のとき.

(ii) と (∗) より,

$$\begin{cases} a+2 < 6, \\ -5a+11 > 0, \\ a \geqq 3, \end{cases}$$

すなわち,

$$\begin{cases} a < 4, \\ a < \dfrac{11}{5}, \\ a \geqq 3. \end{cases}$$

これを満たす a は存在しない.

以上 (ア)〜(エ) より, 求める a の値の範囲は,

$$1 < \boldsymbol{a} < 2.$$

3 ──〈方針〉──

(1) $h(x) = f(x) - g(x)$ とおき, $y = h(x)$ のグラフを描き, $h(x) > 0$ が成り立つ条件を考える.

(2) $y = f(x)$, $y = g(x)$, $y = k$ のグラフを描き, $f(x) > k > g(x)$ が成り立つ条件を考える.

(1) $$h(x) = f(x) - g(x)$$

とおくと, すべての実数 x に対して $f(x) > g(x)$ が成り立つのは, すべての実数 x に対して $h(x) > 0$ が成り立つときであるから, $h(x)$ の最小値が正のときである.

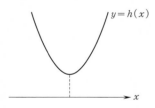

ここで,

$$\begin{aligned} h(x) &= x^2 + 2ax + 2a + 4 - (-x^2 + 1) \\ &= 2x^2 + 2ax + 2a + 3 \\ &= 2\left(x + \dfrac{a}{2}\right)^2 - \dfrac{a^2}{2} + 2a + 3 \end{aligned}$$

であるから, $h(x)$ の最小値は,

$$h\left(-\dfrac{a}{2}\right) = -\dfrac{a^2}{2} + 2a + 3.$$

これより,

$$-\dfrac{a^2}{2} + 2a + 3 > 0,$$

すなわち

$$a^2 - 4a - 6 < 0.$$

よって, a のとり得る値の範囲は,

$$2 - \sqrt{10} < \boldsymbol{a} < 2 + \sqrt{10}.$$

(2) 実数 k をうまく選べばすべての実数 x

に対して
$$f(x) > k > g(x)$$
が成り立つのは，$y=f(x)$，$y=g(x)$，$y=k$ のグラフが次のようになるときである．

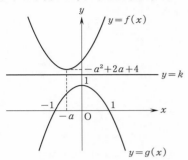

これが成り立つのは，

（$f(x)$ の最小値）＞（$g(x)$ の最大値）…(*)

が成り立つときである．

ここで，
$$f(x)=(x+a)^2-a^2+2a+4$$
であるから，
$$（f(x) \text{ の最小値}）=-a^2+2a+4$$
であり，
$$（g(x) \text{ の最大値}）=1$$
なので，(*) より，
$$-a^2+2a+4>1.$$
$$a^2-2a-3<0.$$
$$(a-3)(a+1)<0.$$
よって，求める a の値の範囲は，
$$\boldsymbol{-1<a<3.}$$

4 ──〈方針〉

放物線の軸 $x=a$ が区間 $0\leqq x\leqq 4$ の
- (i) 左側にある
- (ii) 間にある
- (iii) 右側にある

の3つの場合に分けて考える．

$$f(x)=2x^2-4ax+a+1$$
$$=2(x-a)^2-2a^2+a+1.$$

(1) (i) $a\leqq 0$ のとき，

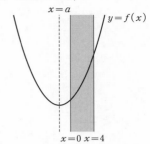

$0\leqq x\leqq 4$ における $f(x)$ の最小値 m は，
$$m=f(0)=a+1.$$

(ii) $0\leqq a\leqq 4$ のとき，

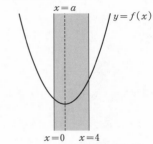

$0\leqq x\leqq 4$ における $f(x)$ の最小値 m は，
$$m=f(a)=-2a^2+a+1.$$

(iii) $4\leqq a$ のとき，

$0\leqq x\leqq 4$ における $f(x)$ の最小値 m は，
$$m=f(4)=-15a+33.$$

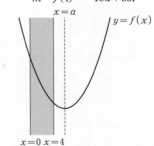

(i), (ii), (iii) より，
$$m=\begin{cases} a+1 & (a\leqq 0 \text{ のとき}), \\ -2a^2+a+1 & (0\leqq a\leqq 4 \text{ のとき}), \\ -15a+33 & (4\leqq a \text{ のとき}). \end{cases}$$

(2) $0 \leqq x \leqq 4$ においてつねに $f(x) > 0$ が成り立つのは，$0 \leqq x \leqq 4$ における $f(x)$ の最小値 m が $m > 0$ を満たすときである．

(ⅰ) $a \leqq 0$ のとき，
$$m > 0 \iff a + 1 > 0$$
$$\iff a > -1.$$

よって，
$$-1 < a \leqq 0.$$

(ⅱ) $0 \leqq a \leqq 4$ のとき，
$$m > 0 \iff -2a^2 + a + 1 > 0$$
$$\iff (2a+1)(a-1) < 0$$
$$\iff -\frac{1}{2} < a < 1.$$

よって，
$$0 \leqq a < 1.$$

(ⅲ) $4 \leqq a$ のとき，
$$m > 0 \iff -15a + 33 > 0$$
$$\iff a < \frac{11}{5}.$$

$4 \leqq a$ のとき，これを満たす a の値は存在しない．

(ⅰ)～(ⅲ) より，求める a の値の範囲は，
$$\boldsymbol{-1 < a < 1.}$$

5 ──〈方針〉

(3) a の値で場合分けし，
$$y = |x - a|, \quad y = x + 1$$
のグラフの関係を調べる．

(5) a の値で場合分けし，
$$y = |x^2 - a|, \quad y = x - a$$
のグラフの関係を調べる．

(1) $|x - a| < 2$ を変形して，
$$-2 < x - a < 2.$$

よって，
$$\boldsymbol{a - 2 < x < a + 2.} \qquad \cdots ①$$

(2) ① かつ $x > 0$ を満たす x が存在するための条件は，
$$a + 2 > 0,$$
すなわち，

$$a > -2.$$

(3)
$$|x - a| < x + 1. \qquad \cdots ②$$

$y = |x - a|$ のグラフが，$y = x + 1$ のグラフより下の領域を通る条件を考える．

(ⅰ) $a < -1$ のとき．

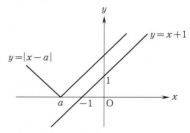

② を満たす実数 x は存在しない．

(ⅱ) $a = -1$ のとき．

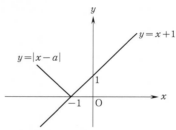

② を満たす実数 x は存在しない．

(ⅲ) $a > -1$ のとき．

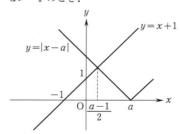

② を満たす正の実数 x は存在する．

以上より，求める a の値の範囲は，
$$\boldsymbol{a > -1.}$$

(4) (3)(ⅲ)のグラフより，
$$|x - a| < x + 1$$
を満たす実数 x の値の範囲は，

$$x>\frac{a-1}{2}.$$

(5)　　　　$|x^2-a|>x-a.$　　　…③

(i)　$a\leqq 0$ のとき.

$x^2-a\geqq 0$ であるから，③ は，

$$x^2-a>x-a,$$

すなわち，

$$x(x-1)>0.$$

よって，$0\leqq x\leqq 1$ において ③ は成り立たないので不適.

(ii)　$a>0$ のとき.

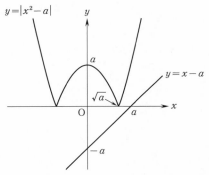

上図より，$y=|x^2-a|$ のグラフが，つねに $y=x-a$ のグラフより上の領域にあるためには，

$$\sqrt{a}<a,\ \text{すなわち}\ a>1$$

が必要である.

このとき，

$x\leqq\sqrt{a}$ においては ③ はつねに成り立つ.

$x\geqq\sqrt{a}$ のとき，③ は，

$$x^2-a>x-a,$$

すなわち，

$$x^2-x>0,$$
$$x(x-1)>0$$

となる.

$a>1$ の条件下で，

$$x\geqq\sqrt{a}>1$$

であるから，③ はつねに成り立つ.

以上より，求める a の値の範囲は，

$$a>1.$$

6 ──〈方針〉

方程式 $f(x)=x+a$ の実数解は，$y=f(x)-x$ のグラフと直線 $y=a$ の共有点の x 座標であることに注目する.

$y=f(x)$ のグラフと直線 $y=x+a$ の共有点の x 座標は

$$|x-1|(x-2)=x+a$$

すなわち，

$$|x-1|(x-2)-x=a\qquad…①$$

の実数解である.

さらに，$g(x)=|x-1|(x-2)-x$ とおくと，① の異なる実数解の個数は $y=g(x)$ のグラフと直線 $y=a$ の共有点の個数と一致する.

ここで，$y=g(x)$ のグラフを考える.

$$|x-1|=\begin{cases}-(x-1)&(x<1)\\x-1&(x\geqq 1)\end{cases}$$

より，

(ア)　$x<1$ のとき，

$$\begin{aligned}g(x)&=-(x-1)(x-2)-x\\&=-x^2+2x-2\\&=-(x-1)^2-1.\end{aligned}$$

(イ)　$x\geqq 1$ のとき，

$$\begin{aligned}g(x)&=(x-1)(x-2)-x\\&=x^2-4x+2\\&=(x-2)^2-2.\end{aligned}$$

よって，

$$g(x)=\begin{cases}-(x-1)^2-1&(x<1),\\(x-2)^2-2&(x\geqq 1).\end{cases}$$

ゆえに，$y=g(x)$ のグラフは次のようになる.

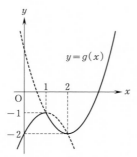

$y=g(x)$ のグラフと直線 $y=a$ の共有点を考えると，求める個数は，

$$\begin{cases} a>-1 & \text{のとき 1 個,} \\ a=-1 & \text{のとき 2 個,} \\ -2<a<-1 & \text{のとき 3 個,} \\ a=-2 & \text{のとき 2 個,} \\ a<-2 & \text{のとき 1 個.} \end{cases}$$

7 ──〈方針〉──

(2) $y=f(x)$ の y 切片の値で場合分けする.

$$f(x)=x^2-2kx+2k^2-2k-3$$

とおくと，

$$f(x)=(x-k)^2+k^2-2k-3$$

より，$y=f(x)$ のグラフの頂点は，

$$(k,\ k^2-2k-3).$$

(1)

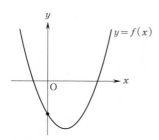

求める条件は，

$$f(0)<0.$$

よって，

$$2k^2-2k-3<0,$$

すなわち，

$$\frac{1-\sqrt{7}}{2}<k<\frac{1+\sqrt{7}}{2}.$$

(2)(i) $f(0)<0$ のとき.

(1)の場合であるから適する.

よって，

$$\frac{1-\sqrt{7}}{2}<k<\frac{1+\sqrt{7}}{2}.$$

(ii) $f(0)=0$，すなわち $k=\dfrac{1\pm\sqrt{7}}{2}$ のとき.

$$f(x)=x(x-2k)$$

であるから，$f(x)=0$ の解は，

$$x=0,\ 2k.$$

正の解をもつためには $2k>0$ であればよいから，求める k の値は，

$$k=\frac{1+\sqrt{7}}{2}.$$

(iii) $f(0)>0$，

すなわち $k<\dfrac{1-\sqrt{7}}{2}$，$\dfrac{1+\sqrt{7}}{2}<k$ のとき.

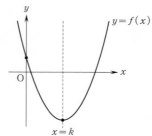

求める条件は，

$$\begin{cases} k>0, \\ f(k)\leqq 0 \end{cases}$$

すなわち，

$$\begin{cases} k>0, \\ (k-3)(k+1)\leqq 0. \end{cases}$$

よって，

$$\frac{1+\sqrt{7}}{2}<k\leqq 3.$$

以上により，求める k の値の範囲は，

$$\frac{1-\sqrt{7}}{2}<k\leqq 3.$$

((2) の別解)

軸の位置で場合分けする.

(ⅰ) $k\leqq 0$ のとき.

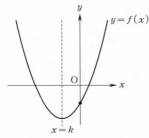

求める条件は,

$$f(0)<0,$$

すなわち,

$$\frac{1-\sqrt{7}}{2}<k<\frac{1+\sqrt{7}}{2}.$$

よって,

$$\frac{1-\sqrt{7}}{2}<k\leqq 0.$$

(ⅱ) $k>0$ のとき.

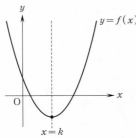

求める条件は,

$$f(k)\leqq 0,$$

すなわち,

$$-1\leqq k\leqq 3.$$

よって,

$$0<k\leqq 3.$$

以上により, 求める k の値の範囲は,

$$\frac{1-\sqrt{7}}{2}<k\leqq 3.$$

((2) の別解終り)

8 ──〈方針〉─────

左辺は因数分解できる.

$$2x^2+(4-7a)x+a(3a-2)<0 \quad \cdots(*)$$

より,

$$(2x-a)\{x-(3a-2)\}<0$$

であるから, a の値で場合分けをして, (*) を満たす x の範囲について考える.

(ⅰ) $0<a$, $3a-2<\dfrac{a}{2}$, すなわち, $0<a<\dfrac{4}{5}$

のとき.

(*) の解は,

$$3a-2<x<\frac{a}{2}. \qquad \cdots①$$

ここで,

$$\frac{a}{2}-(3a-2)=2-\frac{5}{2}a$$
$$<2 \ (a>0 \ \text{より})$$

であるから, 区間 ① に 3 個の整数が含まれることはない.

(ⅱ) $3a-2=\dfrac{a}{2}$, すなわち, $a=\dfrac{4}{5}$ のとき.

(*) を満たす実数 x は存在しないので, 不適である.

(ⅲ) $3a-2>\dfrac{a}{2}$, すなわち, $a>\dfrac{4}{5}$ のとき.

(*) の解は,

$$\frac{a}{2}<x<3a-2. \qquad \cdots②$$

区間 ② にちょうど 3 個の整数が含まれるためには,

$$2<(3a-2)-\frac{a}{2}\leqq 4,$$

すなわち, $\dfrac{8}{5}<a\leqq\dfrac{12}{5}$ が必要である.

このとき,

$$\frac{4}{5}<\frac{a}{2}\leqq\frac{6}{5}$$

であるから, 区間 ② に含まれるちょうど 3 個の整数は,

(ア)　1, 2, 3

または,

(イ)　2, 3, 4

のいずれかである.

(ア)のとき.

a が

$$\begin{cases} 0 \leqq \dfrac{a}{2} < 1, \\ 3 < 3a-2 \leqq 4 \end{cases}$$

を満たせばよいので,

$$\begin{cases} 0 \leqq a < 2, \\ \dfrac{5}{3} < a \leqq 2. \end{cases}$$

よって,

$$\dfrac{5}{3} < a < 2.$$

(イ)のとき.

a が

$$\begin{cases} 1 \leqq \dfrac{a}{2} < 2, \\ 4 < 3a-2 \leqq 5 \end{cases}$$

を満たせばよいので,

$$\begin{cases} 2 \leqq a < 4, \\ 2 < a \leqq \dfrac{7}{3}. \end{cases}$$

よって,

$$2 < a \leqq \dfrac{7}{3}.$$

以上により，求める a の値の範囲は,

$$\dfrac{5}{3} < a < 2, \quad 2 < a \leqq \dfrac{7}{3}.$$

9 ―〈方針〉―

余弦定理，正弦定理，三角形の面積の公式などを適切に用いる.

(1) 余弦定理より,

$$\cos B = \dfrac{3^2 + 8^2 - 7^2}{2 \cdot 3 \cdot 8} = \dfrac{1}{2}.$$

$0° < B < 180°$ より,

$$\angle B = \mathbf{60°}.$$

(2) △ABC の外接円の半径を R とすると，正弦定理より,

$$\dfrac{7}{\sin 60°} = 2R.$$

$$R = \dfrac{7}{3}\sqrt{3}.$$

(3)

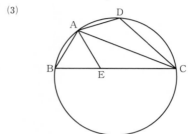

AB=BE=3, $\angle$ABE=60° より，△ABE は正三角形であるから，$\angle$AEB=60°.

よって,

$$\angle AEC = 180° - \angle AEB = \mathbf{120°}.$$

四角形 ABCD は円に内接するから

$$\angle ADC = 180° - \angle ABC = 120°.$$

CD=x とおくと，△ADC に余弦定理を用いて,

$$7^2 = 3^2 + x^2 - 2 \cdot 3 \cdot x \cos 120°.$$

$$x^2 + 3x - 40 = 0.$$

$$x = 5, \ -8.$$

x=CD>0 であるから,

$$CD = \mathbf{5}.$$

(4) （四角形 ABCD の面積）

$$= （\triangle ABC \text{ の面積}） + （\triangle ACD \text{ の面積}）$$

$$= \dfrac{1}{2} \cdot 3 \cdot 8 \sin 60° + \dfrac{1}{2} \cdot 3 \cdot 5 \sin 120°$$

$$= \dfrac{39}{4}\sqrt{3}.$$

(5) BD=y とおくと，△ABD に余弦定理を用いて,

$$\cos \angle BAD = \dfrac{3^2 + 3^2 - y^2}{2 \cdot 3 \cdot 3}$$

$$= \dfrac{18 - y^2}{18}. \qquad \cdots ①$$

△CBD に余弦定理を用いて

$$\cos\angle BCD = \frac{8^2 + 5^2 - y^2}{2\cdot 8\cdot 5}$$
$$= \frac{89 - y^2}{80}. \qquad \cdots ②$$

$\cos\angle BAD = \cos(180° - \angle BCD) = -\cos\angle BCD$
と①, ②より,

$$\frac{18 - y^2}{18} = -\frac{89 - y^2}{80}.$$
$$98y^2 = 18\cdot 169.$$
$$y = \pm\frac{39}{7}.$$

$y = BD > 0$ より,

$$BD = \frac{39}{7}.$$

(6) EF は $\angle AEC$ の二等分線であるから,
$$AF:FC = AE:EC = 3:5.$$

よって,
$$AF = \frac{3}{8}AC = \frac{21}{8}.$$

また, $EF = z$ とおくと,
($\triangle AEF$ の面積)+($\triangle CEF$ の面積)=($\triangle ACE$ の面積)
より,

$$\frac{1}{2}\cdot 3z\sin 60° + \frac{1}{2}\cdot 5z\sin 60° = \frac{1}{2}\cdot 3\cdot 5\sin 120°.$$
$$3z + 5z = 15.$$
$$z = \frac{15}{8}.$$

よって,
$$EF = \frac{15}{8}.$$

10 ──〈方針〉───

(1), (2) 円に内接する四角形 ABCD において,
$$A + C = B + D = 180°$$
が成り立つ.

(3) $$\angle EDA = \angle EBC,$$
$$\angle EAD = \angle ECB$$
である.

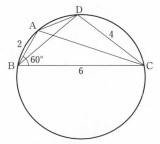

(1) 余弦定理を用いて,
$$AC^2 = AB^2 + BC^2 - 2AB\cdot BC\cos B$$
$$= 2^2 + 6^2 - 2\cdot 2\cdot 6\cos 60°$$
$$= 4 + 36 - 12$$
$$= 28.$$

よって,
$$AC = \sqrt{28} = 2\sqrt{7}.$$

四角形 ABCD は円に内接する四角形であるから,
$$B + D = 180°.$$

$B = 60°$ より,
$$D = 120°.$$

$AD = x$ とおくと, $\triangle ACD$ において余弦定理を用いて,
$$AC^2 = AD^2 + CD^2 - 2AD\cdot CD\cos D.$$
$$28 = x^2 + 4^2 - 2\cdot x\cdot 4\cos 120°.$$
$$x^2 + 4x - 12 = 0.$$
$$(x + 6)(x - 2) = 0.$$

$x > 0$ より,
$$AD = x = 2.$$

(2) $\triangle ABD$ と $\triangle BCD$ において, 余弦定理を用いて,
$$\begin{cases} BD^2 = AB^2 + AD^2 - 2AB\cdot AD\cdot\cos A, \\ BD^2 = BC^2 + CD^2 - 2BC\cdot CD\cdot\cos C. \end{cases}$$

したがって,
$$\begin{cases} BD^2 = 2^2 + 2^2 - 2\cdot 2\cdot 2\cos A, & \cdots① \\ BD^2 = 6^2 + 4^2 - 2\cdot 6\cdot 4\cos C. & \cdots② \end{cases}$$

$A + C = 180°$ より,
$$\cos A = \cos(180° - C) = -\cos C$$
であるから, ①, ②より,

$$8+8\cos C=52-48\cos C.$$

よって,

$$\cos C=\frac{11}{14}.$$

$0°<C<180°$ であるから,

$$\begin{aligned}
\sin C&=\sqrt{1-\cos^2 C}\\
&=\sqrt{1-\left(\frac{11}{14}\right)^2}\\
&=\frac{5\sqrt{3}}{14}.
\end{aligned}$$

((2) の別解 1)

四角形 ABCD の面積を考えて,

$$\triangle ABD+\triangle BCD=\triangle ABC+\triangle ACD$$

すなわち

$$\frac{1}{2}AB\cdot AD\sin A+\frac{1}{2}BC\cdot CD\sin C$$

$$=\frac{1}{2}AB\cdot BC\sin 60°+\frac{1}{2}AD\cdot CD\sin 120°.$$

$$\frac{1}{2}\cdot 2\cdot 2\sin C+\frac{1}{2}\cdot 6\cdot 4\sin C$$

$$=\frac{1}{2}\cdot 2\cdot 6\cdot\frac{\sqrt{3}}{2}+\frac{1}{2}\cdot 2\cdot 4\cdot\frac{\sqrt{3}}{2}.$$

$$14\sin C=5\sqrt{3}.$$

よって,

$$\sin C=\frac{5\sqrt{3}}{14}.$$

((2) の別解 1 終り)

((2) の別解 2)

トレミーの定理より,

$$AB\cdot CD+BC\cdot AD=AC\cdot BD.$$

$$2\cdot 4+6\cdot 2=2\sqrt{7}\cdot BD.$$

よって,

$$BD=\frac{10}{\sqrt{7}}.$$

円の半径を R とおくと, △ABC, △BCD において, 正弦定理を用いて,

$$2R=\frac{AC}{\sin B}=\frac{BD}{\sin C}.$$

$$\frac{2\sqrt{7}}{\sin 60°}=\frac{\frac{10}{\sqrt{7}}}{\sin C}.$$

よって,

$$\begin{aligned}
\sin C&=\frac{1}{2\sqrt{7}}\cdot\frac{10}{\sqrt{7}}\sin 60°\\
&=\frac{5\sqrt{3}}{14}.
\end{aligned}$$

((2) の別解 2 終り)

(3)

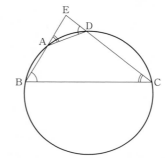

△EAD, △EBC において, 正弦定理を用いて,

$$\begin{cases}
\dfrac{DE}{\sin\angle EAD}=\dfrac{AE}{\sin\angle EDA},\\
\dfrac{BE}{\sin\angle ECB}=\dfrac{CE}{\sin\angle EBC}.
\end{cases}$$

ここで, $\angle EAD=\angle ECB$, $\angle EDA=\angle EBC=60°$ より,

$$\begin{cases}
\dfrac{DE}{\sin C}=\dfrac{AE}{\sin 60°},\\
\dfrac{AE+2}{\sin C}=\dfrac{DE+4}{\sin 60°}.
\end{cases}$$

(2) より $\sin C=\dfrac{5\sqrt{3}}{14}$ であるから,

$$\begin{cases}
DE=\dfrac{5}{7}AE,\\
AE+2=\dfrac{5}{7}(DE+4).
\end{cases}$$

これを解いて,

$$AE=\frac{7}{4},\quad DE=\frac{5}{4}.$$

((3) の別解)

$\angle EAD=\angle ECB$, $\angle EDA=\angle EBC$ より,

$$\triangle EAD\infty\triangle ECB.$$

よって,

$$\frac{AE}{CE}=\frac{DE}{BE}=\frac{AD}{CB}.$$

AE$=y$, DE$=z$ とおくと,

$$\frac{y}{z+4}=\frac{z}{y+2}=\frac{2}{6}.$$

これより,

$$\begin{cases} z+4=3y, \\ y+2=3z. \end{cases}$$

これを解いて,

$$AE=y=\frac{7}{4},$$

$$DE=z=\frac{5}{4}.$$

((3) の別解終り)

[参考] **トレミーの定理**

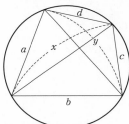

円に内接する四角形の 4 辺および 2 本の対角線の長さに関して, 次の関係式が成り立つ.

$$ac+bd=xy.$$

(参考終り)

11 ──⟨方針⟩──

三角形の成立条件

$$\begin{cases} AB<BC+CA \\ BC<CA+AB \\ CA<AB+BC \end{cases}$$

を用いる.

AB$=5a-4$ が △ABC の外接円の半径 $\frac{\sqrt{3}}{3}(5a-4)$ の中に出てくることに着目する.

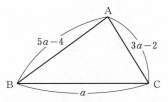

三角形の成立条件から,

$$\begin{cases} a<(3a-2)+(5a-4), \\ 3a-2<a+(5a-4), \\ 5a-4<a+(3a-2). \end{cases}$$

これらより,

$$a>\frac{6}{7} \text{ かつ } a>\frac{2}{3} \text{ かつ } a<2.$$

よって, 求める a の範囲は,

$$\boxed{\frac{6}{7}<a<2}. \qquad \cdots(*)$$

次に正弦定理から,

$$\frac{5a-4}{\sin C}=2\cdot\frac{\sqrt{3}}{3}(5a-4).$$

(*) から $5a-4\neq0$ なので,

$$\sin C=\frac{\sqrt{3}}{2}.$$

$$C=60°, \quad 120°.$$

(ⅰ) $C=60°$ のとき.

余弦定理から,

$$(5a-4)^2=(3a-2)^2+a^2-2(3a-2)a\cos60°$$
$$=(3a-2)^2+a^2-(3a-2)a.$$
$$18a^2-30a+12=0.$$
$$(3a-2)(a-1)=0.$$

(*) から, $a=1$.

このとき AB$=$BC$=$CA$=1$ なので, △ABC は正三角形であるから不適.

(ⅱ) $C=120°$ のとき.

余弦定理から,

$$(5a-4)^2=(3a-2)^2+a^2-2(3a-2)a\cos120°$$
$$=(3a-2)^2+a^2+(3a-2)a.$$
$$12a^2-26a+12=0.$$
$$(2a-3)(3a-2)=0.$$

② から, $a=\frac{3}{2}$.

このとき ∠C>90° なので，△ABC は鈍角三角形である．

（i），（ii）より求める a の値は，

$$a = \boxed{\dfrac{3}{2}}.$$

12 ──〈方針〉──

三角形の相似を利用する．

(1)

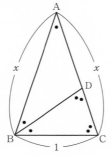

∠BCD＝∠BDC（＝72°）であるから，△BCD は二等辺三角形である．

よって，

$$BD = BC = 1.$$

また，∠DAB＝∠DBA（＝36°）でもあるから，△DAB は二等辺三角形である．

よって，AD＝BD であるから，

AD＝1.

次に，AB＝AC＝x（>0）とおく．

△ABC∽△BCD より，

$$AB : BC = BC : CD.$$
$$x : 1 = 1 : (x-1).$$
$$x(x-1) = 1.$$
$$x^2 - x - 1 = 0.$$

$x>0$ より，

$$AC = x = \dfrac{\sqrt{5}+1}{2}.$$

(2)

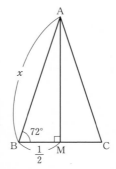

辺 BC の中点を M とすると，AB＝AC より，

$$AM \perp BC.$$

直角三角形 ABM に着目すると，

$$\cos 72° = \dfrac{BM}{AB}$$
$$= \dfrac{\dfrac{1}{2}}{\dfrac{\sqrt{5}+1}{2}}$$
$$= \dfrac{\sqrt{5}-1}{4}.$$

(3) △ABD の面積は，

$$\triangle ABD = \dfrac{r}{2}(AB + BD + AD)$$
$$= \dfrac{r}{2}\left(\dfrac{\sqrt{5}+1}{2} + 1 + 1\right)$$
$$= \dfrac{5+\sqrt{5}}{4}r.$$

また，△CBD の面積は，

$$\triangle CBD = \dfrac{s}{2}(CD + BC + BD)$$
$$= \dfrac{s}{2}\left(\dfrac{\sqrt{5}-1}{2} + 1 + 1\right)$$
$$= \dfrac{3+\sqrt{5}}{4}s.$$

一方，

$$\triangle ABD : \triangle CBD = AD : CD,$$

すなわち，

$$\triangle ABD : \triangle CBD = 1 : \dfrac{\sqrt{5}-1}{2}$$

であるから，

$$\frac{5+\sqrt{5}}{4}r : \frac{3+\sqrt{5}}{4}s = 1 : \frac{\sqrt{5}-1}{2}.$$

$$\frac{\sqrt{5}}{2}r = \frac{3+\sqrt{5}}{4}s.$$

よって，

$$\frac{r}{s} = \frac{5+3\sqrt{5}}{10}.$$

13 ─〈方針〉─

(1) n 角形の内角の和は，
$$180° \times (n-2).$$
これを利用する．

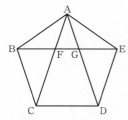

(1) 五角形の内角の和は，
$$180° \times (5-2) = 540°$$
であり，正五角形の 5 つの内角は等しいから，
$$\angle BAE = 540° \div 5$$
$$= 108°.$$

(2) $\triangle ABC$ は $BA=BC$ の二等辺三角形であるから，
$$\angle BAF = \angle BCF.$$
また，(1) と同様にすれば，
$$\angle ABC = 108°.$$
したがって，
$$\angle BAF = (180° - 108°) \div 2$$
$$= 36°.$$

(3) (2) と同様にすれば，
$$\angle EAG = 36°$$
であるから，
$$\angle FAG = 108° - 36° \times 2$$
$$= 36°.$$

(4) (2) と同様にすれば，
$$\angle ABG = 36°$$
であるから，(3) より，
$$\angle ABG = \angle GAF. \qquad \cdots ①$$
また，
$$\angle BAG = \angle BAF + \angle FAG$$
$$= 72°$$
であるから，
$$\angle AGF = 180° - (\angle BAG + \angle ABG)$$
$$= 180° - (72° + 36°)$$
$$= 72°.$$
したがって，
$$\angle BAG = \angle AGF = 72°. \qquad \cdots ②$$
$\triangle ABG$ と $\triangle GAF$ において，①，② より，対応する 2 組の角がそれぞれ等しいので，
$$\triangle ABG \backsim \triangle GAF.$$

(5) $\triangle ABG$ は $BA=BG$ の二等辺三角形であるから，$AB=x$ のとき，
$$BG = x.$$
これと $BF=1$ より，
$$GF = x-1.$$
また，$\triangle ABF$ が $FB=FA$ の二等辺三角形であり，$\triangle AFG$ が $AF=AG$ の二等辺三角形であるから，
$$BF = FA = AG = 1.$$
さらに，(4) より，
$$AB : GA = AG : GF$$
が成り立つから，
$$x : 1 = 1 : (x-1).$$
これより，
$$x(x-1) = 1$$
であるから，
$$x^2 - x - 1 = 0.$$

(6) (5) と $x>0$ であることから，
$$x = \frac{1+\sqrt{5}}{2}.$$

18

14 ──〈方針〉──
空間図形の各面に着目する.

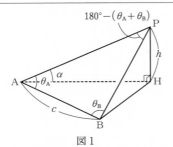

図1

(1) 点 P から地面に下ろした垂線の足を H とする.

△PAB について, 正弦定理より,
$$\frac{AP}{\sin\theta_B}=\frac{c}{\sin\{180°-(\theta_A+\theta_B)\}}.$$

よって,
$$AP=\frac{c\sin\theta_B}{\sin(\theta_A+\theta_B)}.$$

△PAH において,
$$h=AP\sin\alpha$$
$$=\frac{c\sin\theta_B\sin\alpha}{\sin(\theta_A+\theta_B)}.$$

(2)

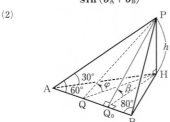

図2

線分 AB 上を動く点を Q, ∠PQH$=\varphi$ とする.

$\alpha=30°$, $\theta_A=60°$, $\theta_B=80°$ のとき, h は一定で, $0°<\varphi<90°$ であるから,

φ が最大 $\iff \sin\varphi=\dfrac{h}{PQ}$ が最大

$\qquad\qquad \iff PQ$ が最小.

PQ が最小になるのは
$$PQ\perp AB$$
のときで, このときの Q を Q_0 と表すと, $\theta_A=60°$, $\theta_B=80°$ より Q_0 は線分 AB 上の点で,
$$PQ_0=PA\sin60°=\frac{\sqrt3}{2}PA.$$

φ の最大値が β だから,
$$\sin\beta=\frac{h}{PQ_0}$$
$$=\frac{AP\sin30°}{\frac{\sqrt3}{2}PA}$$
$$=\frac{1}{\sqrt3}.$$

15

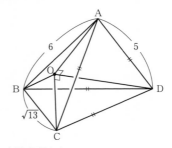

(1) 余弦定理から,
$$\cos A=\frac{AB^2+AC^2-BC^2}{2AB\cdot AC}$$
$$=\frac{6^2+5^2-13}{2\cdot6\cdot5}=\frac{4}{5}.$$

よって,
$$\sin A=\sqrt{1-\left(\frac{4}{5}\right)^2}=\frac{3}{5}$$
であるから, △ABC の面積は,
$$\frac{1}{2}AB\cdot AC\sin A=\frac{1}{2}\cdot6\cdot5\cdot\frac{3}{5}$$
$$=9.$$

(2) DA$=$DB$=$DC$(=5)$ であるから, 点 D から平面 ABC に垂線 DO を下ろすと,

18

$\triangle \text{DOA} \equiv \triangle \text{DOB} \equiv \triangle \text{DOC}$

となり，点 O は $\triangle \text{ABC}$ の外心である.

よって，正弦定理により，

$$\text{OA} = \frac{\text{BC}}{2\sin A} = \frac{\sqrt{13}}{2 \cdot \frac{3}{5}} = \frac{5\sqrt{13}}{6}$$

であり，

$$\text{DO} = \sqrt{\text{DA}^2 - \text{OA}^2}$$
$$= \sqrt{5^2 - \left(\frac{5\sqrt{13}}{6}\right)^2}$$
$$= \frac{5\sqrt{23}}{6}.$$

よって，四面体 ABCD の体積は，

$$\frac{1}{3} \cdot \triangle \text{ABC} \cdot \text{DO} = \frac{1}{3} \cdot 9 \cdot \frac{5\sqrt{23}}{6}$$
$$= \frac{5\sqrt{23}}{2}.$$

16

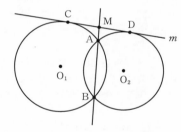

(1) 円 O_1 において，方べきの定理より，
$$\text{MC}^2 = \text{MA} \cdot \text{MB}. \quad \cdots ①$$
円 O_2 において，方べきの定理より，
$$\text{MD}^2 = \text{MA} \cdot \text{MB}. \quad \cdots ②$$
①，② より，
$$\text{MC}^2 = \text{MD}^2,$$
すなわち，
$$\text{MC} = \text{MD}.$$
よって，M は線分 CD の中点である.

(2) $O_1\text{A} = O_1\text{B}$, $O_2\text{A} = O_2\text{B}$ であるから，直線 O_1O_2 は線分 AB の垂直二等分線である.

したがって，直線 O_1O_2 と直線 AB は垂直である.

一方，$\angle \text{CMA} = 90°$ のとき，直線 m と直線 AB は垂直である.

よって，

$$\text{直線 } O_1O_2 \text{ // 直線 } m. \quad \cdots ③$$

また，C, D は 2 つの円と m との接点であるから，

$$O_1\text{C} \perp m, \quad O_2\text{D} \perp m. \quad \cdots ④$$

③，④ より，四角形 $O_1O_2\text{DC}$ は長方形となり，

$$O_1\text{C} = O_2\text{D}$$

であるから，2 つの円の半径は等しい.

17 ──〈方針〉──

(1) メネラウスの定理を利用する.

(2) 方べきの定理を利用する.

また，円の中心が BC 上にあるとき，BC が円の直径であることに注意する.

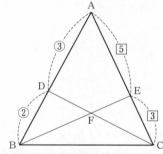

(1) 三角形 ACD と直線 BE にメネラウスの定理を適用すると，

$$\frac{\text{AB}}{\text{BD}} \cdot \frac{\text{DF}}{\text{FC}} \cdot \frac{\text{CE}}{\text{EA}} = 1.$$

$$\frac{5}{2} \cdot \frac{\text{FD}}{\text{CF}} \cdot \frac{3}{5} = 1.$$

$$\frac{\text{CF}}{\text{FD}} = \frac{3}{2}.$$

よって，

$$\textbf{CF : FD} = \textbf{3 : 2.}$$

(2)

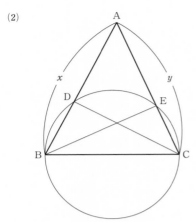

AB$=x$, AC$=y$ とおくと,

AD：DB$=3:2$ より, AD$=\dfrac{3}{5}x$,

AE：EC$=5:3$ より, AE$=\dfrac{5}{8}y$.

4点 D, B, C, E が同一円周上にあるとき, 方べきの定理から,

$$AD \cdot AB = AE \cdot AC.$$

$\dfrac{3}{5}x^2 = \dfrac{5}{8}y^2$ より $y^2 = \dfrac{24}{25}x^2$.

$x>0$, $y>0$ より,

$$y = \dfrac{2\sqrt{6}}{5}x.$$

よって,

AB：AC$=x：\dfrac{2\sqrt{6}}{5}x=$**5：2$\sqrt{6}$**.

また, 円の中心が辺 BC 上にあるとき, 辺 BC は円の直径となるから, 円周角の定理より,

$$\angle BDC = 90°.$$

よって, 直角三角形 BCD, ACD に三平方の定理を適用すると,

$$BC^2 = CD^2 + BD^2,$$
$$CD^2 = AC^2 - AD^2$$

より,

$$BC^2 = AC^2 - AD^2 + BD^2$$
$$= \dfrac{24}{25}x^2 - \dfrac{9}{25}x^2 + \dfrac{4}{25}x^2$$

$$= \dfrac{19}{25}x^2.$$

よって, $x>0$, BC>0 より,

$$BC = \dfrac{\sqrt{19}}{5}x$$

であるから,

AB：AC：BC$=x：\dfrac{2\sqrt{6}}{5}x：\dfrac{\sqrt{19}}{5}x$
$$=\textbf{5：2}\sqrt{6}：\sqrt{19}.$$

18

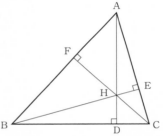

(1) $\angle BEC = 90°$, $\angle BFC = 90°$ であるから,
$$\angle BEC = \angle BFC.$$

2点 E, F から辺 BC を見込む角が等しいから, 四角形 BCEF は円に内接する.

また, $\angle AFH = 90°$, $\angle AEH = 90°$ であるから,
$$\angle AFH + \angle AEH = 180°.$$

対角の和が $180°$ であるから, 四角形 AFHE は円に内接する.

(2) (1)と同様にして, 四角形 CDHE および四角形 BDHF は円に内接するから, 円周角の定理を用いて,
$$\angle ADE = \angle FCE, \quad \angle ADF = \angle EBF.$$
$$\cdots ①$$

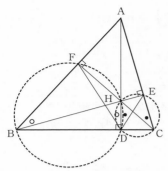

また，(1) より，四角形 BCEF は円に内接するから，

$$\angle FCE = \angle EBF. \qquad \cdots ②$$

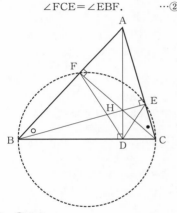

①，② より，

$$\angle ADE = \angle ADF.$$

〔**参考**〕 次のいずれかの条件が成り立つとき，4 点 A，B，C，D はこの順に同一円周上にある.

(a) $\angle BAD + \angle BCD = 180°$.

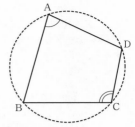

(b) $\angle BAC = \angle BDC$.

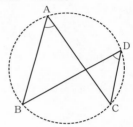

（参考終り）

19 ──〈方針〉──

変量 x の分散が
$$\overline{x^2} - (\overline{x})^2$$
で求められることを用いる.

平均値が 10 で分散が 5 である 15 個のデータの値の和を S_1，そのデータの値の 2 乗の和を T_1 とし，残りの 5 個のデータの値の和を S_2，そのデータの値の 2 乗の和を T_2 とする. 与えられた条件から，

$$\frac{S_1}{15} = 10,$$

$$\frac{T_1}{15} - 10^2 = 5,$$

$$\frac{S_2}{5} = 14,$$

$$\frac{T_2}{5} - 14^2 = 13.$$

したがって，

$$S_1 = 150,$$
$$T_1 = 1575,$$

$$S_2 = 70,$$
$$T_2 = 1045.$$

よって，20 個のデータの平均値を $\overline{x}$，分散を $s_x{}^2$ とすると，

$$\overline{x} = \frac{S_1 + S_2}{20}$$
$$= \frac{150 + 70}{20}$$
$$= 11.$$

$$s_x{}^2 = \frac{T_1 + T_2}{20} - (\overline{x})^2$$
$$= \frac{1575 + 1045}{20} - 11^2$$
$$= 10.$$

【注】

変量 x の平均値を $\overline{x}$ とするとき，変量 x の分散は

「$(x - \overline{x})^2$ の平均値」

と定義されるが，これを変形すると

$$(x^2 \text{ の平均値}) - (x \text{ の平均値})^2 \quad \cdots(*)$$

となる．

その理由を，ここでは 5 個の値

$$a, \ b, \ c, \ d, \ e$$

をもつデータで考えてみよう．このデータの平均値を m とすると

$$\frac{1}{5}(a + b + c + d + e) = m.$$

このとき，データの分散は

$$\frac{1}{5}\{(a-m)^2 + (b-m)^2 + (c-m)^2 + (d-m)^2 + (e-m)^2\}$$
$$= \frac{1}{5}\{(a^2 + b^2 + c^2 + d^2 + e^2) - 2m(a + b + c + d + e) + 5m^2\}$$
$$= \frac{1}{5}(a^2 + b^2 + c^2 + d^2 + e^2) - 2m \times \frac{1}{5}(a + b + c + d + e) + m^2$$
$$= \frac{1}{5}(a^2 + b^2 + c^2 + d^2 + e^2) - 2m^2 + m^2$$
$$= \frac{1}{5}(a^2 + b^2 + c^2 + d^2 + e^2) - m^2$$

となり，$(*)$ は成り立つ．

(注終り)

20 ──〈方針〉

(1)では，変量 x の分散が
$$\overline{x^2} - (\overline{x})^2$$
で求められることを用いて b の値を求める．

(1)　英語の点数の平均値が 6 であるから，

$$\frac{a + b + 6 + a + 5}{5} = 6$$

すなわち

$$2a + b = 19. \qquad \cdots①$$

数学の点数の分散が 1.6 であるから，

$$\frac{5^2 + 2^2 + 5^2 + b^2 + 5^2}{5} - \left(\frac{5 + 2 + 5 + b + 5}{5}\right)^2 = 1.6$$

すなわち

$$5(b^2 + 79) - (b + 17)^2 = 40$$

となる．これを変形すると，

$$4b^2 - 34b + 66 = 0$$

すなわち

$$(2b - 11)(b - 3) = 0.$$

b は 0 以上 10 以下の整数であるから，

$$b = 3.$$

①と合わせて

$$a = 8, \quad b = 3.$$

(2)　数学の点数の平均値は

$$\frac{5 + 2 + 5 + 3 + 5}{5} = 4$$

である．

英語の点数，数学の点数をそれぞれ変量 x，y として，さらにそれらの偏差をそれぞれ

$$X = x - 6, \quad Y = y - 4$$

と定めると，次のような表を得る．

	x	y	X	Y	X^2	Y^2	XY
A	8	5	2	1	4	1	2
B	3	2	-3	-2	9	4	6
C	6	5	0	1	0	1	0
D	8	3	2	-1	4	1	-2
E	5	5	-1	1	1	1	-1
合計	30	20	0	0	18	8	5

変量 x, y の分散はそれぞれ

$$s_x{}^2=\frac{18}{5} \quad s_y{}^2=\frac{8}{5}$$

であり，変量 x と y の共分散は

$$s_{xy}=\frac{5}{5}=1$$

であるから，x と y の相関係数は

$$\frac{s_{xy}}{s_x s_y}=\frac{1}{\sqrt{\dfrac{18}{5}}\sqrt{\dfrac{8}{5}}}=\frac{5}{12}=0.416\cdots$$

すなわち，およそ **0.42** である．

【注】

変量 x, y の平均値をそれぞれ $\overline{x}$, $\overline{y}$ とするとき，変量 x と y の共分散は

「$(x-\overline{x})(y-\overline{y})$ の平均値」

と定義されるが，これを変形すると

(xy の平均値)－(x の平均値)・(y の平均値)

となる．これを用いて s_{xy} を求めてもよい．

(注終り)

21 ──〈方針〉─────

集合 A の要素のうち，7 で割り切れる数，11 で割り切れる数，13 で割り切れる数という 3 つの集合を考える．

集合 A の要素のうち，

$$\begin{cases} 7 \text{ で割り切れる数の集合を } P, \\ 11 \text{ で割り切れる数の集合を } Q, \\ 13 \text{ で割り切れる数の集合を } R \end{cases}$$

とし，集合 X の要素の個数を $n(X)$ と表す．

(1) A の要素のうち，7 または 11 のいずれか一方のみで割り切れるものの集合は，

$$(P\cap\overline{Q})\cup(\overline{P}\cap Q)$$

で表される．

（図 1）

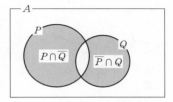

$$\begin{cases} 2000=7\times285+5, \\ 2000=11\times181+9, \\ 2000=(7\times11)\times25+75 \end{cases}$$

であるから，

$$\begin{cases} n(P)=285, \\ n(Q)=181, \\ n(P\cap Q)=25. \end{cases}$$

求める個数は，

$$\begin{aligned} & n((P\cap\overline{Q})\cup(\overline{P}\cap Q)) \\ =& n(P\cup Q)-n(P\cap Q) \quad \text{（図 1 より）} \\ =& n(P)+n(Q)-2\cdot n(P\cap Q) \\ & (n(P\cup Q)=n(P)+n(Q)-n(P\cap Q) \text{ より）} \\ =& 285+181-2\times25 \\ =& \mathbf{416} \text{（個）} \end{aligned}$$

(2) A の要素のうち，7，11，13 のいずれか一つのみで割り切れるものの集合は，

$$(P\cap\overline{Q}\cap\overline{R})\cup(\overline{P}\cap Q\cap\overline{R})\cup(\overline{P}\cap\overline{Q}\cap R)$$

で表される．

（図 2）

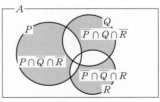

$$\begin{cases} 2000=13\times153+11, \\ 2000=(11\times13)\times13+141, \\ 2000=(13\times7)\times21+89, \\ 2000=(7\times11\times13)\times1+999 \end{cases}$$

であるから，
$$\begin{cases} n(R)=153, \\ n(Q\cap R)=13, \\ n(R\cap P)=21, \\ n(P\cap Q\cap R)=1. \end{cases}$$

求める個数は，図2より，
$$n((P\cap\overline{Q}\cap\overline{R})\cup(\overline{P}\cap Q\cap\overline{R})\cup(\overline{P}\cap\overline{Q}\cap R))$$
$$=n(P)+n(Q)+n(R)-2\{n(P\cap Q)+n(Q\cap R) \\ +n(R\cap P)\}+3\cdot n(P\cap Q\cap R)$$
$$=285+181+153-2(25+13+21)+3\times1$$
$$=504\,(\text{個}).$$

((2)の部分的別解)

(1)の集合を S とすると，求める個数は，
$$n(S)+n(R)-2\{n(R\cap P)+n(Q\cap R)\} \\ +3\cdot n(P\cap Q\cap R)$$
$$=416+153-2(21+13)+3\times1$$
$$=504\,(\text{個}).$$

((2)の部分的別解終り)

22

以下において，$X,\ Y,\ Z,\ W$ は $a,\ b,\ c,$ $d,\ e,\ f$ のうちの異なる4文字とする．

(1) $\{X,\ X,\ X,\ Y\}$ の4個の文字の選び方について，

X の選び方は，a の1通り，

Y の選び方は，$b,\ c,\ d,\ e,\ f$ の5通りある．さらに，これらの文字の並べ方は，
$$\frac{4!}{3!1!}=4\,(\text{通り})$$
ある．

よって，求める文字列の総数は，
$$1\cdot5\cdot4=\mathbf{20\,(通り)}.$$

(2) $\{X,\ Y,\ Z,\ W\}$ の4個の文字の選び方は，
$$_6\mathrm{C}_4=15\,(\text{通り})$$
ある．さらに，これらの文字の並べ方は，
$$4!=24\,(\text{通り})$$
ある．

よって，求める文字列の総数は，

$$15\cdot24=\mathbf{360\,(通り)}.$$

(3) 同じ文字を2個含む文字列について，

(ア) $\{X,\ X,\ Y,\ Z\}$ のとき．

X の選び方は，$a,\ b,\ c$ の3通り，

$Y,\ Z$ の選び方は，X 以外の5種類の文字から2種類を選ぶ $_5\mathrm{C}_2=10\,(\text{通り})$ ある．さらに，これらの文字の並べ方は，
$$\frac{4!}{2!1!1!}=12\,(\text{通り})$$
ある．

よって，このときの文字列の総数は，
$$3\cdot10\cdot12=360\,(\text{通り}).$$

(イ) $\{X,\ X,\ Y,\ Y\}$ のとき．

X と Y の選び方は，$a,\ b,\ c$ から2種類を選ぶ $_3\mathrm{C}_2=3\,(\text{通り})$ ある．さらに，これらの文字の並べ方は，
$$\frac{4!}{2!2!}=6\,(\text{通り})$$
ある．

よって，このときの並べ方の総数は，
$$3\cdot6=18\,(\text{通り}).$$

以上，(1)，(2)の結果および(ア)，(イ)より，作成可能な文字列の総数は，
$$20+360+360+18=\mathbf{758\,(通り)}.$$

23 ──〈方針〉─────

(1) 上方向へ1m進むことを ↑，右方向へ1m進むことを → で表すと，A地点からB地点への経路は，

↑，↑，↑，↑，→，→，→，→，→，→

の並べ方と1対1に対応する．

(3)，(4) 最短経路に含まれる最も長い直線路の長さを $L\,(\mathrm{m})$ とするとき，

　　　$L=6$ となる最短経路，
　　　$L=5$ となる最短経路，
　　　$L=4$ となる最短経路

の数をそれぞれ求める．

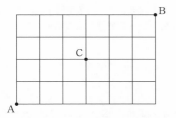

(1)　上方向へ 1 m 進むことを ↑，右方向へ 1 m 進むことを → で表すと，

　　↑，↑，↑，↑，→，→，→，→，→，→

の 10 本の矢印の並べ方と，A 地点から B 地点までの最短経路が 1 対 1 に対応する．

　　よって，矢印の並べ方を考えて，

$$\frac{10!}{4!6!} = 210 \ (通り).$$

(2)　まず C 地点を通る最短経路の数を求める．

　(1)と同様に考えると，

　　A 地点から C 地点へ行く経路の数は，

$$\frac{5!}{2!3!} = 10 \ (通り).$$

　　C 地点から B 地点へ行く経路の数は，

$$\frac{5!}{2!3!} = 10 \ (通り).$$

　　よって，C 地点を通る経路の数は，

$$10 \times 10 = 100 \ (通り)$$

であるから，求める経路の数は，

$$210 - 100 = 110 \ (通り).$$

(3)　A 地点から B 地点までの最短経路のうち，最も長い直線路の長さを L(m) とする．

(ⅰ)　$L=6$ となるとき．

　　↑，↑，↑，↑，→→→→→→

を並べると考えて，経路の数は，

$$\frac{5!}{4!} = 5 \ (通り).$$

(ⅱ)　$L=5$ となるとき．

　　↑，↑，↑，↑，→→→→→，→

を →→→→→ と → が隣り合わないように並べればよく，まず 4 本の ↑ を並べて，それらの間および両端の 5 か所の場所

のうち 2 か所に →→→→→ と → を 1 つずつ入れると考えて，経路の数は，

$$_5\mathrm{C}_2 \times 2! = 20 \ (通り).$$

　　以上(ⅰ)，(ⅱ)より，求める経路の数は，

$$5 + 20 = 25 \ (通り).$$

((3)の別解)

　5 個以上連続した → がどこから始まるかで場合分けすると，

　(ア)　→→→→→○○○○○

　(イ)　↑→→→→→○○○○

　(ウ)　○↑→→→→→○○○

　(エ)　○○↑→→→→→○○

　(オ)　○○○↑→→→→→○

　(カ)　○○○○↑→→→→→

の 6 つの場合がある．

　(ア)の 5 個の○には ↑ 4 個と →1 個が，(イ)から(カ)までのそれぞれの 4 個の○には ↑ 3 個と →1 個が入るから，求める経路の数は，

$$_5\mathrm{C}_1 + {_4\mathrm{C}_1} \times 5 = 25 \ (通り).$$

$$((3)の別解終り)$$

(4)　(3)の L について，$L=4$ となる最短経路の数を求める．

(ⅰ)　右方向に $L=4$ となるとき．

　(ア)　↑，↑，↑，↑，→→→→，→→

を →→→→ と →→ が隣り合わないように並べるとき，(3)の(ⅱ)と同様に考えて，経路の数は，

$$_5\mathrm{C}_2 \times 2! = 20 \ (通り).$$

　(イ)　↑，↑，↑，↑，→→→→，→，→

を →→→→ と → と → が互いに隣り合わないように並べるとき，(3)の(ⅱ)と同様に考えて，経路の数は，

$$_5\mathrm{C}_3 \times 3 = 30 \ (通り).$$

　　よって，右方向に $L=4$ となる経路の数は，

$$20 + 30 = 50 \ (通り).$$

(ⅱ)　上方向に $L=4$ となり，かつ右方向に $L=4$ とならないとき．

　　→→→↑↑↑↑→→→

の並びの 1 通り．

(i), (ii) と (3) の結果より，求める経路の数は，

$$25+50+1=76 \text{ (通り).}$$

((4) の別解)

まず，→ が 4 個以上連続するときを考える．

4 個以上連続した → がどこから始まるかで場合分けすると，

(ア)　→→→→○○○○○
(イ)　↑→→→→○○○○
(ウ)　○↑→→→→○○○
(エ)　○○↑→→→→○○
(オ)　○○○↑→→→→○
(カ)　○○○○↑→→→→
(キ)　○○○○○↑→→→→

の 7 つの場合がある．

(ア) の 6 個の○には ↑ 4 個と → 2 個が，(イ)から (キ) までのそれぞれの 5 個の○には ↑ 3 個と → 2 個が入るから，このときの経路の数は，

$${}_6C_2+{}_5C_2 \times 6=75 \text{ (通り).}$$

また，↑ が 4 個連続し，かつ → が 4 個以上連続しない並べ方は，

$$\rightarrow\rightarrow\rightarrow\uparrow\uparrow\uparrow\uparrow\rightarrow\rightarrow\rightarrow$$

の 1 通りであるから，求める経路の数は，

$$75+1=76 \text{ (通り).}$$

((4) の別解終り)

24 ——〈方針〉———

(1)　まず，両端の男子を決める．
(2), (3)　まず，男子 4 人を一列に並べる．
(4)　まず，男子 4 人を円周上に並べる．

男子を B，女子を G とかく．

(1)　　　　B ○ ○ ○ ○ ○ B

両端の男子の決め方は ${}_4P_2$ 通りで，いずれも，その間に残り 5 人を一列に並べる方法は ${}_5P_5$ 通りあるから，求める並べ方は，

$${}_4P_2 \times {}_5P_5=1440 \text{ (通り).}$$

(2)　まず，男子 4 人を一列に並べ，並んでいる男子の両端および男子と男子の間の合わせて 5 箇所から 3 箇所を選んで女子 3 人を並べればよい．

$$\wedge B \wedge B \wedge B \wedge B \wedge$$
$$(\text{G, G, G})$$

男子 4 人の並べ方は ${}_4P_4$ 通りであり，5 箇所から 3 箇所を選んで女子 3 人を並べる並べ方は ${}_5P_3$ 通りであるから，求める並べ方は，

$${}_4P_4 \times {}_5P_3=1440 \text{ (通り).}$$

(3)　(2) と同様にまず，男子 4 人を並べ，並んでいる男子の両端および男子と男子の間の合わせて 5 箇所から 2 箇所を選んで隣り合った女子 2 人 $\boxed{\text{G, G}}$ と残りの女子 1 人 G を並べればよい．

$$\wedge B \wedge B \wedge B \wedge B \wedge$$
$$(\boxed{\text{G, G}}, \text{G})$$

隣り合った女子 2 人の決め方および並べ方は ${}_3P_2$ 通りであり，5 箇所から 2 箇所を選んで隣り合った女子 2 人と残りの女子 1 人を並べる並べ方は ${}_5P_2$ 通りであるから，求める並べ方は，

$${}_4P_4 \times {}_3P_2 \times {}_5P_2=2880 \text{ (通り).}$$

(4)　まず，男子 4 人を円周上に並べ，並んでいる男子と男子の間 4 箇所から 3 箇所を選んで女子 3 人を並べればよい．

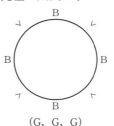

$$(\text{G, G, G})$$

男子 4 人を円周上に並べる並べ方は円順列により，$(4-1)!=3! \text{ (通り)}$ であり，4 箇所から 3 箇所を選んで女子 3 人を並べる並べ方は ${}_4P_3$ 通りであるから，求める並べ方は，

$$3! \times {}_4P_3 = 144 \ (通り).$$

25 ─── 〈方針〉

1つの数字を使わない自然数の個数の方が計算しやすいので，それを求めて全体から除く．

1000 から 9999 までの 4 桁の自然数全体の集合を U とし，U の部分集合で，

$$\begin{cases} 1 \ が使われていない自然数の集合を \ A, \\ 2 \ が使われていない自然数の集合を \ B, \\ 3 \ が使われていない自然数の集合を \ C \end{cases}$$

とする．

$$n(U) = 9000,$$
$$n(A) = n(B) = n(C) = 8 \cdot 9^3 = 5832,$$
$$n(A \cap B) = n(B \cap C) = n(C \cap A)$$
$$= 7 \cdot 8^3 = 3584,$$
$$n(A \cap B \cap C) = 6 \cdot 7^3 = 2058.$$

これらを用いて，

(1) 求める個数は，
$$n(\overline{A}) = n(U) - n(A)$$
$$= 9000 - 5832$$
$$= \mathbf{3168} \ (\mathbf{個}).$$

(2) 求める個数は，
$$n(\overline{A} \cap \overline{B})$$
$$= n(\overline{A \cup B})$$
$$= n(U) - n(A \cup B)$$
$$= n(U) - \{n(A) + n(B) - n(A \cap B)\}$$
$$= 9000 - (5832 \times 2 - 3584)$$
$$= \mathbf{920} \ (\mathbf{個}).$$

(3) 求める個数は，
$$n(\overline{A} \cap \overline{B} \cap \overline{C})$$
$$= n(\overline{A \cup B \cup C})$$
$$= n(U) - \{n(A) + n(B) + n(C) - n(A \cap B)$$
$$- n(B \cap C) - n(C \cap A) + n(A \cap B \cap C)\}$$
$$= 9000 - (5832 \times 3 - 3584 \times 3 + 2058)$$
$$= \mathbf{198} \ (\mathbf{個}).$$

26

(1) 1，2，3，4，5 の数字がついたカードを一列に並べ，左から順に 1，2，3，4，5 の番号がついた 5 個の引き出しに入れればよいので，入れ方の総数は 5 枚のカードの並べ方に等しく，
$$5! = \mathbf{120} \ (\mathbf{通り}).$$

(2) 引き出しとカードで一致する 3 つの番号の選び方は
$${}_5C_3 = 10 \ (通り)$$
あり，そのおのおのに対して残りの 2 枚のカードの番号と引き出しの番号が一致しないようなカードの入れ方は，
$$1 \ 通り.$$
よって，
$$10 \times 1 = \mathbf{10} \ (\mathbf{通り}).$$

(3) 引き出しとカードで一致する 2 つの番号の選び方は
$${}_5C_2 = 10 \ (通り)$$
あり，そのおのおのに対して残りの 3 枚のカードの番号と引き出しの番号が一致しないようなカードの入れ方は，例えば，表のように 2 通りある．

引き出し	1	2	3	4	5
カード	1	2	4	5	3
	1	2	5	3	4

(1，2 のみが一致する場合)

よって，
$$10 \times 2 = \mathbf{20} \ (\mathbf{通り}).$$

(4) 引き出しとカードで一致する 1 つの番号の選び方は，
$${}_5C_1 = 5 \ (通り)$$
あり，そのおのおのに対して残りの 4 枚のカードの番号と引き出しの番号が一致しないようなカードの入れ方は，次のように書き出すと，
$$9 \ 通り$$

ある.

引き出し	1	2	3	4	5
カード	1	3	2	5	4
	1	3	4	5	2
	1	3	5	2	4
	1	4	2	5	3
	1	4	5	2	3
	1	4	5	3	2
	1	5	2	3	4
	1	5	4	2	3
	1	5	4	3	2

(1 のみが一致する場合)

よって,

$$5 \times 9 = 45 \ \text{(通り)}.$$

(5) 引き出しの番号とカードの番号が4つのみの引き出しで一致することはない.

また, 5つの引き出しで一致する場合は1通りある.

したがって, 引き出しの番号とカードの番号が一致する引き出しが少なくとも1つできる場合は, (2), (3), (4) より,

$$10 + 20 + 45 + 1 = 76 \ \text{(通り)}$$

ある.

よって, いずれの引き出しでも, 引き出しの番号とカードの番号が一致しないような入れ方は,

$$120 - 76 = 44 \ \text{(通り)}.$$

27 ──〈方針〉──

(1) どの玉についても入れ方は2通りある.

(2) A に入れる玉の個数で場合分けする.

(3) A の入れ方を決めれば, B の入れ方はただ1通りに決まる.

(4) 余事象を考える.

(1) 1 が記された玉の入れ方は2通り, 2 が記された玉の入れ方は2通り, … であるから, 8個の玉の入れ方は,

$$2^8 \ \text{通り}.$$

この中には, 8個とも A に入る場合と, 8個とも B に入る場合が含まれるので, 求める分け方は全部で,

$$2^8 - 2 = 254 \ \text{(通り)}.$$

(2) A に入る玉の個数で場合分けをする.

(i) A に1個の玉が入るとき.

偶数が記された玉の選び方は $_4C_1$ 通りあり, 残りの玉を B に入れればよいので,

$$_4C_1 \times 1 = 4 \ \text{(通り)}.$$

(ii) A に2個の玉が入るとき.

偶数が記された玉の選び方は $_4C_2$ 通りあり, 残りの玉を B に入れればよいので,

$$_4C_2 \times 1 = 6 \ \text{(通り)}.$$

(iii) A に3個の玉が入るとき.

偶数が記された玉の選び方は $_4C_3$ 通りあり, 残りの玉を B に入れればよいので,

$$_4C_3 \times 1 = 4 \ \text{(通り)}.$$

(iv) A に4個の玉が入るとき.

偶数が記された玉の選び方は $_4C_4$ 通りあり, 残りの玉を B に入れればよいので,

$$_4C_4 \times 1 = 1 \ \text{(通り)}.$$

(i), (ii), (iii), (iv) より,

$$4 + 6 + 4 + 1 = 15 \ \text{(通り)}.$$

(3) A に偶数が記された玉2個と, 奇数が記された玉2個を入れ, 残りの玉を B に入れればよい.

A に入れる玉の選び方は,
$$_4C_2 \times _4C_2 = 36 \ (通り)$$
あるから,求める分け方は
$$36 \times 1 = 36 \ (通り).$$

(4) 事象 E を

「A, B のいずれについても偶数が記された玉と奇数が記された玉がそれぞれ少なくとも 1 個は入る」

と定めると,これの余事象 $\overline{E}$ は,

「A, B の少なくとも一方は,偶数が記された玉のみが入るか,または奇数が記された玉のみが入る」

である.

(2)より,A に偶数が記された玉のみが入るような入れ方は 15 通り.

同様に,A に奇数が記された玉のみが入るような入れ方は 15 通り.

よって,A に,偶数が記された玉のみが入るか,または奇数が記された玉のみが入るような入れ方は,
$$15 + 15 = 30 \ (通り). \qquad \cdots ①$$

また,B に偶数が記された玉のみが入るような入れ方は 15 通り,B に奇数が記された玉のみが入るような入れ方は 15 通りある.

よって,B に,偶数が記された玉のみが入るか,または奇数が記された玉のみが入るような入れ方は,
$$15 + 15 = 30 \ (通り). \qquad \cdots ②$$

①,②より合計で 60 通りの入れ方がある.

このうち,A に 4 個の偶数が記された玉が入り,B に 4 個の奇数が記された玉が入る場合と,A に 4 個の奇数が記された玉が入り,B に 4 個の偶数が記された玉が入る場合が重複している.

② ④ ⑥ ⑧	① ③ ⑤ ⑦
A	B

① ③ ⑤ ⑦	② ④ ⑥ ⑧
A	B

よって,$\overline{E}$ を満たすような分け方は,
$$60 - 2 = 58 \ (通り).$$

したがって,E を満たすような分け方は,
$$254 - 58 = \mathbf{196} \ (通り).$$

28 ──〈方針〉──

(3), (4), (5) 条件を満たす (a, b, c) の組を○と仕切り│の並べ方に対応させて考える.

(1) $1 \leqq a \leqq 9$, $1 \leqq b \leqq 9$, $1 \leqq c \leqq 9$ のとき,a, b, c の各整数の選び方はそれぞれ 9 通りずつあるから,求める組の数は,
$$9^3 = \boxed{729} \ (組).$$

(2) $1 \leqq a < b < c \leqq 9$ のとき,1 から 9 までの 9 個の整数から異なる 3 個の整数を選び,小さい方から順に a, b, c とすればよいから,求める組の数は,
$$_9C_3 = \boxed{84} \ (組).$$

(3) $1 \leqq a \leqq b \leqq c \leqq 9$ のとき,3 個の○と 8 本の仕切り│を 1 列に並べて,下の例のように仕切りで分けられた 9 個の区画に 1, 2, 3, …, 9 の対応をつけ,○のある区画を左から順に a, b, c に対応させる.
$$○│││││○│○│$$
$$\Rightarrow (a, b, c) = (1, 7, 8)$$
$$│││○○││○│││$$
$$\Rightarrow (a, b, c) = (4, 4, 6)$$

このとき,○と仕切りの並べ方と (a, b, c) の組は 1 対 1 に対応するから,求める組の数は,○と仕切りの並べ方を考えて,
$$_{11}C_8 = \boxed{165} \ (組).$$

(4) $a + b + c = 9$, $a \geqq 0$, $b \geqq 0$, $c \geqq 0$ のとき,9 個の○と 2 本の仕切り│を 1 列に並べて,下の例のように仕切りで分けられた○の個数を左から順に (a, b, c) に対応させる.
$$○○│○○○○○○│○$$
$$\Rightarrow (a, b, c) = (2, 6, 1)$$
$$│○○○○○│○○○○$$
$$\Rightarrow (a, b, c) = (0, 5, 4)$$

このとき,○と仕切りの並べ方と (a, b, c)

の組は1対1に対応するから，求める組の数は，○と仕切りの並べ方を考えて，

$$_{11}C_2 = \boxed{55} \text{（組）}.$$

(5) $a+b+c=9$, $a \geqq 1$, $b \geqq 1$, $c \geqq 1$ のとき，下の例のようにまず9個の○を並べて，それらの間の8か所の場所のうち2か所を選んで仕切り｜を入れ，仕切りで分けられた○の個数を左から順に (a, b, c) に対応させる.

○↑○↑○↑○↑○↑○↑○↑○↑○

2か所を選んで仕切りを入れる

○○｜○○○○｜○○○

$\Rightarrow (a, b, c) = (2, 4, 3)$

このとき，○と仕切りの並べ方と (a, b, c) の組は1対1に対応するから，求める組の数は，仕切りの置き場所を考えて，

$$_8C_2 = \boxed{28} \text{（組）}.$$

【注】 (5)において，

$$a-1=a', \quad b-1=b', \quad c-1=c'$$

とおくと，

$$a+b+c=9, \quad a \geqq 1, \quad b \geqq 1, \quad c \geqq 1$$

より，

$$(a'+1)+(b'+1)+(c'+1)=9,$$

$$a'+1 \geqq 1, \quad b'+1 \geqq 1, \quad c'+1 \geqq 1,$$

すなわち，

$$a'+b'+c'=6, \quad a' \geqq 0, \quad b' \geqq 0, \quad c' \geqq 0$$

となる. このとき，(a, b, c) の組と (a', b', c') の組は1対1に対応するから，求める組の数は，(4)と同様に考えて，

$$_8C_2 = 28 \text{（組）}$$

とすることができる.

また，(4)において，

$$a+1=a', \quad b+1=b', \quad c+1=c'$$

とおくことにより，(5)と同様に考えることも可能である.

(注終り)

29

(1)

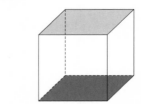

異なる6色のうちの任意の1色を，立方体の任意の1つの面に塗る.

この面の反対側の面に塗る色の選び方は

$$_5C_1 = 5 \text{（通り）}.$$

残りの4つの面を残りの4色で塗る方法は，異なる4個のものの円順列の総数に等しく，

$$(4-1)! = 6 \text{（通り）}.$$

よって，求める塗り方の総数は

$$5 \times 6 = 30 \text{（通り）}.$$

(2)

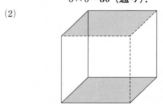

ある1色を2つの面に塗る（これらは向かい合う2面）ことになり，この色の選び方は

$$_5C_1 = 5 \text{（通り）}.$$

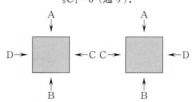

残り4つの面を残りの4色で塗るとき，異なる4個のものの円順列を考えると，図のように立方体の上下を入れ替えると，同じ塗り方であるものが2通りずつあるので，側面の色の塗り方は，

$$\frac{(4-1)!}{2}=3 \text{ (通り).}$$

よって，求める塗り方の総数は，

$$5\times3=\textbf{15 (通り).}$$

(3)

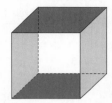

2色を2組の向かい合う面に塗ることになり，この2色の選び方は，

$$_4C_2=6 \text{ (通り).}$$

残りの2つの面を残りの2色で塗る方法は1通りである．

よって，求める塗り方の総数は，

$$6\times1=\textbf{6 (通り).}$$

30

(1) $X=3$ となるような相異なる3つの数字の組は $\{1,\ 2,\ 3\}$ のみである．

よって，$X=3$ となる確率は，

$$\frac{1}{_9C_3}=\frac{\textbf{1}}{\textbf{84}}.$$

(2) $X=4$ となるような相異なる3つの数字の組は，

$$\{1,\ 2,\ 4\},\ \{1,\ 3,\ 4\},\ \{2,\ 3,\ 4\}$$

の3通りある．

よって，$X=4$ となる確率は，

$$\frac{3}{_9C_3}=\frac{\textbf{1}}{\textbf{28}}.$$

(3) $X=k$ $(3\leqq k\leqq9)$ となるような相異なる3つの数字の組は，k 以外の2数を

$$1,\ 2,\ \cdots,\ k-1$$

から選べばよいので，

$$_{k-1}C_2=\frac{(k-1)(k-2)}{2} \text{ (通り).}$$

よって，$X=k$ となる確率は，

$$\frac{(k-1)(k-2)}{2\cdot_9C_3}=\frac{\boldsymbol{(k-1)(k-2)}}{\textbf{168}}.$$

(4)
$$\begin{aligned}
&E(X)\\
&=\sum_{k=3}^{9}k\cdot\frac{(k-1)(k-2)}{168}\\
&=\frac{1}{168}\sum_{k=3}^{9}k(k-1)(k-2)\\
&=\frac{1}{168}\sum_{k=1}^{9}k(k-1)(k-2)\\
&=\frac{1}{168}\sum_{k=1}^{9}(k^3-3k^2+2k)\\
&=\frac{1}{168}\left(\frac{9^2\cdot10^2}{4}-3\cdot\frac{9\cdot10\cdot19}{6}+2\cdot\frac{9\cdot10}{2}\right)\\
&=\frac{90}{168}\left(\frac{45}{2}-\frac{19}{2}+1\right)\\
&=\frac{90}{168}\cdot14\\
&=\frac{\textbf{15}}{\textbf{2}}.
\end{aligned}$$

31 ──〈方針〉──

(3) $X=1$ となる確率は余事象を考える．

(1) $X=3$ となるのは n 回とも3のカードが出る場合であるから，

$$P(X=3)=\left(\frac{1}{4}\right)^n=\frac{\textbf{1}}{\textbf{4}^{\boldsymbol{n}}}.$$

$X=4$ となるのは n 回とも4のカードが出る場合であるから，

$$P(X=4)=\left(\frac{1}{4}\right)^n=\frac{\textbf{1}}{\textbf{4}^{\boldsymbol{n}}}.$$

(2) $X=2$ となるのは，n 回とも2または4のカードが出る場合から n 回とも4のカードが出る場合を除いたものであるから，

$$\begin{aligned}
P(X=2)&=\left(\frac{2}{4}\right)^n-\left(\frac{1}{4}\right)^n\\
&=\frac{\textbf{1}}{\textbf{2}^{\boldsymbol{n}}}-\frac{\textbf{1}}{\textbf{4}^{\boldsymbol{n}}}.
\end{aligned}$$

(3) $X=1$ となる事象の余事象は，

「$X=2$ または $X=3$ または $X=4$」

である．したがって，

$$\begin{aligned}
P(X=1)&=1-\{P(X=2)+P(X=3)+P(X=4)\}\\
&=1-\left\{\left(\frac{1}{2^n}-\frac{1}{4^n}\right)+\frac{1}{4^n}+\frac{1}{4^n}\right\}
\end{aligned}$$

$$=1-\frac{1}{2^n}-\frac{1}{4^n}.$$

よって，求める期待値は，

$$1\cdot\left(1-\frac{1}{2^n}-\frac{1}{4^n}\right)+2\cdot\left(\frac{1}{2^n}-\frac{1}{4^n}\right)+3\cdot\frac{1}{4^n}+4\cdot\frac{1}{4^n}$$

$$=1+\frac{1}{2^n}+\frac{1}{4^{n-1}}.$$

32 ──〈方針〉──

(1) 書かれた数字を 2 で割った余りで 15 枚の札を分類する.

(2) 書かれた数字を 3 で割った余りで 15 枚の札を分類する.

(1) 2 で割った余りが 0 である数(偶数)を r_0，1 である数(奇数)を r_1 とする.

15 枚の札をそれらに書かれた数字に注目して r_0，r_1 の 2 つのグループに分けると

$r_0 : 2, 2, 4, 4, 4, 4,$

$r_1 : 1, 3, 3, 3, 5, 5, 5, 5, 5$

であり，r_0 が 6 枚，r_1 が 9 枚である.

S が 2 の倍数となるのは，

(i) r_0 を 3 枚取り出す,

(ii) r_0 を 1 枚，r_1 を 2 枚取り出す

のいずれかの場合であり，(i)と(ii)は互いに排反である.

よって，求める確率は，

$$\frac{{}_6C_3}{{}_{15}C_3}+\frac{{}_6C_1\times{}_9C_2}{{}_{15}C_3}$$

$$=\frac{236}{455}.$$

(2) 3 で割った余りが 0 である数を R_0，1 である数を R_1，2 である数を R_2 とする.

15 枚の札をそれぞれに書かれた数字に注目して R_0，R_1，R_2 の 3 つのグループに分けると，

$R_0 : 3, 3, 3,$

$R_1 : 1, 4, 4, 4, 4,$

$R_2 : 2, 2, 5, 5, 5, 5, 5$

であり，R_0 が 3 枚，R_1 が 5 枚，R_2 が 7 枚である.

S が 3 の倍数となるのは，

(i) R_0 を 3 枚取り出す,

(ii) R_1 を 3 枚取り出す,

(iii) R_2 を 3 枚取り出す,

(iv) R_0，R_1，R_2 をそれぞれ 1 枚ずつ取り出す

のいずれかの場合であり，(i)，(ii)，(iii)，(iv)は互いに排反である.

よって，求める確率は，

$$\frac{{}_3C_3}{{}_{15}C_3}+\frac{{}_5C_3}{{}_{15}C_3}+\frac{{}_7C_3}{{}_{15}C_3}+\frac{{}_3C_1\times{}_5C_1\times{}_7C_1}{{}_{15}C_3}$$

$$=\frac{151}{455}.$$

33 ──〈方針〉──

(3) 「(1)または(2)」が(3)の余事象である. (1)と(2)に重複があることに注意する.

(1) 出る目の最小値が 3 以上になる事象を A とすると，事象 A が起こるのは，出る目がすべて 3 以上のときである.

よって，事象 A の起こる確率は，

$$P(A)=\left(\frac{4}{6}\right)^3=\frac{8}{27}.$$

(2) 和が 8 になるような 2 個のさいころの目は，

2 と 6, 3 と 5, 4 と 4

のいずれかである.

(i) 2 と 6 の目を含むとき.

・2 の目が 2 個，6 の目が 1 個,

・2 の目が 1 個，6 の目が 2 個,

・2 の目，6 の目，他の目が 1 個ずつ

の 3 つの場合があり，これらは互いに排反である.

よって，(i)の確率は，

$$2\times{}_3C_2\left(\frac{1}{6}\right)^2\left(\frac{1}{6}\right)+3!\cdot\frac{1}{6}\cdot\frac{1}{6}\cdot\frac{4}{6}=\frac{5}{36}.$$

(ii) 3 と 5 の目を含むとき.

(i)と同様に考えて，(ii)の確率は，

$$\frac{5}{36}.$$

(iii) 4の目を2個以上含むとき.

・4の目が3個,

・4の目が2個, 他の目が1個

の2つの場合があり, これらは互いに排反である.

よって, (iii)の確率は,

$$\left(\frac{1}{6}\right)^3 + {}_3C_2\left(\frac{1}{6}\right)^2\left(\frac{5}{6}\right) = \frac{2}{27}.$$

以上により, いずれか2個の目の和が8になる事象を B とすると, 事象 B の起こる確率は,

$$P(B) = \frac{5}{36} + \frac{5}{36} + \frac{2}{27} = \frac{19}{54}.$$

(3) (1), (2)の事象 A, B に対し, 求める確率は $P(\overline{A} \cap \overline{B})$ である.

$$P(\overline{A} \cap \overline{B}) = P(\overline{A \cup B})$$
$$= 1 - P(A \cup B)$$
$$= 1 - \{P(A) + P(B) - P(A \cap B)\}.$$

ここで, 事象 $A \cap B$ は, 事象 B で出た目を3以上に限定したものであるから,

・3の目が2個, 5の目が1個,

・3の目が1個, 5の目が2個,

・3の目, 5の目, 4または6の目が1個ずつ,

・4の目が3個,

・4の目が2個, 3または5または6の目が1個

のいずれかであり, これらは互いに排反である.

したがって,

$$P(A \cap B) = 2 \times {}_3C_2\left(\frac{1}{6}\right)^2\left(\frac{1}{6}\right) + 3! \cdot \frac{1}{6} \cdot \frac{1}{6} \cdot \frac{2}{6}$$
$$+ \left(\frac{1}{6}\right)^3 + {}_3C_2\left(\frac{1}{6}\right)^2\left(\frac{3}{6}\right)$$
$$= \frac{7}{54}.$$

よって, 求める確率は,

$$P(\overline{A} \cap \overline{B}) = 1 - \left(\frac{8}{27} + \frac{19}{54} - \frac{7}{54}\right) = \frac{13}{27}.$$

34 ──〈方針〉──

(1) 2回のさいころの目の積を表にまとめるとわかりやすい.

(2), (3) 余事象を考えるとよい.

(4) 積を3で割ったときの余りが, 出た目によってどのように変化するかを調べればよい.

(1) X_1, X_2 の値とそれらの積は, 次の表のようになる.

X_1 \ X_2	1	2	3	4	5	6
1	1	2	3	4	5	6
2	2	4	6	8	10	12
3	3	6	9	12	15	18
4	4	8	12	16	20	24
5	5	10	15	20	25	30
6	6	12	18	24	30	36

したがって, 目の出方 (X_1, X_2) の総数は,

$$6 \cdot 6 = 36 \ (通り).$$

このうち, 積 $X_1 X_2$ が18以下となるのは, 表より,

$$28 \ 通り.$$

よって, 求める確率は,

$$\frac{28}{36} = \frac{7}{9}.$$

(2) さいころを n 回投げたときの目の出方の総数は,

$$6^n \ 通り.$$

積が偶数であるのは, 少なくとも1回偶数の目が出る場合である. その余事象(積が奇数である)は,

$$n \ 回すべて奇数の目が出る$$

場合である.

このような目の出方は,

$$3^n \ 通り.$$

よって, 積が奇数である確率は,

$$\frac{3^n}{6^n} = \frac{1}{2^n}$$

であるから，求める確率は，

$$1-\frac{1}{2^n}.$$

(3) 積が 4 の倍数であるのは，

　　少なくとも 1 回 4 の目が出る，または，

　　少なくとも 2 回 2 または 6 の目が出る

のいずれかの場合であるから，その余事象は，

　　4 の目が出ず，かつ，

　　2 または 6 が 1 回以下しか出ない

場合である．

　これは，

(i) 偶数の目が出ない（n 回とも奇数の目），

(ii) 2 または 6 が 1 回出て，残り $n-1$ 回は奇数の目が出る

のいずれかの場合であり，(i)，(ii) は互いに排反である．

　(i) の確率は，(2) の議論から，

$$\frac{1}{2^n}.$$

　(ii) の確率は，

$$\frac{{}_nC_1\cdot2\cdot3^{n-1}}{6^n}=\frac{n}{3\cdot2^{n-1}}.$$

　よって，求める確率は，

$$1-\left(\frac{1}{2^n}+\frac{n}{3\cdot2^{n-1}}\right)=1-\frac{2n+3}{3\cdot2^n}.$$

(4) 積 $X_1X_2\cdots X_n$ を 3 で割ったときの余りを R_n で表すことにする．

　一般に，3 で割ったときの余りが r，s である 2 つの整数の積を 3 で割ったときの余りを調べると，次の表のようになる．

r＼s	0	1	2
0	0	0	0
1	0	1	2
2	0	2	1

　よって，R_n が 1 となるには，3 で割り切れる目が出ないことが必要である．

　これより，$R_n=1$ となるのは，

　　・$R_{n-1}=1$ かつ $X_n=1$，4，

　　・$R_{n-1}=2$ かつ $X_n=2$，5

のいずれかの場合である．

　R_{n-1} が 1 であっても 2 であっても，R_n を 1 にする X_n が 2 通りずつあることに注意すると，求める確率は，

$$\frac{4^{n-1}\cdot2}{6^n}=\frac{2^{n-1}}{3^n}.$$

((4) の別解)

　(3 で割ったときの余りの掛け算による変化を調べるところまでは本解に同じ)

　よって，$R_n=1$ となるには，3 で割り切れる目（3 または 6 の目）が出ず，3 で割った余りが 2 である目（2 または 5 の目）が偶数回出ればよい．

　k を $0\leqq2k\leqq n$ を満たす整数として，3 または 6 の目が出ず，2 または 5 の目が $2k$ 回出る（したがって，1 または 4 の目が $n-2k$ 回出る）確率は，

$${}_nC_{2k}\left(\frac{2}{6}\right)^{2k}\left(\frac{2}{6}\right)^{n-2k}=\frac{{}_nC_{2k}}{3^n}.$$

　よって，$\frac{n}{2}$ を超えない最大の整数を N とすると，求める確率は，

$$\frac{{}_nC_0}{3^n}+\frac{{}_nC_2}{3^n}+\frac{{}_nC_4}{3^n}+\cdots+\frac{{}_nC_{2N}}{3^n}.$$

ここで，二項定理より，

$$(1+x)^n={}_nC_0+{}_nC_1x+{}_nC_2x^2+\cdots+{}_nC_nx^n$$

であるから，ここに $x=1$ を代入すると，

$$2^n={}_nC_0+{}_nC_1+{}_nC_2+\cdots+{}_nC_n,$$

$x=-1$ を代入すると，

$$0={}_nC_0-{}_nC_1+{}_nC_2-\cdots+(-1)^n{}_nC_n.$$

辺々加えると，

$$2^n=2({}_nC_0+{}_nC_2+{}_nC_4+\cdots+{}_nC_{2N}).$$

したがって，

$${}_nC_0+{}_nC_2+{}_nC_4+\cdots+{}_nC_{2N}=2^{n-1}.$$

よって，求める確率は，

$$\frac{1}{3^n}({}_nC_0+{}_nC_2+{}_nC_4+\cdots+{}_nC_{2N})=\frac{2^{n-1}}{3^n}.$$

((4) の別解終り)

35 ──〈方針〉──

反復試行の確率 $_nC_kp^k(1-p)^{n-k}$ と同様の考え方を利用する.

x 軸の正の方向へ 1 進むことを →, x 軸の負の方向へ 1 進むことを ←, y 軸の正の方向へ 1 進むことを ↑, y 軸の負の方向へ 1 進むことを ↓ と表すことにする.

(1) 2 秒後に動点 P が原点 $(0, 0)$ にあるのは,

・2 秒間で → と ← を 1 回ずつ行う,
・2 秒間で ↑ と ↓ を 1 回ずつ行う

のいずれかの場合であり, これらは互いに排反である.

よって, 求める確率は,

$$_2C_1\cdot\frac{1}{5}\cdot\frac{1}{5}+_2C_1\cdot\frac{2}{5}\cdot\frac{1}{5}=\frac{6}{25}.$$

(2) 4 秒後に動点 P が原点 $(0, 0)$ にあるのは,

・4 秒間で → と ← を 2 回ずつ行う,
・4 秒間で ↑ と ↓ を 2 回ずつ行う,
・4 秒間で → と ← と ↑ と ↓ を 1 回ずつ行う

のいずれかの場合であり, これらは互いに排反である.

よって, 求める確率は,

$$_4C_2\left(\frac{1}{5}\right)^2\left(\frac{1}{5}\right)^2+_4C_2\left(\frac{2}{5}\right)^2\left(\frac{1}{5}\right)^2+4!\cdot\frac{1}{5}\cdot\frac{1}{5}\cdot\frac{2}{5}\cdot\frac{1}{5}$$
$$=\frac{78}{625}.$$

(3) 5 秒後に動点 P が点 $(2, 3)$ にあるのは, 5 秒間で → を 2 回, ↑ を 3 回行う場合であるから, 求める確率は,

$$_5C_2\left(\frac{1}{5}\right)^2\left(\frac{2}{5}\right)^3=\frac{16}{625}.$$

36

(1) 15 本の線分から 2 本を選ぶ組合せを考えて,

$$_{15}C_2=105 \text{ (通り)}.$$

(2)

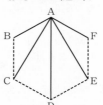

A を端点にもつ線分は,

AB, AC, AD, AE, AF

の 5 本である. この 5 本から 2 本を選ぶ方法は,

$$_5C_2=10 \text{ (通り)}$$

なので, 求める確率は,

$$\frac{10}{105}=\frac{2}{21}.$$

(3) 余事象である「共有点をもつ場合」を考える. まず 15 本の線分とその共有点を図に示す.

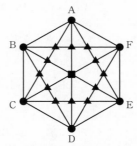

共有点が ● 印の点か, ▲ 印の点か, ■ 印の点か, で場合分けして考える.

(ア) 正六角形の頂点を共有点にもつとき (● 印の場合).

頂点の選び方は 6 通りであり, (2) から,

$$10\times6=60 \text{ (通り)}.$$

(イ) ▲ 印の点を共有点にもつとき.

▲ 印の点は 12 個あり, 1 つの ▲ 印の点に対してその点を共有点にもつ 2 本の線分は 1 組だけ存在するので,

$$12 \text{ 通り}.$$

(ウ) ■印の点を共有点にもつとき.

AD, BE, CF の中から2つを選べばよいので,

$$_3C_2=3 \text{ (通り)}.$$

(ア), (イ), (ウ) より共有点をもつような2本の線分の選び方は,

$$60+12+3=75 \text{ (通り)}.$$

求める確率は,

$$1-\frac{75}{105}=\frac{2}{7}.$$

((3) の別解)

共有点をもたない線分を直接数えることにする.

(ア) 一方が AD, BE, CF のいずれかのとき.

一方が AD のときは, 共有点をもたない線分は,

$$BC \text{ または } FE.$$

一方が BE や CF でも同様なので,

$$2\times3=6 \text{ (通り)}.$$

(イ) 一方が AC, CE, EA, BD, DF, FB のいずれかのとき.

一方が AC のときは, 共有点をもたない線分は,

$$DE, EF, FD.$$

一方が CE, EA, BD, DF, FB でも同様なので,

$$3\times6=18 \text{ (通り)}.$$

(ウ) 一方が AB, BC, CD, DE, EF, FA のいずれかのとき.

一方が AB のときは, 共有点をもたない線分は,

$$CD, DE, EF, FC, CE, DF.$$

一方が BC, CD, DE, EF, FA でも同様なので,

$$6\times6=36 \text{ (通り)}.$$

(ア), (イ), (ウ) の総和では1つの場合を2回ずつ数えているので, 共有点をもたない線分の選び方は,

$$\frac{6+18+36}{2}=30 \text{ (通り)}.$$

求める確率は,

$$\frac{30}{105}=\frac{2}{7}.$$

$$((3) \text{ の別解終り})$$

37 ──〈方針〉──

(1) 誰が, どの手で勝つか, と考える.

(2) 3人→3人→1人,
　　3人→2人→1人
の2つの場合がある.

(3), (4) 途中で2人の状態があるかないかで場合分けして調べる.

(1) A だけが勝つ手の出し方は3通りあり, B, C についても同様であるから, 1回目のじゃんけんで勝者が決まる確率は,

$$\frac{3\times3}{3^3}=\frac{1}{3}.$$

(2) 1回のじゃんけんで

「3人→1人」となる確率 a は, (1) より

$$a=\frac{1}{3}.$$

「3人→2人」となる確率 b は, 誰がどの手で負けるかを考えて,

$$b=\frac{3\times3}{3^3}=\frac{1}{3}.$$

「3人→3人」となる確率 c は,

$$c=1-\frac{1}{3}-\frac{1}{3}=\frac{1}{3}.$$

「2人→1人」となる確率 d は,

$$d=\frac{2\times3}{3^2}=\frac{2}{3}.$$

「2人→2人」となる確率 e は,

$$e=1-\frac{2}{3}=\frac{1}{3}.$$

2回目のじゃんけんで勝者が決まるのは,

3人→3人→1人,
3人→2人→1人

の2つの場合があるから, この確率は

$$ca+bd=\frac{1}{3}\cdot\frac{1}{3}+\frac{1}{3}\cdot\frac{2}{3}$$

$$=\frac{1}{3}.$$

(3) 　　　 3 人 → 3 人 → 3 人 → 1 人,

　　　 3 人 → 3 人 → 2 人 → 1 人,

　　　 3 人 → 2 人 → 2 人 → 1 人

の 3 つの場合がある.

よって,

$$cca+cbd+bed$$

$$=\frac{1}{3}\cdot\frac{1}{3}\cdot\frac{1}{3}+\frac{1}{3}\cdot\frac{1}{3}\cdot\frac{2}{3}+\frac{1}{3}\cdot\frac{1}{3}\cdot\frac{2}{3}$$

$$=\frac{5}{27}.$$

(4) (i) $n-1$ 回目まで 3 人の場合

$$c^{n-1}\cdot a=\left(\frac{1}{3}\right)^{n}.$$

(ii) k 回目 ($1\leqq k\leqq n-1$) に 2 人になる場合

$$c^{k-1}\cdot b\cdot e^{n-k-1}\cdot d=\left(\frac{1}{3}\right)^{n-1}\cdot\frac{2}{3}$$

$$=2\left(\frac{1}{3}\right)^{n}.$$

したがって, 求める確率は,

$$\left(\frac{1}{3}\right)^{n}+\sum_{k=1}^{n-1}2\left(\frac{1}{3}\right)^{n}$$

$$=(2n-1)\left(\frac{1}{3}\right)^{n}.$$

38 ──〈方針〉

(2) P_n と P_{n+1} の大小を調べる.

(1) まず, 余事象「取り出した 3 つの玉がすべて白玉」となる確率を求める.

18 個から順に 3 個取るとき, 3 個とも白玉となる確率は,

$$\frac{_{13}P_3}{_{18}P_3}=\frac{13\cdot12\cdot11}{18\cdot17\cdot16}$$

$$=\frac{143}{408}.$$

よって, 求める確率は,

$$1-\frac{143}{408}=\frac{265}{408}.$$

(2) n 回目に 4 個目の赤玉を取り出すのは,

「1 回目から $n-1$ 回目までに 3 個の赤玉と

$n-4$ 個の白玉を取り出し, n 回目に赤玉を取り出す」

ときである.

よって,

$$P_n=\frac{(_5C_3\cdot_{13}C_{n-4}\cdot_{n-1}P_{n-1})_2C_1}{_{18}P_n}$$

$$(4\leqq n\leqq17),$$

$$P_{n+1}=\frac{(_5C_3\cdot_{13}C_{n-3}\cdot_nP_n)_2C_1}{_{18}P_{n+1}}$$

$$(3\leqq n\leqq16)$$

より,

$$\frac{P_{n+1}}{P_n}=\frac{_{18}P_n\cdot_{13}C_{n-3}\cdot_nP_n}{_{18}P_{n+1}\cdot_{13}C_{n-4}\cdot_{n-1}P_{n-1}}$$

$$=\frac{n(17-n)}{(n-3)(18-n)}\quad(4\leqq n\leqq16).$$

これより,

$$\frac{P_{n+1}}{P_n}\gtrless1\iff\frac{n(17-n)}{(n-3)(18-n)}\gtrless1$$

$$\iff n(17-n)\gtrless(n-3)(18-n)$$

$$\iff 4n\lessgtr54$$

$$\iff n\lessgtr\frac{54}{4}(=13.5).$$

(複号同順)

よって,

$$4\leqq n\leqq13 \text{ のとき } P_n<P_{n+1},$$

$$14\leqq n\leqq16 \text{ のとき } P_n>P_{n+1}.$$

すなわち,

$$P_4<P_5<\cdots<P_{14}>P_{15}>\cdots$$

であるから, P_n が最大となる n の値は,

14.

39 ──〈方針〉

実際に対戦表を作って考える.

(1) 最初の対戦で A, B が引いたカードに書かれた数字をそれぞれ a, b とすると, (a, b) は全部で 13×12 ($=156$) 通りある. このうち, $a>b$ であるものは $_{13}C_2$ ($=78$) 通りあるので, 最初の対戦で A が勝つ確率は

$$\frac{78}{156}=\frac{1}{2}.$$

(2)　4回目の対戦にAが出場する場合は次の(ア)〜(オ)の5通りある．ただし，「XとYが対戦してXが勝った」ということを表の中で

$$\text{X vs Y (X)}$$

と記すことにする．

		(ア)	(イ)	(ウ)
1回戦		A vs B (A)	A vs B (A)	A vs B (A)
2回戦		A vs C (A)	A vs C (C)	A vs C (C)
3回戦		A vs B (A)	B vs C (B)	B vs C (C)
4回戦		A vs B	A vs B	A vs C

(エ)	(オ)
A vs B (B)	A vs B (B)
B vs C (B)	B vs C (C)
A vs B (A)	A vs C (A)
A vs C	A vs B

(1)と同様に，どの2人の対戦においても，その2人の勝つ確率はともに $\dfrac{1}{2}$ ずつであるから，(ア)〜(オ)の確率はどれも $\left(\dfrac{1}{2}\right)^3$ である．

よって，4回目の対戦にAが出場する確率は

$$\left(\dfrac{1}{2}\right)^3 \times 5 = \dfrac{5}{8}.$$

(3)　(2)と同様に表を作ると，5回の対戦を行うとき，Aが3人の中で一番先に連勝を達成する場合は次の(カ)〜(ク)の3通りある．

		(カ)	(キ)	(ク)
1回戦		A vs B (A)	A vs B (A)	A vs B (B)
2回戦		A vs C (A)	A vs C (C)	B vs C (C)
3回戦			B vs C (B)	A vs C (A)
4回戦			A vs B (A)	A vs B (A)
5回戦			A vs C (A)	

(カ)，(キ)，(ク)の確率はそれぞれ

$$\left(\dfrac{1}{2}\right)^2,\quad \left(\dfrac{1}{2}\right)^5,\quad \left(\dfrac{1}{2}\right)^4$$

であるから，求める確率は

$$\left(\dfrac{1}{2}\right)^2 + \left(\dfrac{1}{2}\right)^5 + \left(\dfrac{1}{2}\right)^4 = \dfrac{11}{32}.$$

40 ──〈方針〉─────

(1)　$k+1$ 以上のカードを取るか否かで場合分けする．
(2)　$P(X=k)=P(X \leqq k)-P(X \leqq k-1)$ を利用する．

(1)　$X \leqq k$ となるのは次のいずれかである．

(ア)　3回とも k 以下の番号のカードを取る．
(イ)　$k+1$ 以上の番号のカードを1回，k 以下の番号のカードを2回取る．

(ア)の確率は，$\left(\dfrac{k}{n}\right)^3$．

(イ)については，$k+1$ 以上のカードを取る回の選び方が ${}_3\mathrm{C}_1$ 通りあるので，(イ)の確率は，

$$_3\mathrm{C}_1 \left(\dfrac{n-k}{n}\right)^1 \left(\dfrac{k}{n}\right)^2$$

$$= \dfrac{3k^2(n-k)}{n^3}.$$

(この式は $k=n$ のときも成り立つ)
よって，$k=1,\ 2,\ \cdots,\ n$ のとき

$$P(X \leqq k) = \left(\dfrac{k}{n}\right)^3 + \dfrac{3k^2(n-k)}{n^3}$$

$$= \dfrac{3nk^2-2k^3}{n^3}.$$

(2)　$P(X \leqq 0)=0$ であるから，(1)で得られた式は $k=0$ のときも成り立つ．
よって，$k=1,\ 2,\ \cdots,\ n$ のとき

$$P(X=k) = P(X \leqq k) - P(X \leqq k-1)$$

$$= \dfrac{3nk^2-2k^3}{n^3} - \dfrac{3n(k-1)^2-2(k-1)^3}{n^3}$$

$$= \dfrac{-6k^2+6(n+1)k-3n-2}{n^3}.$$

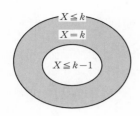

$$X \leqq k$$
$$X = k$$
$$X \leqq k-1$$

41 ──〈方針〉

ある試行に対して，事象 A，B，C が
あり，その試行を n 回繰り返し行うと
き，A が a 回，B が b 回，C が c 回
$(a+b+c=n)$ 起こる確率は，A，B，C
の起こる順を考えて，

$${}_nC_a \cdot {}_{n-a}C_b \cdot {}_{n-a-b}C_c \{P(A)\}^a \cdot \{P(B)\}^b \cdot \{P(C)\}^c$$

すなわち，

$$\frac{n!}{a!\,b!\,c!} \{P(A)\}^a \cdot \{P(B)\}^b \cdot \{P(C)\}^c$$

である．

サイコロを1回振ったとき，事象 X，Y，
Z を次のように定める．

　　　事象 X…1，2，3 の目が出る，
　　　事象 Y…4，5 の目が出る，
　　　事象 Z…6 の目が出る．

$P(X)=\dfrac{1}{2}$，　$P(Y)=\dfrac{1}{3}$，　$P(Z)=\dfrac{1}{6}$ である．

(1) X が3回，または Y が3回起こればよ
いから，求める確率は，

$$\left(\frac{1}{2}\right)^3 + \left(\frac{1}{3}\right)^3 = \frac{35}{216}.$$

(2) X が x 回，Y が y 回，Z が z 回起こ
るとする．ただし，

　x，y，z は 0 以上 4 以下の整数　…①

である．このとき

$$\begin{cases} x-y=2, \\ x+y+z=4 \end{cases} \quad \cdots ②$$

　または，

$$\begin{cases} x-y=-4, \\ x+y+z=4 \end{cases} \quad \cdots ③$$

であれば条件を満たす．

②のとき，①より，

　$(x, y, z)=(2, 0, 2), (3, 1, 0).$

③のとき，①より，

　　　　$(x, y, z)=(0, 4, 0).$

よって，求める確率は，

$$\frac{4!}{2!\,2!}\left(\frac{1}{2}\right)^2 \cdot \left(\frac{1}{6}\right)^2 + \frac{4!}{3!}\left(\frac{1}{2}\right)^3 \cdot \left(\frac{1}{3}\right) + \left(\frac{1}{3}\right)^4 = \frac{143}{648}.$$

(3) X が x 回，Y が y 回，Z が z 回起こ
るとする．ただし，

　x，y，z は 0 以上 6 以下の整数　…④

である．このとき

$$\begin{cases} x-y=0, \\ x+y+z=6 \end{cases} \quad \cdots ⑤$$

　または，

$$\begin{cases} x-y=-6, \\ x+y+z=6 \end{cases} \quad \cdots ⑥$$

　または，

$$\begin{cases} x-y=6, \\ x+y+z=6 \end{cases} \quad \cdots ⑦$$

であれば条件を満たす．

⑤のとき，④より，

　$(x, y, z)=(0, 0, 6), (1, 1, 4),$
　　　　　　　$(2, 2, 2), (3, 3, 0).$

⑥のとき，④より，

　　　　$(x, y, z)=(0, 6, 0).$

⑦のとき，④より，

　　　　$(x, y, z)=(6, 0, 0).$

よって，求める確率は，

$$\left(\frac{1}{6}\right)^6 + \frac{6!}{4!}\left(\frac{1}{2}\right) \cdot \left(\frac{1}{3}\right) \cdot \left(\frac{1}{6}\right)^4 + \frac{6!}{2!\,2!\,2!}\left(\frac{1}{2}\right)^2 \cdot \left(\frac{1}{3}\right)^2 \cdot \left(\frac{1}{6}\right)^2$$
$$+ \frac{6!}{3!\,3!}\cdot\left(\frac{1}{2}\right)^3 \cdot \left(\frac{1}{3}\right)^3 + \left(\frac{1}{3}\right)^6 + \left(\frac{1}{2}\right)^6$$
$$= \frac{4267}{23328}.$$

42 ──〈方針〉

事象 A が起こったときに事象 B が
起こる条件付き確率 $P_A(B)$ は

$$P_A(B) = \frac{P(A \cap B)}{P(A)}$$

2回目までに少なくとも1回は赤玉が取り出される事象を A とし，3回目に赤玉が取り出される事象を B とすると，求める確率は，

$$P_A(B) = \frac{P(A \cap B)}{P(A)}$$

である．

ここで，A の余事象「2回目までに1度も赤玉が取り出されない」の起こる確率は，

$$\frac{5}{8} \times \frac{5}{8} = \frac{25}{64}$$

であるから，

$$P(A) = 1 - \frac{25}{64} = \frac{39}{64}.$$

また，$A \cap B$ は次の3つの場合からなる．

1回目	2回目	3回目	そのときの確率
赤玉	赤玉	赤玉	$\frac{3}{8} \times \frac{2}{8} \times \frac{1}{8} = \frac{6}{8^3}$
赤玉	白玉	赤玉	$\frac{3}{8} \times \frac{6}{8} \times \frac{2}{8} = \frac{36}{8^3}$
白玉	赤玉	赤玉	$\frac{5}{8} \times \frac{3}{8} \times \frac{2}{8} = \frac{30}{8^3}$

よって，

$$P(A \cap B) = \frac{6 + 36 + 30}{8^3}$$

$$= \frac{9}{64}.$$

したがって，求める確率は，

$$P_A(B) = \frac{\dfrac{9}{64}}{\dfrac{39}{64}}$$

$$= \frac{3}{13}.$$

43

「病原菌がいる」という事象を A，「病原菌がいると判定される」という事象を B とする．

与えられた条件より，

$$P_A(B) = P_{\bar{A}}(\overline{B}) = \frac{95}{100},$$

$$P(A) = \frac{2}{100}.$$

それぞれの余事象を考えれば，

$$P_A(\overline{B}) = P_{\bar{A}}(B) = \frac{5}{100},$$

$$P(\overline{A}) = \frac{98}{100}.$$

(1) 求める確率は $P(B)$ である．

$$P(B) = P(A \cap B) + P(\overline{A} \cap B)$$

$$= P(A)P_A(B) + P(\overline{A})P_{\bar{A}}(B)$$

$$= \frac{2}{100} \cdot \frac{95}{100} + \frac{98}{100} \cdot \frac{5}{100}$$

$$= \frac{17}{250}.$$

(2) 求める確率は $P_B(A)$ である．

$$P(A \cap B) = P(A)P_A(B)$$

$$= \frac{2}{100} \cdot \frac{95}{100}$$

$$= \frac{19}{1000}$$

であることと(1)より，

$$P_B(A) = \frac{P(A \cap B)}{P(B)}$$

$$= \frac{19}{1000} \cdot \frac{250}{17}$$

$$= \frac{19}{68}.$$

(3) 求める確率は $P_{\bar{B}}(A)$ である．

$$P(A \cap \overline{B}) = P(A)P_A(\overline{B})$$

$$= \frac{2}{100} \cdot \frac{5}{100}$$

$$= \frac{1}{1000},$$

$$P(\overline{B}) = 1 - P(B) = \frac{233}{250}$$

より，

$$P_{\bar{B}}(A) = \frac{P(A \cap \overline{B})}{P(\overline{B})}$$

$$= \frac{1}{1000} \cdot \frac{250}{233}$$

$$= \frac{1}{932}.$$

44

$$\frac{1}{x}+\frac{1}{2y}+\frac{1}{3z}=\frac{4}{3}. \qquad \cdots ①$$

(1) $x=1$ のとき，① より，

$$\frac{1}{2y}+\frac{1}{3z}=\frac{1}{3}$$

であるから，両辺に $6yz$ をかけると，

$$2yz-2y-3z=0.$$

これより，

$$(2y-3)(z-1)=3 \qquad \cdots ②$$

であり，$y≧1$，$z≧1$ より，

$$2y-3≧-1, \quad z-1≧0$$

であるから，② を満たす $2y-3$，$z-1$ の組 $(2y-3, z-1)$ は，

$$(2y-3, z-1)=(1, 3), (3, 1).$$

これを解いて，

$$(y, z)=(2, 4), (3, 2).$$

(2) $y≧1$，$z≧1$ より，

$$\frac{1}{2y}≦\frac{1}{2}, \quad \frac{1}{3z}≦\frac{1}{3}$$

であるから，

$$\frac{1}{2y}+\frac{1}{3z}≦\frac{5}{6}.$$

また，① より，

$$\frac{1}{2y}+\frac{1}{3z}=\frac{4}{3}-\frac{1}{x}$$

であるから，

$$\frac{4}{3}-\frac{1}{x}≦\frac{5}{6}.$$

これを解いて，

$$x≦2.$$

x は正の整数であるから，

$$1≦x≦2.$$

(3) (2)の結果より，

$$x=1, 2.$$

$x=1$ のとき，(1) より，

$$(x, y, z)=(1, 2, 4), (1, 3, 2).$$

$x=2$ のとき，① に代入すると，

$$\frac{1}{2y}+\frac{1}{3z}=\frac{5}{6}.$$

両辺に $6yz$ をかけると，

$$5yz-2y-3z=0.$$

さらに，両辺に 5 をかけると，

$$25yz-10y-15z=0$$

であるから，

$$(5y-3)(5z-2)=6. \qquad \cdots ③$$

$y≧1$，$z≧1$ より，

$$5y-3≧2, \quad 5z-2≧3$$

であるから，③ を満たす $5y-3$，$5z-2$ の組 $(5y-3, 5z-2)$ は，

$$(5y-3, 5z-2)=(2, 3).$$

これを解いて，

$$(y, z)=(1, 1)$$

であるから，

$$(x, y, z)=(2, 1, 1).$$

以上により，① の解は，

$$(\boldsymbol{x}, \boldsymbol{y}, \boldsymbol{z})=(1, 2, 4), (1, 3, 2), (2, 1, 1).$$

45

(1) $$n^3-n=(n-1)n(n+1)$$

であり，$n-1$，n，$n+1$ は連続する 3 つの整数であるから，n^3-n は連続する 3 つの整数の積である．連続する 3 つの整数には，2 の倍数および 3 の倍数が含まれるから，連続する 3 つの整数の積は 6 の倍数である．

したがって，n^3-n は 6 で割り切れる．

(2) $$n^5-n$$
$$=n(n^4-1)$$
$$=n(n^2-1)(n^2+1)$$
$$=(n-1)n(n+1)\{(n-2)(n+2)+5\}$$
$$=(n-2)(n-1)n(n+1)(n+2)$$
$$\qquad +5(n-1)n(n+1).$$

ここで，

$$(n-2)(n-1)n(n+1)(n+2)$$

は連続する 5 つの整数の積であり，連続する 5 つの整数には，2，3，5 の倍数が含まれるから，$(n-2)(n-1)n(n+1)(n+2)$ は，

$$2 \cdot 3 \cdot 5=30$$

の倍数である．

また，(1) より，$(n-1)n(n+1)$ は 6 の倍数であるから，

$$5(n-1)n(n+1)$$

は 30 の倍数である．

したがって，n^5-n は 30 で割り切れる．

46 ──〈方針〉──

自然数 n を 4 で割った余りが 0 または 3 のとき，n は自然数 k を用いて，
$$n=4k \text{ または } 4k-1$$
と表すことができる．

S は 1, 2, 3, $\cdots$, n の和であるから，

$$S=1+2+3+\cdots+n$$
$$=\frac{1}{2}n(n+1). \qquad \cdots(*)$$

(1) n を 4 で割った余りが 0 または 3 のとき，n は自然数 k を用いて，
$$n=4k \text{ または } 4k-1$$
と表すことができる．

(i) $n=4k$ のとき．

$(*)$ より，

$$S=\frac{1}{2}\cdot 4k(4k+1)$$
$$=2k(4k+1)$$

であるから，S は偶数である．

(ii) $n=4k-1$ のとき．

$(*)$ より，

$$S=\frac{1}{2}(4k-1)\{(4k-1)+1\}$$
$$=2k(4k-1)$$

であるから，S は偶数である．

(i)，(ii) より，n を 4 で割った余りが 0 または 3 ならば，S が偶数である．

(2) S が偶数ならば，$(*)$ より，
$$n(n+1) \text{ は } 4 \text{ の倍数}$$
である．

ここで，n，$n+1$ は連続する 2 整数であるから，一方が偶数で他方が奇数．したがって，n，$n+1$ がともに 2 の倍数であること

はないので，n が 4 の倍数であるか，$n+1$ が 4 の倍数である．

よって，S が偶数ならば，n を 4 で割った余りは 0 または 3 である．

(3) S が 4 の倍数ならば，S は偶数であるから，(2) より，n を 4 で割った余りは 0 または 3 である．

このとき，
$$n=4l \text{ または } n=4l-1 \quad (l \text{ は自然数})$$
と表すことができるが，l の偶奇により，

$$n=4l=\begin{cases}4\cdot 2k \\ 4\cdot(2k-1)\end{cases}=\begin{cases}8k \\ 8k-4\end{cases}$$

$$n=4l-1=\begin{cases}4(2k)-1 \\ 4(2k-1)-1\end{cases}=\begin{cases}8k-1 \\ 8k-5\end{cases}$$

となる．

よって，n は自然数 k を用いて，
$$8k, \ 8k-5, \ 8k-4, \ 8k-1$$
のいずれかの形で表すことができる．

(ア) $n=8k$ のとき．

$(*)$ より，

$$S=\frac{1}{2}\cdot 8k(8k+1)$$
$$=4k(8k+1)$$

であるから，S は 4 の倍数である．

(イ) $n=8k-5$ のとき．

$(*)$ より，

$$S=\frac{1}{2}(8k-5)\{(8k-5)+1\}$$
$$=2(8k-5)(2k-1)$$

であり，$8k-5$，$2k-1$ はともに奇数であるから，S は 4 の倍数ではない．

(ウ) $n=8k-4$ のとき．

$(*)$ より，

$$S=\frac{1}{2}(8k-4)\{(8k-4)+1\}$$
$$=2(2k-1)(8k-3)$$

であり，$2k-1$，$8k-3$ はともに奇数であるから，S は 4 の倍数ではない．

(エ) $n=8k-1$ のとき．

$(*)$ より，

$$S=\frac{1}{2}(8k-1)\{(8k-1)+1\}$$
$$=4k(8k-1)$$

であるから，S は 4 の倍数である。

(ア)，(イ)，(ウ)，(エ) より，S が 4 の倍数ならば，n を 8 で割った余りは 0 または 7 である。

47 ──〈方針〉

(1) すべての自然数は，k を整数として
$$3k,\ 3k+1,\ 3k+2$$
のいずれかの形で表すことができる。
(2) (1)の結果を利用して a^2+b^2 が 3 で割り切れる $a,\ b$ の条件をしらべる。
(3) 背理法を利用する。

(1) 任意の自然数 a は，k を整数として，
$$3k,\ 3k+1,\ 3k+2$$
のいずれかの形で表すことができる。

(ⅰ) $a=3k$ のとき，$a^2=3\cdot3k^2$ より，a^2 を 3 で割った余りは 0 である。

(ⅱ) $a=3k+1$ のとき，
$$a^2=9k^2+6k+1=3(3k^2+2k)+1$$
より，a^2 を 3 で割った余りは 1 である。

(ⅲ) $a=3k+2$ のとき，
$$a^2=9k^2+12k+4=3(3k^2+4k+1)+1$$
より，a^2 を 3 で割った余りは 1 である。

以上より，a^2 を 3 で割った余りは 0 または 1 である。

(2) 自然数 $a,\ b,\ c$ が，
$$a^2+b^2=3c^2 \qquad \cdots①$$
を満たすとき，a^2+b^2 は 3 で割り切れる。

(1)の結果より，$a^2,\ b^2$ を 3 で割った余りは 0 または 1 であるから，a^2+b^2 が 3 で割り切れるのは $a^2,\ b^2$ を 3 で割った余りがともに 0 のときである。

これが成り立つのは，(1)の(ⅰ)，(ⅱ)，(ⅲ)から，$a,\ b$ を 3 で割った余りがともに 0 のときである。

このとき，
$$a=3k,\quad b=3l\quad (k,\ l\ は自然数)$$

とおくことができる。

これを ① に代入すると，
$$9k^2+9l^2=3c^2.$$
$$3(k^2+l^2)=c^2.$$

これより，c^2 は 3 で割り切れるから，(1)の(ⅰ)，(ⅱ)，(ⅲ)より，c は 3 で割り切れる。

以上より，$a,\ b,\ c$ はすべて 3 で割り切れる。

(3) 「① を満たす自然数 $a,\ b,\ c$ は存在しない」 $\cdots(*)$
ことを背理法により示す。

① を満たす自然数 $a,\ b,\ c$ が存在すると仮定すると，(2)の結果から，$a,\ b,\ c$ はすべて 3 で割り切れる。

よって，$a_1,\ b_1,\ c_1$ を整数として，
$$a=3a_1,\quad b=3b_1,\quad c=3c_1 \cdots②$$
とおくことができる。

② を ① に代入すると，
$$9a_1^2+9b_1^2=3\cdot9c_1^2.$$
$$a_1^2+b_1^2=3c_1^2. \qquad \cdots③$$

③ は ① において $a,\ b,\ c$ を順に $a_1,\ b_1,\ c_1$ で置き換えた等式であるから，③ に対して再び(2)の結果を用いれば，$a_1,\ b_1,\ c_1$ はすべて 3 で割り切れる。

したがって，
$$\begin{cases} a_2^2+b_2^2=3c_2^2, \\ a_2=\dfrac{a_1}{3},\ b_2=\dfrac{b_1}{3},\ c_2=\dfrac{c_1}{3} \end{cases}$$

を満たす自然数 $a_2,\ b_2,\ c_2$ が存在する。

以下，同様にして，(2)の結果をくり返し用いることができるから，$a,\ b,\ c$ はすべて 3 で何回でも割り切れることになる。ところが，$a,\ b,\ c$ は自然数であるから有限回しか 3 で割り切れない。

よって，矛盾が生じる。

以上より，$(*)$ が成り立つ。

【注】3 で何回でも割り切れる整数は 0 のみである。このことから，① を満たす整数 $a,\ b,\ c$ の組 $(a,\ b,\ c)$ は
$$(a,\ b,\ c)=(0,\ 0,\ 0)$$

だけである.

(注終り)

48 ──〈方針〉──

(1) 求める k は 30! を素因数分解したときに現れる素因数 2 の個数である.

(2) 30! を素因数分解したときに現れる 2 の個数は 5 の個数より多い.

実数 x に対し, x を超えない最大の整数を $[x]$ で表す.

(1) 1 から 30 までの自然数のうち,

2 の倍数は 2, 4, 6, …, 30

$$\left[\frac{30}{2}\right]=15 \text{（個）},$$

2^2 の倍数は 4, 8, 12, …, 28

$$\left[\frac{30}{2^2}\right]=7 \text{（個）},$$

2^3 の倍数は 8, 16, 24

$$\left[\frac{30}{2^3}\right]=3 \text{（個）},$$

2^4 の倍数は 16

$$\left[\frac{30}{2^4}\right]=1 \text{（個）}.$$

2^j $(j>4)$ の倍数は存在しない.

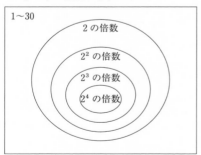

したがって, 2^k が 30! を割り切るような最大の自然数 k は,

$$k=1\cdot\left(\left[\frac{30}{2}\right]-\left[\frac{30}{2^2}\right]\right)+2\cdot\left(\left[\frac{30}{2^2}\right]-\left[\frac{30}{2^3}\right]\right)$$
$$+3\cdot\left(\left[\frac{30}{2^3}\right]-\left[\frac{30}{2^4}\right]\right)+4\cdot\left[\frac{30}{2^4}\right]$$

$$=\left[\frac{30}{2}\right]+\left[\frac{30}{2^2}\right]+\left[\frac{30}{2^3}\right]+\left[\frac{30}{2^4}\right]$$
$$=15+7+3+1$$
$$=\mathbf{26}.$$

(2) 1 から 30 までの自然数のうち,

5 の倍数は 5, 10, 15, …, 30

$$\left[\frac{30}{5}\right]=6 \text{（個）},$$

5^2 の倍数は 25

$$\left[\frac{30}{5^2}\right]=1 \text{（個）}.$$

5^j $(j>2)$ の倍数は存在しない.

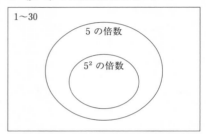

したがって, 5^k が 30! を割り切るような最大の自然数 k は,

$$k=1\cdot\left(\left[\frac{30}{5}\right]-\left[\frac{30}{5^2}\right]\right)+2\cdot\left[\frac{30}{5^2}\right]$$
$$=\left[\frac{30}{5}\right]+\left[\frac{30}{5^2}\right]$$
$$=6+1$$
$$=7.$$

よって, $10^k=2^k\cdot5^k$ が 30! を割り切るような最大の自然数は, $k=7$.

ゆえに, 30! の一の位から始めて順に左に見ていくとき, 最初に 0 でない数字が現れるまでに, 連続して 0 が **7 個**並ぶ.

(3) (2)において, 最初に現れる 0 でない数字は $\dfrac{30!}{10^7}$ の一の位の数字である.

(1), (2)と同様にして 30! に含まれる素因数 3, 7, 11, 13, 17, 19, 23, 29 の個数を調べる.

$$\left[\frac{30}{3}\right]+\left[\frac{30}{3^2}\right]+\left[\frac{30}{3^3}\right]=10+3+1=14,$$

$$\left[\frac{30}{7}\right]=4,$$

$$\left[\frac{30}{11}\right]=\left[\frac{30}{13}\right]=2,$$

$$\left[\frac{30}{17}\right]=\left[\frac{30}{19}\right]=\left[\frac{30}{23}\right]=\left[\frac{30}{29}\right]=1.$$

したがって,

$$30!=2^{26}\cdot3^{14}\cdot5^7\cdot7^4\cdot11^2\cdot13^2\cdot17\cdot19\cdot23\cdot29.$$

ゆえに,

$$\frac{30!}{10^7}=2^{19}\cdot3^{14}\cdot7^4\cdot11^2\cdot13^2\cdot17\cdot19\cdot23\cdot29.$$

ここで, 2^{19}, 3^{14}, 7^4, 11^2, 13^2, 17, 19, 23, 29 の一の位の数字はそれぞれ

$$8,\ 9,\ 1,\ 1,\ 9,\ 7,\ 9,\ 3,\ 9$$

であるから, $\dfrac{30!}{10^7}$ の一の位の数字は,

$$8\times9\times1\times1\times9\times7\times9\times3\times9$$

の一の位の数字, すなわち

$$8$$

に一致する.

　よって, 求める数字は **8** である.

【注】 自然数 n および素数 p に対して, $p^N \leqq n < p^{N+1}$ (N は自然数)のとき p^k が $n!$ を割り切るような最大の自然数 k は,

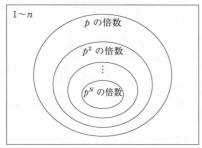

$$k=1\cdot\left(\left[\frac{n}{p}\right]-\left[\frac{n}{p^2}\right]\right)$$

$$+2\cdot\left(\left[\frac{n}{p^2}\right]-\left[\frac{n}{p^3}\right]\right)$$

$$+\quad\vdots$$

$$+(N-1)\cdot\left(\left[\frac{n}{p^{N-1}}\right]-\left[\frac{n}{p^N}\right]\right)$$

$$+N\cdot\left[\frac{n}{p^N}\right]$$

$$=\left[\frac{n}{p}\right]+\left[\frac{n}{p^2}\right]+\cdots+\left[\frac{n}{p^N}\right].$$

（注終り）

49 ──〈方針〉──

(1) $f(x)$ を $f(-1)$, $f(0)$, $f(1)$ で表してみる.

(2) $g(x)=f(x+2011)$ とおいて(1)を利用する.

(1)

$$\begin{cases} f(-1)=-1+a-b+c,\\ f(0)=c,\\ f(1)=1+a+b+c \end{cases}$$

より,

$$\begin{cases} a-b+c=f(-1)+1,\\ c=f(0),\\ a+b+c=f(1)-1 \end{cases}$$

であるから, $f(-1)$, $f(0)$, $f(1)$ が整数のとき, 整数 k, l, m を用いて,

$$\begin{cases} a-b+c=k,\\ c=l,\\ a+b+c=m \end{cases}$$

とおくことができる. a, b, c について解くと,

$$a=\frac{k+m}{2}-l,\quad b=\frac{m-k}{2},\quad c=l.$$

　このとき,

$$f(x)=x^3+\left(\frac{k+m}{2}-l\right)x^2+\frac{m-k}{2}x+l$$

$$=x^3+k\cdot\frac{x(x-1)}{2}+m\cdot\frac{x(x+1)}{2}+l\cdot(1-x^2)$$

であるから,

$$f(n)=n^3+k\cdot\frac{n(n-1)}{2}+m\cdot\frac{n(n+1)}{2}+l\cdot(1-n^2).$$

　連続する 2 つの整数の積は偶数であるから, 整数 n に対して $n(n-1)$ と $n(n+1)$ はともに偶数, つまり $\dfrac{n(n-1)}{2}$ と $\dfrac{n(n+1)}{2}$

はともに整数となる.

　よって，任意の整数 n に対して $f(n)$ は整数となる.

(2) (1)の結果より，3次の係数が 1 の 3 次関数 $f(x)$ について，$f(-1)$，$f(0)$，$f(1)$ が整数ならば，すべての整数 n に対して $f(n)$ は整数となる．ここで，

$$g(x)=f(x+2011)$$

とおくと，

$$g(x)=(x+2011)^3+a(x+2011)^2+b(x+2011)+c$$

となることから，$g(x)$ も 3 次の係数が 1 の 3 次関数である．$f(2010)$，$f(2011)$，$f(2012)$ が整数のとき，$g(-1)$，$g(0)$，$g(1)$ が整数であるから，(1)で示したことを適用すると，すべての整数 m に対して $g(m)$ が整数となる.

　$n=m+2011$ とおくと，

$$g(m)=f((n-2011)+2011)=f(n)$$

であり，m が任意の整数を表すとき n も任意の整数を表すので，すべての整数 n に対して $f(n)$ は整数となる.

50 ──〈方針〉──

(1) r は有理数より，$r=\dfrac{n}{m}$（m と n は互いに素な整数で，$m\geqq1$）とおいて，与えられた 3 次方程式に代入し，$m=1$ となることを示す.

(2) (1)の結果から，$f(x)=0$ が整数の解をもたないことを示せばよい．$f(1)$，$f(2)$，$f(3)$ がいずれも 3 で割り切れないことから，整数 n を 3 で割ったときの余りで場合分けを行い，任意の整数 n に対して $f(n)\neq0$ であることを確かめる.

(1) r は有理数であるから，

$r=\dfrac{n}{m}$　（m と n は互いに素な整数で，$m\geqq1$）と表せる．題意より，

$$r^3+ar^2+br+c=0$$

が成り立つから，

$$\left(\frac{n}{m}\right)^3+a\left(\frac{n}{m}\right)^2+b\cdot\frac{n}{m}+c=0.$$
$$n^3+amn^2+bm^2n+cm^3=0.$$
$$n^3=-m(an^2+bmn+cm^2).$$

　よって，n^3 は m で割り切れるが，m と n は互いに素で $m\geqq1$ であるから，$m=1$ でなければならない.

　このとき，$r=n$ となるから，r は整数である.

(2) (1)より，$f(x)=0$ が有理数の解をもつならば，それは整数の解である．よって，$f(1)$，$f(2)$，$f(3)$ のいずれも 3 で割り切れないとき，$f(x)=0$ は整数の解をもたないことを示せばよい.

　$f(1)$，$f(2)$，$f(3)$ のいずれも 3 で割り切れないとき，任意の整数 n に対して

$$f(n)\neq0$$

であることを示す.

　n は

$n=3m+k$（m は整数であり，$k=1$，2，3）と表される.

$f(n)=f(3m+k)$
$\quad=(3m+k)^3+a(3m+k)^2+b(3m+k)+c$
$\quad=3N+k^3+ak^2+bk+c$（N は整数）
$\quad=3N+f(k).$　　　　　　　　…①

　$f(k)$ は $f(1)$，$f(2)$，$f(3)$ のいずれかなので 3 で割り切れないから，①より $f(n)$ は 3 で割り切れない.

　よって，$f(n)\neq0$ となり，$f(x)=0$ は整数の解をもたない.

　これと(1)より，$f(x)=0$ は有理数の解をもたない.

数 学 Ⅱ

51 ──〈方針〉

不等式 $A \leqq B$ を示すには,
$$B - A \geqq 0$$
を示す方法が有効である.

$\dfrac{a}{b} \leqq \dfrac{c}{d}$ であり, a, b, c, d は正の数であるから,
$$ad \leqq bc \qquad \cdots ①$$
が成り立つ.

ここで,
$$\frac{2a+c}{2b+d} - \frac{a}{b} = \frac{(2a+c)b - a(2b+d)}{b(2b+d)}$$
$$= \frac{bc - ad}{b(2b+d)}$$
であるから, ① より,
$$\frac{2a+c}{2b+d} \geqq \frac{a}{b}. \qquad \cdots ②$$

また,
$$\frac{c}{d} - \frac{2a+c}{2b+d} = \frac{c(2b+d) - d(2a+c)}{d(2b+d)}$$
$$= \frac{2(bc - ad)}{d(2b+d)}$$
であるから, ① より,
$$\frac{c}{d} \geqq \frac{2a+c}{2b+d}. \qquad \cdots ③$$

②, ③ より,
$$\frac{a}{b} \leqq \frac{2a+c}{2b+d} \leqq \frac{c}{d}$$
が成り立つ.

(別解)

$\dfrac{a}{b} = k$ とおくと, $a = bk$.

また, $\dfrac{c}{d} \geqq k$ より, $c \geqq dk$.

よって,
$$\frac{2a+c}{2b+d} \geqq \frac{2bk+dk}{2b+d} = k = \frac{a}{b}. \qquad \cdots ④$$

$\dfrac{c}{d} = l$ とおくと, $c = dl$.

また, $\dfrac{a}{b} \leqq l$ より, $a \leqq bl$.

よって,
$$\frac{2a+c}{2b+d} \leqq \frac{2bl+dl}{2b+d} = l = \frac{c}{d}. \qquad \cdots ⑤$$

④, ⑤ より, 題意は示された.

(別解終り)

52 ──〈方針〉

恒等式
$$x^3 + y^3 + z^3 - 3xyz$$
$$= (x+y+z)(x^2+y^2+z^2-xy-yz-zx)$$
を利用する.

(1) a, b, c の値によらず,
$$(a^3 + b^3 + 3abc) - c^3$$
$$= a^3 + b^3 + (-c)^3 - 3ab(-c)$$
$$= (a+b-c)(a^2+b^2+c^2-ab+bc+ca)$$
$$\qquad \cdots ①$$
が成り立つ.

また, $a+b=c$ より,
$$a+b-c = 0.$$

よって, ① より,
$$(a^3 + b^3 + 3abc) - c^3 = 0$$
となるので,
$$a^3 + b^3 + 3abc = c^3$$
が成り立つ.

(2) $a+b \geqq c$ より,
$$a+b-c \geqq 0.$$

また,
$$a^2 + b^2 + c^2 - ab + bc + ca$$
$$= \frac{1}{2}\{(a-b)^2 + (b+c)^2 + (c+a)^2\} \geqq 0.$$

よって，① より，
$$(a^3+b^3+3abc)-c^3\geqq 0$$
となるので，
$$a^3+b^3+3abc\geqq c^3$$
が成り立つ．

【注】 (1)の等式の証明では，$c=a+b$ を用いて，両辺を a，b だけで表す方針も有力である．
$$(左辺)=a^3+b^3+3ab(a+b)$$
$$=a^3+3a^2b+3ab^2+b^3,$$
$$(右辺)=(a+b)^3$$
$$=a^3+3a^2b+3ab^2+b^3$$
となる．

(注終り)

53 ──〈方針〉

二項定理 $\displaystyle\sum_{k=0}^{n}{}_n\mathrm{C}_k x^k=(1+x)^n$ を利用する．

二項定理により，
$$\sum_{k=0}^{n}{}_n\mathrm{C}_k x^k=(1+x)^n \qquad \cdots①$$
が成り立つ．

(1) ① の両辺に $x=1$ を代入すると，
$$\sum_{k=0}^{n}{}_n\mathrm{C}_k=(1+1)^n,$$
すなわち，
$${}_n\mathrm{C}_0+{}_n\mathrm{C}_1+\cdots+{}_n\mathrm{C}_n=2^n.$$

(2) $\quad {}_n\mathrm{C}_1+2\cdot{}_n\mathrm{C}_2+\cdots+n\cdot{}_n\mathrm{C}_n$
$$=\sum_{k=1}^{n}k\,{}_n\mathrm{C}_k$$
$$=\sum_{k=1}^{n}k\cdot\frac{n!}{k!(n-k)!}$$
$$=\sum_{k=1}^{n}\frac{n\times(n-1)!}{(k-1)!\{(n-1)-(k-1)\}!}$$
$$=\sum_{k=1}^{n}n\cdot{}_{n-1}\mathrm{C}_{k-1}$$
$$=n({}_{n-1}\mathrm{C}_0+{}_{n-1}\mathrm{C}_1+\cdots+{}_{n-1}\mathrm{C}_{n-1})$$
$$=n\cdot 2^{n-1}.$$

（(1)の等式で n を $n-1$ に置き換えた）

【注】
$$k\,{}_n\mathrm{C}_k=n\,{}_{n-1}\mathrm{C}_{k-1}$$
である．

(注終り)

((2)の別解)

① の両辺を x で微分すると，
$$\sum_{k=1}^{n}k\,{}_n\mathrm{C}_k x^{k-1}=n(1+x)^{n-1}.$$
この式の両辺に $x=1$ を代入すると，
$$\sum_{k=1}^{n}k\,{}_n\mathrm{C}_k=n(1+1)^{n-1},$$
すなわち，
$${}_n\mathrm{C}_1+2\cdot{}_n\mathrm{C}_2+\cdots+n\cdot{}_n\mathrm{C}_n=n\cdot 2^{n-1}.$$

((2)の別解終り)

(3) (1)で示した等式において，n を $2n+1$ に置き換えると，
$$({}_{2n+1}\mathrm{C}_0+{}_{2n+1}\mathrm{C}_1+\cdots+{}_{2n+1}\mathrm{C}_n)$$
$$+({}_{2n+1}\mathrm{C}_{n+1}+{}_{2n+1}\mathrm{C}_{n+2}+\cdots+{}_{2n+1}\mathrm{C}_{2n+1})=2^{2n+1}.$$
この等式と，
$${}_{2n+1}\mathrm{C}_0={}_{2n+1}\mathrm{C}_{2n+1},$$
$${}_{2n+1}\mathrm{C}_1={}_{2n+1}\mathrm{C}_{2n},$$
$$\vdots$$
$${}_{2n+1}\mathrm{C}_k={}_{2n+1}\mathrm{C}_{2n+1-k},$$
$$\vdots$$
$${}_{2n+1}\mathrm{C}_n={}_{2n+1}\mathrm{C}_{n+1}$$
より，
$$({}_{2n+1}\mathrm{C}_0+{}_{2n+1}\mathrm{C}_1+\cdots+{}_{2n+1}\mathrm{C}_n)\times 2=2^{2n+1}.$$
よって，
$${}_{2n+1}\mathrm{C}_0+{}_{2n+1}\mathrm{C}_1+\cdots+{}_{2n+1}\mathrm{C}_n=2^{2n}.$$

54 ──〈方針〉

相加平均と相乗平均の大小関係を用いる．

a，b，c は正の実数であるから，
$$\frac{1}{a}+\frac{1}{b}+\frac{1}{c}\geqq\frac{9}{a+b+c}$$
$$\Longleftrightarrow (a+b+c)\left(\frac{1}{a}+\frac{1}{b}+\frac{1}{c}\right)\geqq 9. \quad \cdots①$$

したがって，① を証明すればよい．

（① の左辺）

$$= 1 + 1 + 1 + \left(\frac{b}{a} + \frac{a}{b}\right) + \left(\frac{c}{b} + \frac{b}{c}\right) + \left(\frac{a}{c} + \frac{c}{a}\right)$$

$$\geqq 3 + 2\sqrt{\frac{b}{a} \cdot \frac{a}{b}} + 2\sqrt{\frac{c}{b} \cdot \frac{b}{c}} + 2\sqrt{\frac{a}{c} \cdot \frac{c}{a}} \quad \cdots ②$$

（（相加平均）≧（相乗平均）より）

$$= 3 + 2 + 2 + 2$$

$$= 9$$

$$= （① の右辺）.$$

よって，題意の不等式は示された．

また，等号が成立するのは，② において等号が成立するときであり，この条件は，

$$\frac{b}{a} = \frac{a}{b} \quad かつ \quad \frac{c}{b} = \frac{b}{c} \quad かつ \quad \frac{a}{c} = \frac{c}{a}.$$

a, b, c は正の実数であるから，

$$\boldsymbol{a = b = c.}$$

【注1】 3つの場合の相加・相乗平均の不等式を用いて ① を示すこともできる．

a, b, c は正の実数であるから，3つの場合の相加・相乗平均の不等式より，

$$a + b + c \geqq 3\sqrt[3]{abc}, \qquad \cdots ③$$

$$\frac{1}{a} + \frac{1}{b} + \frac{1}{c} \geqq 3\sqrt[3]{\frac{1}{a} \cdot \frac{1}{b} \cdot \frac{1}{c}}. \qquad \cdots ④$$

③，④ の各辺はすべて正であるから，辺々をかけて，

$$(a + b + c)\left(\frac{1}{a} + \frac{1}{b} + \frac{1}{c}\right) \geqq 9.$$

また，等号が成立するのは，③，④ でともに等号が成立するときであり，この条件は，

$$a = b = c.$$

（注1終り）

【注2】 コーシー・シュワルツの不等式

$$(a_1{}^2 + a_2{}^2 + a_3{}^2)(b_1{}^2 + b_2{}^2 + b_3{}^2) \geqq (a_1 b_1 + a_2 b_2 + a_3 b_3)^2$$

を用いて ① を示すこともできる．

$$(a + b + c)\left(\frac{1}{a} + \frac{1}{b} + \frac{1}{c}\right)$$

$$= \{(\sqrt{a})^2 + (\sqrt{b})^2 + (\sqrt{c})^2\}$$

$$\qquad \left\{\left(\sqrt{\frac{1}{a}}\right)^2 + \left(\sqrt{\frac{1}{b}}\right)^2 + \left(\sqrt{\frac{1}{c}}\right)^2\right\}$$

$$\geqq \left(\sqrt{a} \cdot \sqrt{\frac{1}{a}} + \sqrt{b} \cdot \sqrt{\frac{1}{b}} + \sqrt{c} \cdot \sqrt{\frac{1}{c}}\right)^2$$

$$= (1 + 1 + 1)^2$$

$$= 9.$$

また，等号が成立する条件は，

$$\sqrt{a} : \sqrt{b} : \sqrt{c} = \sqrt{\frac{1}{a}} : \sqrt{\frac{1}{b}} : \sqrt{\frac{1}{c}}$$

より，

$$a = b = c.$$

（注2終り）

〔参考〕 ① の不等式を n 文字に一般化すると，以下のようになる．

『a_1, a_2, $\cdots$, a_n が正の実数のとき，不等式

$$(a_1 + a_2 + \cdots + a_n)\left(\frac{1}{a_1} + \frac{1}{a_2} + \cdots + \frac{1}{a_n}\right) \geqq n^2$$

が成り立つ』

これも本問と同様にして証明することができる．

（参考終り）

55 ──〈方針〉

相加平均と相乗平均の大小関係

$a > 0$, $b > 0$ のとき，$\dfrac{a+b}{2} \geqq \sqrt{ab}$

（等号成立は $a = b$ のとき）

を用いる．

(1) $$\left(a + \frac{2}{b}\right)\left(b + \frac{8}{a}\right) = ab + \frac{16}{ab} + 10$$

であり，$a > 0$, $b > 0$ であるから，相加平均と相乗平均の大小関係を用いると，

$$ab + \frac{16}{ab} \geqq 2\sqrt{ab \cdot \frac{16}{ab}} = 8.$$

これより，

$$ab + \frac{16}{ab} + 10 \geqq 18.$$

等号成立は，

$$ab = \frac{16}{ab},$$

すなわち，$a > 0$, $b > 0$ より，

$$ab = 4$$

のときである．

よって，$\left(a + \dfrac{2}{b}\right)\left(b + \dfrac{8}{a}\right)$ の最小値は

$\boxed{18}$ であり，このとき $ab=\boxed{4}$ である．

【注】 相加平均と相乗平均の大小関係より，

$$a+\frac{2}{b}\geqq 2\sqrt{a\cdot\frac{2}{b}}\quad(>0),$$

$$b+\frac{8}{a}\geqq 2\sqrt{b\cdot\frac{8}{a}}\quad(>0)$$

であり，辺々をかけて，

$$\left(a+\frac{2}{b}\right)\left(b+\frac{8}{a}\right)\geqq 16\quad\cdots(*)$$

が成り立つことがわかる．しかし，$(*)$ の等号成立条件は，

$$a=\frac{2}{b}\quad\text{かつ}\quad b=\frac{8}{a},$$

すなわち，

$$ab=2\quad\text{かつ}\quad ab=8$$

であり，これを満たす a，b は存在しない．

したがって，$(*)$ は「正しい」が左辺の最小値を求めるには不十分な式である．

(注終り)

(2) $a>1$ のとき，

$$\frac{a-1}{a^2-2a+5}=\frac{a-1}{(a-1)^2+4}$$

$$=\frac{1}{a-1+\dfrac{4}{a-1}}$$

であり，$a-1>0$ であるから，相加平均と相乗平均の大小関係を用いると，

$$a-1+\frac{4}{a-1}\geqq 2\sqrt{(a-1)\cdot\frac{4}{a-1}}=4.$$

これより，

$$\frac{a-1}{a^2-2a+5}\leqq\frac{1}{4}.$$

等号成立は，

$$a-1=\frac{4}{a-1},$$

すなわち，$a-1>0$ より，

$$a-1=2.$$
$$a=3$$

のときである．

よって，$\dfrac{a-1}{a^2-2a+5}$ の最大値は $\boxed{\dfrac{1}{4}}$ であり，このとき $a=\boxed{3}$ である．

56 ──〈方針〉

相加平均と相乗平均の大小関係
「A，$B\ (A>0,\ B>0)$ に対して，

$$\frac{A+B}{2}\geqq\sqrt{AB}.$$

ただし，等号が成立するのは $A=B$ のとき．」
を利用して最小値を求める．

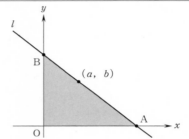

l が x 軸の正の部分および y 軸の正の部分と交わるように動くことより，l の傾きは負であるから，$-m\ (m>0)$ とおくことができて，l の方程式は

$$l:y=-m(x-a)+b$$

となる．これより，l と x 軸，y 軸との交点をそれぞれ A，B とすると，

$$A\left(\frac{b}{m}+a,\ 0\right),\ B(0,\ am+b)$$

である．このとき，x 軸，y 軸および直線 l で囲まれる三角形は三角形 OAB であり，その面積を S とおくと，

$$S=\frac{1}{2}\left(\frac{b}{m}+a\right)(am+b)$$

$$=\frac{1}{2}\left(a^2m+\frac{b^2}{m}+2ab\right)$$

$$=\frac{a^2m+\dfrac{b^2}{m}}{2}+ab$$

である．

$a^2m>0$，$\dfrac{b^2}{m}>0$ であるので，相加平均と相乗平均の大小関係から，

$$S = \frac{a^2 m + \frac{b^2}{m}}{2} + ab$$

$$\geqq \sqrt{a^2 m \cdot \frac{b^2}{m}} + ab$$

$$= \sqrt{(ab)^2} + ab$$

$$= 2ab \quad (a > 0, \ b > 0 \ \text{より})$$

つまり,

$$S \geqq 2ab$$

である. 等号が成立するのは

$$a^2 m = \frac{b^2}{m} \quad \text{かつ} \quad m > 0$$

より

$$m = \frac{b}{a}$$

のときである.

以上より, S は $m = \dfrac{b}{a}$ のとき最小値 $2ab$

をとり, そのときの l の方程式は,

$$y = -\frac{b}{a}(x - a) + b$$

すなわち

$$\boldsymbol{y = -\frac{b}{a}x + 2b}$$

である.

57 ——〈方針〉———

(1), (2), (3)とも背理法を用いる.

(1) d が 3 で割り切れないと仮定する.

このとき,

$$d = 3k \pm 1 \quad (k \text{ は整数})$$

とおくことができる. これより,

$$d^2 = (3k \pm 1)^2$$
$$= 3(3k^2 \pm 2k) + 1$$

となり, d^2 が 3 で割り切れることに矛盾する.

したがって, d^2 が 3 で割り切れるならば, d も 3 で割り切れる.

〔参考〕 次の対偶命題を証明してもよい.

「d が 3 で割り切れないならば, d^2 も 3

で割り切れない」

この証明の手順は, **解答**とほぼ同じである.

（参考終り）

(2) $\sqrt{3}$ が無理数ではない（有理数である）と仮定すると,

$$\sqrt{3} = \frac{m}{n} \quad (m, \ n \text{ は互いに素な整数})$$

とおくことができる. このとき,

$$m^2 = 3n^2 \qquad \cdots (*)$$

より, m^2 は 3 の倍数であり, (1)から m も 3 の倍数である. そこで $m = 3M$ （M は整数）とおくと, (*)から,

$$9M^2 = 3n^2,$$
$$3M^2 = n^2$$

となり, n^2 が 3 の倍数であることがわかる.

再び(1)から n も 3 の倍数となるが, これは $m, \ n$ が互いに素であることに矛盾する.

したがって, $\sqrt{3}$ は無理数である.

(3) $$\sqrt{2}\,b + \sqrt{3}\,c = -a$$

の両辺を 2 乗して,

$$2b^2 + 2\sqrt{6}\,bc + 3c^2 = a^2.$$
$$2bc\sqrt{6} = a^2 - 2b^2 - 3c^2.$$

ここで, $bc \neq 0$ と仮定すると,

$$\sqrt{6} = \frac{a^2 - 2b^2 - 3c^2}{2bc} \quad (\text{有理数})$$

となり, $\sqrt{6}$ が無理数であることに反する.

よって, $bc = 0$ である.

(ア) $b = 0$ のとき.

$$a + \sqrt{3}\,c = 0$$

となる.

$c \neq 0$ と仮定すると,

$$\sqrt{3} = -\frac{a}{c}$$

であり, (2)から $\sqrt{3}$ は無理数であるが $-\dfrac{a}{c}$

は有理数なので矛盾する.

よって $c = 0$ となり, このとき $a = 0$ である.

(イ) $c = 0$ のとき.

$$a + \sqrt{2}\,b = 0$$

となる.

$b \neq 0$ と仮定すると,

$$\sqrt{2} = -\frac{a}{b}$$

であり,$\sqrt{2}$ は無理数であるが $-\dfrac{a}{b}$ は有理

数なので矛盾する.

よって $b=0$ となり,このとき $a=0$ である.

(ア),(イ) より,$a+\sqrt{2}\,b+\sqrt{3}\,c=0$ を満たす

有理数 a,b,c は $a=b=c=0$ に限る.

58 ──〈方針〉

対偶を証明する.

(1) 対偶

「x^2 と x^3 がともに有理数ならば,

x は有理数である」

の真偽を調べる.

$x=0$ のときは明らかに真.

$x \neq 0$ のとき,

$$x^2 = \frac{b}{a}, \quad x^3 = \frac{d}{c}$$

$$\left(\begin{array}{l} \text{ただし,a と b,c と d は} \\ \text{それぞれ互いに素な 0 以外の整数} \end{array} \right)$$

とおくと,

$$x = \frac{x^3}{x^2} = \frac{\dfrac{d}{c}}{\dfrac{b}{a}} = \frac{ad}{bc}$$

であるから,x は有理数.

以上より,対偶は真.

したがって,元の命題も**真**である.

(2) **偽**である.

反例は,

$$x=\sqrt{2}, \quad y=-\sqrt{2}.$$

(3) 対偶

「n が 4 の倍数でなければ,

n^2 は 8 の倍数ではない」

の真偽を調べる.

4 の倍数でない自然数は,整数 k を用い

て,

$$4k \pm 1, \quad 4k+2$$

のいずれかの形に表される.

(i) $n=4k \pm 1$ (k は整数)のとき.

$$n^2 = 16k^2 \pm 8k+1 = 8(2k^2 \pm k)+1.$$

(ii) $n=4k+2$ (k は整数)のとき.

$$n^2 = 16k^2 + 16k + 4 = 8(2k^2 + 2k)+4.$$

いずれの場合も n^2 は 8 の倍数ではない.

よって,対偶は真.

したがって,元の命題も**真**である.

59 ──〈方針〉

(1) $$P(x) = (x^4-1)Q(x) + R(x)$$

$$\left(\begin{array}{l} Q(x) \text{ は多項式,} \\ R(x) \text{ は 0 または 3 次以下の多項式} \end{array} \right)$$

の形の式を作る.

(2) $x^4-1 = (x-1)(x^3+x^2+x+1)$

であることに注目する.

(3) $x^4-1 = (x+1)(x^3-x^2+x-1)$

であることに注目する.

$$P(x) = 2x^{15} + 4x^{10} + 6x^5 + 8.$$

(1) $$\begin{aligned}
P(x) &= 2x^{4 \times 3+3} + 4x^{4 \times 2+2} + 6x \cdot x^4 + 8 \\
&= 2x^3(x^4)^3 + 4x^2(x^4)^2 + 6x \cdot x^4 + 8 \\
&= 2x^3\{(x^4)^3 - 1\} + 4x^2\{(x^4)^2 - 1\} \\
&\quad + 6x(x^4-1) + 2x^3 + 4x^2 + 6x + 8.
\end{aligned}$$

ここで,

$$(x^4)^2 - 1 = (x^4-1)(x^4+1),$$

$$\begin{aligned}
(x^4)^3 - 1 &= (x^4-1)\{(x^4)^2 + x^4 + 1\} \\
&= (x^4-1)(x^8 + x^4 + 1)
\end{aligned}$$

であるから,

$$\begin{aligned}
&P(x) \\
&= 2x^3(x^4-1)(x^8+x^4+1) \\
&\quad + 4x^2(x^4-1)(x^4+1) + 6x(x^4-1) \\
&\quad + 2x^3 + 4x^2 + 6x + 8 \\
&= (x^4-1)Q(x) + 2x^3 + 4x^2 + 6x + 8. \quad \cdots ①
\end{aligned}$$

$$\left(\begin{array}{l} \text{ただし,} Q(x) = 2x^3(x^8+x^4+1) \\ \qquad\qquad + 4x^2(x^4+1) + 6x \end{array} \right)$$

これより，$P(x)$ を x^4-1 で割った余りは，

$$\boxed{2}\,x^3+\boxed{4}\,x^2+\boxed{6}\,x+\boxed{8}$$

である.

((1) の別解)

実際に，$P(x)=2x^{15}+4x^{10}+6x^5+8$ を x^4-1 で割ると，

$$
\begin{array}{r}
2x^{11}+2x^7+4x^6+2x^3+4x^2+6x \\
x^4-1\,\overline{\smash{\big)}\,2x^{15}\quad\ +4x^{10}\quad\ +6x^5\qquad\qquad +8} \\
\underline{2x^{15}-2x^{11}\qquad\qquad\qquad\qquad} \\
2x^{11}+4x^{10}\quad\ +6x^5\qquad\qquad +8 \\
\underline{2x^{11}\qquad\ -2x^7\qquad\qquad\qquad} \\
4x^{10}+2x^7+6x^5\qquad\qquad +8 \\
\underline{4x^{10}\qquad\ -4x^6\qquad\qquad} \\
2x^7+4x^6+6x^5\qquad\qquad +8 \\
\underline{2x^7\qquad\ -2x^3\qquad} \\
4x^6+6x^5+2x^3\qquad +8 \\
\underline{4x^6\qquad\ -4x^2} \\
6x^5+2x^3+4x^2+8 \\
\underline{6x^5\qquad\ -6x} \\
2x^3+4x^2+6x+8
\end{array}
$$

これより，$P(x)$ を x^4-1 で割った余りは，

$$\boxed{2}\,x^3+\boxed{4}\,x^2+\boxed{6}\,x+\boxed{8}$$

である.

((1) の別解終り)

(2) $\quad x^4-1=(x-1)(x^3+x^2+x+1)$,

$$2x^3+4x^2+6x+8$$
$$=2(x^3+x^2+x+1)+2x^2+4x+6$$

であるから，① より，

$$
\begin{aligned}
P(x) &=(x-1)(x^3+x^2+x+1)Q(x) \\
&\quad +2(x^3+x^2+x+1)+2x^2+4x+6 \\
&=(x^3+x^2+x+1)\{(x-1)Q(x)+2\} \\
&\quad +2x^2+4x+6.
\end{aligned}
$$

これより，$P(x)$ を x^3+x^2+x+1 で割った余りは，

$$\boxed{2}\,x^2+\boxed{4}\,x+\boxed{6}$$

である.

(3) $\quad x^4-1=(x+1)(x^3-x^2+x-1)$,

$$2x^3+4x^2+6x+8$$
$$=2(x^3-x^2+x-1)+6x^2+4x+10$$

であるから，① より，

$$
\begin{aligned}
P(x) &=(x+1)(x^3-x^2+x-1)Q(x) \\
&\quad +2(x^3-x^2+x-1)+6x^2+4x+10 \\
&=(x^3-x^2+x-1)\{(x+1)Q(x)+2\} \\
&\quad +6x^2+4x+10.
\end{aligned}
$$

これより，$P(x)$ を x^3-x^2+x-1 で割った余りは，

$$\boxed{6}\,x^2+\boxed{4}\,x+\boxed{10}$$

である.

60 ──〈方針〉

(3) 条件 p, q について，

　　命題 $p \Longrightarrow q$　（p ならば q）

が真であるとき，

　　p は q であるための十分条件，

　　q は p であるための必要条件

であるという.

(1) 実際に割り算すると，

$$
\begin{array}{r}
1\qquad 2(a+b) \\
1\ 2\ 1\,\overline{\smash{\big)}\,1\ 2(1+a+b)\ \ 1-2a+4b\ \ 2ab-a+2b} \\
\underline{1\qquad 2\qquad\qquad 1\qquad\qquad} \\
2(a+b)\quad -2a+4b\quad 2ab-a+2b \\
\underline{2(a+b)\quad 4(a+b)\qquad 2(a+b)} \\
-6a\qquad 2ab-3a
\end{array}
$$

より，P を Q で割ったときの

　　商は　$x+\boxed{2}\,a+\boxed{2}\,b$,

　　余りは　$-\boxed{6}\,ax+\boxed{2}\,ab-\boxed{3}\,a$

となる.

(2) $P=(x+1)^2(x-c)$ ならば P は Q で割り切れる. つまり (1) の余りが 0 であるから，

$$
\begin{cases}
-6a=0, \\
2ab-3a=0.
\end{cases}
$$

よって，

$$a=\boxed{0}.$$

このとき，商 $x+2(a+b)$ は

$$x+2b$$

となり，これが $x-c$ に一致することから

$$c = -\boxed{2}\,b.$$

(3)(i) $p : a^2 + b^2 = 0,$

   $q : P$ は Q で割り切れる

とすると,

$$p \iff a = 0 \text{ かつ } b = 0.$$

一方,(1) より

$$q \iff a = 0$$

であるから,

$p \implies q$ は真であるが,$q \implies p$ は偽.

よって,p は q であるための

   十分条件であるが必要条件ではない.

$$\boxed{③}$$

(ii) $p : ab = 0,$

   $q : P$ は Q で割り切れる

とすると,

$$p \iff a = 0 \text{ または } b = 0,$$

$$q \iff a = 0$$

であるから,

$q \implies p$ は真であるが,$p \implies q$ は偽.

よって,p は q であるための

   必要条件であるが十分条件ではない.

$$\boxed{②}$$

(iii) $p : a(b^2 - b + 1) = 0,$

   $q : P$ は Q で割り切れる

とすると,

$$p \iff a = 0 \text{ または } b^2 - b + 1 = 0,$$

$$q \iff a = 0.$$

b は実数であるから,

$$b^2 - b + 1 = \left(b - \frac{1}{2}\right)^2 + \frac{3}{4} > 0.$$

したがって,$b^2 - b + 1 \neq 0$ であるから,

$$p \iff a = 0.$$

よって,p は q であるための

   必要十分条件である.

$$\boxed{①}$$

61 ──〈方針〉──

一般に,

「2つの多項式 $f(x),\ g(x)\ (g(x) \neq 0)$

に対して,

$$\begin{cases} f(x) = g(x)Q(x) + R(x), \\ (R(x) \text{ の次数}) < (g(x) \text{ の次数}) \text{ または } R(x) = 0 \end{cases}$$

を満たす多項式 $Q(x),\ R(x)$ がただ

1組存在する」

   この定理を利用する.

条件より,$P(x)$ は

$$P(x) = (x+1)^2 Q_1(x) + 5x - 2, \quad \cdots ①$$

$$P(x) = (x-1)(x-2)Q_2(x) + 2x + 1 \quad \cdots ②$$

と表される.ただし,$Q_1(x)$ と $Q_2(x)$ はそ れぞれ商を表す x の多項式である.

(1) $P(x)$ を $x^2 - x - 2(=(x+1)(x-2))$ で 割ったときの商を $Q_3(x)$,余りを $ax + b$ と おくと,

$$P(x) = (x+1)(x-2)Q_3(x) + ax + b \quad \cdots ③$$

と表される.

①,③ で $x = -1$ とすると,

$$P(-1) = 5(-1) - 2 = -7,$$

$$P(-1) = -a + b.$$

したがって,

$$-a + b = -7. \quad \cdots ④$$

同様に,②,③ で $x = 2$ として

$$2a + b = 5. \quad \cdots ⑤$$

④,⑤ を解いて

$$a = 4,\ b = -3.$$

よって,求める余りは

$$\boldsymbol{4x - 3.}$$

(2) $P(x)$ は 4 次式であるから,① の $Q_1(x)$ は 2 次式で

$$P(x) = (x+1)^2(ax^2 + bx + c) + 5x - 2$$

と表される.

$P(x)$ は x で割り切れるから,$P(0) = 0$.

よって,

$$P(0) = c - 2$$

より,

$$c=2. \quad \cdots ⑥$$

また，② より $P(1)=3$，$P(2)=5$ であるから，

$$(P(1)=)4(a+b+c)+3=3,$$
$$(P(2)=)9(4a+2b+c)+8=5.$$

これより，

$$a+b+c=0, \quad \cdots ⑦$$
$$4a+2b+c=-\frac{1}{3}. \quad \cdots ⑧$$

⑥，⑦，⑧ を解いて

$$a=\frac{5}{6}, \ b=-\frac{17}{6}, \ c=2.$$

よって，

$$\boldsymbol{P(x)}=(x+1)^2\left(\frac{5}{6}x^2-\frac{17}{6}x+2\right)+5x-2$$
$$=\frac{5}{6}\boldsymbol{x}^4-\frac{7}{6}\boldsymbol{x}^3-\frac{17}{6}\boldsymbol{x}^2+\frac{37}{6}\boldsymbol{x}.$$

62

$P(x)$ を $x-1$ で割ったときの余りが 1 であるから，剰余の定理より，

$$P(1)=1. \quad \cdots ①$$

$P(x)$ を $(x+1)^2$ で割ったときの余りが $3x+2$ であるから，そのときの商を $Q_1(x)$ とすると，

$$P(x)=(x+1)^2 Q_1(x)+3x+2. \quad \cdots ②$$

(1) 剰余の定理より，$P(x)$ を $x+1$ で割ったときの余りは $P(-1)$ であるから，② より，

$$P(-1)=3\cdot(-1)+2=\boldsymbol{-1}.$$

(2) $P(x)$ を $(x-1)(x+1)$ で割ったときの商を $Q_2(x)$，余りを $ax+b$（a, b は実数）とすると，

$$P(x)=(x-1)(x+1)Q_2(x)+ax+b. \quad \cdots ③$$

①，③ より，

$$P(1)=a+b=1. \quad \cdots ④$$

②，③ より，

$$P(-1)=-a+b=-1. \quad \cdots ⑤$$

④，⑤ より，

$$a=1, \quad b=0$$

であるから，求める余りは，

$$\boldsymbol{x}.$$

(3) $Q_1(x)$ を $x-1$ で割ったときの商を $Q_3(x)$，余りを r（r は実数）とすると，

$$Q_1(x)=(x-1)Q_3(x)+r.$$

これを ② に代入すると，

$$P(x)=(x+1)^2\{(x-1)Q_3(x)+r\}+3x+2$$
$$=(x+1)^2(x-1)Q_3(x)+r(x+1)^2+3x+2 \quad \cdots ⑥$$

であり，$P(x)$ を $(x+1)^2(x-1)$ で割った余りは，

$$r(x+1)^2+3x+2$$

である．

①，⑥ より，

$$P(1)=4r+5=1.$$
$$r=-1.$$

よって，求める余りは，

$$-(x+1)^2+3x+2=\boldsymbol{-x^2+x+1}.$$

63 ——〈方針〉

2 次方程式 $px^2+qx+r=0$ の 2 解を α, β とすると，

$$\alpha+\beta=-\frac{q}{p}, \ \alpha\beta=\frac{r}{p}$$

が成り立つ（解と係数の関係）．この関係を用いる．

$$x^2-(a-2)x+a^2+2a-8=0$$

が異なる 2 つの実数解 α, β をもつとき，判別式 D について，

$$D=(a-2)^2-4(a^2+2a-8)>0.$$
$$-3a^2-12a+36>0.$$
$$(a+6)(a-2)<0.$$

よって，

$$\boxed{-6}<a<\boxed{2}. \quad \cdots ①$$

解と係数の関係より，

$$\alpha+\beta=a-2, \ \alpha\beta=a^2+2a-8.$$

よって，

$$\alpha^2+\beta^2=(\alpha+\beta)^2-2\alpha\beta$$
$$=(a-2)^2-2(a^2+2a-8)$$
$$=\boxed{-a^2-8a+20}.$$

これより,
$$\alpha^2+\beta^2=-(a+4)^2+36. \quad \cdots ②$$

①, ② より $\alpha^2+\beta^2$ のとり得る値の範囲は,
$$\boxed{0}<\alpha^2+\beta^2\leqq\boxed{36}.$$

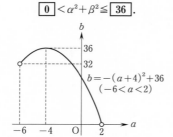

64

解と係数の関係より,
$$\alpha+\beta=\boxed{-\dfrac{a}{2}}, \quad \alpha\beta=\boxed{\dfrac{b}{2}}.$$

このとき,
$$\begin{cases} \dfrac{1}{\alpha}+\dfrac{1}{\beta}=\dfrac{\alpha+\beta}{\alpha\beta}=-\dfrac{a}{b}, \\ \dfrac{1}{\alpha}\cdot\dfrac{1}{\beta}=\dfrac{2}{b}. \end{cases}$$

したがって, $\dfrac{1}{\alpha}$, $\dfrac{1}{\beta}$ を解とする x^2 の係数が b である x の 2 次方程式は
$$b\left(x^2+\dfrac{a}{b}x+\dfrac{2}{b}\right)=0.$$
$$\boxed{bx^2+ax+2}=0.$$

また, $\dfrac{1}{\alpha}$, $\dfrac{1}{\beta}$ が x の 3 次方程式
$$bx^3-3ax-4=0 \quad \cdots ①$$

の解になっているとき, $\dfrac{1}{\alpha}$, $\dfrac{1}{\beta}$ 以外の解を γ とすると, ① の左辺は
$$bx^3-3ax-4=b\left(x-\dfrac{1}{\alpha}\right)\left(x-\dfrac{1}{\beta}\right)(x-\gamma)$$
$$=(bx^2+ax+2)(x-\gamma)$$

と因数分解できる.

両辺の係数を比較して,
$$\begin{cases} 0=a-b\gamma, \\ -3a=2-a\gamma, \\ -4=-2\gamma. \end{cases}$$

これより,
$$a=\boxed{-2}, \quad b=\boxed{-1}, \quad \gamma=2$$

であり, $\dfrac{1}{\alpha}$, $\dfrac{1}{\beta}$ 以外の解は $\boxed{2}$.

【注】 a, b の値, および $\dfrac{1}{\alpha}$, $\dfrac{1}{\beta}$ 以外の解を求めるには, 次のようにしてもよい.

$\dfrac{1}{\alpha}$, $\dfrac{1}{\beta}$ が ① の解であるとき,

「$bx^3-3ax-4$ は bx^2+ax+2 $\quad\cdots(*)$ で割り切れる」

実際に, 割り算を実行する.

$$
\begin{array}{r}
1 \quad -\dfrac{a}{b} \\
b\ a\ 2\,\overline{)\,b \quad 0 \quad -3a \quad -4} \\
\underline{b \quad a \quad 2} \\
-a \quad -3a-2 \quad -4 \\
\underline{-a \quad -\dfrac{a^2}{b} \quad -\dfrac{2a}{b}} \\
\dfrac{a^2}{b}-3a-2 \quad \dfrac{2a}{b}-4
\end{array}
$$

したがって, $(*)$ より,
$$\begin{cases} \dfrac{a^2}{b}-3a-2=0, & \cdots ② \\ \dfrac{2a}{b}-4=0 & \cdots ③ \end{cases}$$

であり, このとき,
$$bx^3-3ax-4=(bx^2+ax+2)\left(x-\dfrac{a}{b}\right)$$

が成り立つので $\dfrac{1}{\alpha}$, $\dfrac{1}{\beta}$ 以外の解は,
$$x=\dfrac{a}{b}.$$

③ より $b=\dfrac{a}{2}$. これを ② に代入して,
$$2a-3a-2=0.$$

よって,

$$a=-2, \quad b=-1.$$

このとき，3次方程式①の $\dfrac{1}{\alpha}$，$\dfrac{1}{\beta}$ 以外

の解は

$$x=\frac{a}{b}=2$$

である．

（注終り）

65 ──〈方針〉

3次方程式
$$ax^3+bx^2+cx+d=0 \quad (a\neq0)$$
の3解を α，β，γ とすると，
$$\begin{cases} \alpha+\beta+\gamma=-\dfrac{b}{a}, \\[2mm] \alpha\beta+\beta\gamma+\gamma\alpha=\dfrac{c}{a}, \\[2mm] \alpha\beta\gamma=-\dfrac{d}{a}. \end{cases}$$

解と係数の関係から，
$$\alpha+\beta+\gamma=2, \quad \alpha\beta+\beta\gamma+\gamma\alpha=3,$$
$$\alpha\beta\gamma=7.$$

(1) $\alpha^2+\beta^2+\gamma^2$
$$=(\alpha+\beta+\gamma)^2-2(\alpha\beta+\beta\gamma+\gamma\alpha)$$
$$=2^2-2\cdot3$$
$$=\boldsymbol{-2}.$$

(2) $\alpha^2\beta^2+\beta^2\gamma^2+\gamma^2\alpha^2$
$$=(\alpha\beta+\beta\gamma+\gamma\alpha)^2-2\alpha\beta\gamma(\alpha+\beta+\gamma)$$
$$=3^2-2\cdot7\cdot2$$
$$=\boldsymbol{-19}.$$

(3) $\alpha^3+\beta^3+\gamma^3$
$$=(\alpha+\beta+\gamma)(\alpha^2+\beta^2+\gamma^2-\alpha\beta-\beta\gamma-\gamma\alpha)+3\alpha\beta\gamma$$
$$=2(-2-3)+3\cdot7$$
$$=\boldsymbol{11}.$$

((3) の別解)

α は3次方程式 $x^3-2x^2+3x-7=0$ の解

であるから，
$$\alpha^3-2\alpha^2+3\alpha-7=0.$$
$$\alpha^3=2\alpha^2-3\alpha+7.$$

同様に，

$$\beta^3=2\beta^2-3\beta+7.$$
$$\gamma^3=2\gamma^2-3\gamma+7.$$

辺々加えると，
$$\alpha^3+\beta^3+\gamma^3$$
$$=2(\alpha^2+\beta^2+\gamma^2)-3(\alpha+\beta+\gamma)+21$$
$$=2\cdot(-2)-3\cdot2+21$$
$$=\boldsymbol{11}.$$

（(3)の別解終り）

66 ──〈方針〉

3次方程式の解と係数の関係を用いる．

a，b，c が実数のとき，(*) が $p+qi$

(p，q は実数) を解にもつならば，

$p-qi$ も (*) の解である．

a，b は実数なので，3次方程式
$$x^3+ax^2+bx+2a-2=0 \quad \cdots(*)$$
が解 $1+2i$ をもつことから $1-2i$ も (*) の

解である．残りの解を α とすると，解と係

数の関係より，
$$\begin{cases} \alpha+(1+2i)+(1-2i)=-a, \\ \alpha(1+2i)+(1+2i)(1-2i)+(1-2i)\alpha=b, \\ \alpha(1+2i)(1-2i)=-(2a-2). \end{cases}$$

したがって，
$$\begin{cases} \alpha+2=-a, & \cdots① \\ 2\alpha+5=b, & \cdots② \\ 5\alpha=-2a+2. & \cdots③ \end{cases}$$

①，③ より，
$$5\alpha=2(\alpha+2)+2.$$
$$\alpha=2.$$

① より，
$$2+2=-a.$$
$$\boldsymbol{a=-4}.$$

② より，
$$4+5=b.$$
$$\boldsymbol{b=9}.$$

また，他の2つの解は，
$$\boldsymbol{x=1-2i, \ 2}.$$

（別解）

実数係数の 3 次方程式 (*) が $1+2i$ を解にもつことより，$1-2i$ も (*) の解である．

したがって，(*) の左辺
$$x^3+ax^2+bx+2a-2$$
は，
$$\{x-(1+2i)\}\{x-(1-2i)\}$$
$$=x^2-2x+5$$
で割り切れる．

割り算を実行して，
$$x^3+ax^2+bx+2a-2$$
$$=(x^2-2x+5)\{x+(a+2)\}$$
$$+(2a+b-1)x+(-3a-12).$$
この余りが 0 であることから，
$$\begin{cases} 2a+b-1=0, \\ -3a-12=0. \end{cases}$$
これを解いて，
$$a=-4, \quad b=9.$$
このとき，
$$x^3+ax^2+bx+2a-2$$
$$=(x^2-2x+5)(x-2)$$
であるから，他の 2 つの解は，
$$x=1-2i, \ 2.$$

（別解終り）

67 ──〈方針〉

$$\omega^2, \ \omega^3, \ \omega^4, \ \cdots$$
を実際に計算してみる．

(1) $\omega=\dfrac{-1+\sqrt{3}\,i}{2}$ より，

$$\omega^2=\dfrac{1-2\sqrt{3}\,i-3}{4}$$
$$=\dfrac{-1-\sqrt{3}\,i}{2}, \qquad \cdots①$$

$$\omega^3=\omega\omega^2$$
$$=\dfrac{-1+\sqrt{3}\,i}{2}\cdot\dfrac{-1-\sqrt{3}\,i}{2}$$
$$=1. \qquad \cdots②$$
$$\omega^{2005}=(\omega^3)^{668}\cdot\omega$$
$$=\omega \quad （②より）$$
$$=\dfrac{-1+\sqrt{3}\,i}{2}.$$

(2) $\omega=\dfrac{-1+\sqrt{3}\,i}{2}$ と ① より，
$$\omega+1=-\omega^2.$$

よって，
$$\omega^{n+1}+(\omega+1)^{2n-1}$$
$$=\omega^{n+1}+(-\omega^2)^{2n-1}$$
$$=\omega^{n+1}-\omega^{4n-2}$$
$$=\omega^{n+1}-(\omega^3)^n\omega^{n-2}$$
$$=\omega^{n+1}-\omega^{n-2} \quad （②より）$$
$$=(\omega^3-1)\omega^{n-2}$$
$$=0. \quad （②より）$$

(3) $$f(x)=x^{n+1}+(x+1)^{2n-1}$$
とおくと，(2) より
$$f(\omega)=0.$$

$f(x)$ は実数係数の多項式なので，
$$f(\overline{\omega})=0. \qquad 【注】参照$$

よって，$f(x)$ は $(x-\omega)(x-\overline{\omega})$ で割り切れる．

一方，
$$(x-\omega)(x-\overline{\omega})=x^2-(\omega+\overline{\omega})x+\omega\overline{\omega}$$
$$=x^2+x+1$$
$$\left(\omega=\dfrac{-1+\sqrt{3}\,i}{2}, \ \overline{\omega}=\dfrac{-1-\sqrt{3}\,i}{2} \ \text{より}\right)$$
である．

よって，$f(x)$ は x^2+x+1 で割り切れる．

【注】 $\overline{\alpha+\beta}=\overline{\alpha}+\overline{\beta}, \ \overline{\alpha\,\beta}=\overline{\alpha}\,\overline{\beta},$
$$(\overline{\alpha})^m=\overline{\alpha^m}$$
より，
$$f(\overline{\omega})=(\overline{\omega})^{n+1}+(\overline{\omega}+1)^{2n-1}$$
$$=\overline{\omega^{n+1}}+\overline{(\omega+1)^{2n-1}}$$
$$=\overline{\omega^{n+1}+(\omega+1)^{2n-1}}$$
$$=\overline{f(\omega)}$$
$$=\overline{0}$$
$$=0.$$

（注終り）

68

$$\begin{cases} x^2-2ax-b=0, & \cdots① \\ x^3-(2a^2+b)x-4ab=0. & \cdots② \end{cases}$$

①，②の共通解を α とすると，

$$\begin{cases} \alpha^2-2a\alpha-b=0, & \cdots③ \\ \alpha^3-(2a^2+b)\alpha-4ab=0. & \cdots④ \end{cases}$$

③より，

$$\alpha^2=2a\alpha+b. \qquad \cdots⑤$$

⑤を④に用いて，

$$\alpha(2a\alpha+b)-(2a^2+b)\alpha-4ab=0.$$
$$2a\alpha^2-2a^2\alpha-4ab=0.$$

再び⑤を用いて，

$$2a(2a\alpha+b)-2a^2\alpha-4ab=0.$$
$$2a^2\alpha-2ab=0.$$
$$2a(a\alpha-b)=0. \qquad \cdots⑥$$

ここで $a=0$ とすると①，②はそれぞれ

$$x^2-b=0, \quad x^3-bx=0$$

となり，①，②の共通解は $x=\pm\sqrt{b}\ \ (b>0)$ となる．

これは条件に反するから $a\neq0$．

よって⑥より，

$$\alpha=\frac{b}{a}.$$

①の判別式を D とすると，

$$\frac{D}{4}=a^2+b>0$$

だから①は異なる2つの実数解をもつ．

したがって，$\alpha=\dfrac{b}{a}$ が①の重解となることはない．

これを①に代入して，

$$\left(\frac{b}{a}\right)^2-2a\cdot\frac{b}{a}-b=0.$$
$$b^2-3a^2b=0.$$

$b>0$ より，

$$b=3a^2.$$

逆に，このとき①，②は

$$\begin{cases} x^2-2ax-3a^2=0, \\ x^3-5a^2x-12a^3=0 \end{cases}$$

すなわち，

$$\begin{cases} (x-3a)(x+a)=0, \\ (x-3a)(x^2+3ax+4a^2)=0. \end{cases}$$

$a\neq0$ であったから $x=-a$ は $x^2+3ax+4a^2=0$ の解ではないから，確かに①の解のうち $3a$ だけが②の解となっている．

以上により，求める必要十分条件は，

$$b=3a^2 \quad (b>0).$$

共通解は，

$$3a.$$

69 ——〈方針〉

(1), (2)
$$px^4+qx^3+rx^2+qx+p=0,\ \ (p\neq0)$$
$\underbrace{\quad}_{\text{等しい}}$
$\underbrace{\qquad\qquad}_{\text{等しい}}$

のように係数が左右対称になっている4次方程式を4次の相反方程式という．

これは，両辺を x^2（中央の項）で割ると

$$t\left(=x+\frac{1}{x}\right)$$

についての2次方程式となる．

(3) $x+\dfrac{1}{x}=t$ を満たす x と t の対応に注意して，t の2次方程式の議論に帰着させる．

(1) $x^4+2x^3+ax^2+2x+1=0. \quad \cdots(*)$

$x=0$ は $(*)$ の解ではないから，$(*)$ の両辺を x^2 で割ると，

$$x^2+2x+a+\frac{2}{x}+\frac{1}{x^2}=0.$$
$$\left(x^2+\frac{1}{x^2}\right)+2\left(x+\frac{1}{x}\right)+a=0.$$

ここで，$x+\dfrac{1}{x}=t$ より，

$$x^2+\frac{1}{x^2}=\left(x+\frac{1}{x}\right)^2-2$$
$$=t^2-2$$

を用いると,
$$t^2-2+2t+a=0.$$
つまり,
$$t^2+2t+a-2=0. \quad \cdots \text{①}$$

(2) $a=3$ のとき, ① は,
$$t^2+2t+1=0.$$
$$(t+1)^2=0.$$
$$t=-1.$$

$x+\dfrac{1}{x}=t$ で $t=-1$ として,
$$x+\frac{1}{x}=-1.$$
$$x^2+x+1=0.$$

これを解いて,
$$x=\frac{-1\pm\sqrt{3}\,i}{2}.$$

(3)
$$x+\frac{1}{x}=t$$
より,
$$x^2-tx+1=0. \quad \cdots \text{②}$$

x の値を定めると, t の値は $t=x+\dfrac{1}{x}$ により定まる. したがって, 異なる 2 つの t の値に対し, 方程式 ② が共通の解をもつことはない.

また, x の 2 次方程式 ② の判別式を D とすると,
$$D=t^2-4.$$

したがって, ② を満たす異なる実数の個数は t の値によって,
$$\begin{cases} t<-2, \ 2<t \text{ のとき}, & 2, \\ t=\pm 2 \text{ のとき}, & 1, \\ -2<t<2 \text{ のとき}, & 0 \end{cases}$$
となる.

よって, (*) が異なる 4 個の実数解をもつ条件は, t の 2 次方程式 ① が $t<-2$, $2<t$ の範囲に異なる 2 個の実数解をもつことである.

① の左辺を
$$f(t)=t^2+2t+a-2$$
とおく.

$u=f(t)$ のグラフの軸は,
$$t=-1.$$

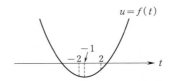

よって, ① が $t<-2$, $2<t$ の範囲に異なる 2 個の実数解をもつ条件は,
$$f(2)<0$$
すなわち,
$$2^2+2\cdot 2+a-2<0.$$

以上により, (*) が異なる 4 個の実数解をもつような a の範囲は,
$$a<-6.$$

70 ——〈方針〉——

(2) 交点の x 座標の差が $1:2$ になることを用いる.

$$C:y=x^3-12x^2+25x-10,$$
$$l:y=mx-10.$$

(1) C と l の共有点の個数は, 方程式
$$x^3-12x^2+25x-10=mx-10 \quad \cdots \text{①}$$
の実数解の個数に一致する. ① より,
$$x^3-12x^2+(25-m)x=0.$$
$$x(x^2-12x+25-m)=0.$$
$$x=0, \ x^2-12x+25-m=0.$$

よって, C と l が異なる 3 点で交わる条件は, 2 次方程式
$$x^2-12x+25-m=0 \quad \cdots \text{②}$$
が $x=0$ 以外の異なる 2 つの実数解をもつことである.

② の判別式を D とすると, この条件は,
$$\frac{D}{4}>0 \text{ かつ } m\neq 25.$$
$$6^2-(25-m)>0 \text{ かつ } m\neq 25.$$
よって,
$$-11<m<25, \quad 25<m. \quad \cdots \text{③}$$

(2)

A，B，C の x 座標をそれぞれ α，β，γ
（$\alpha<\beta<\gamma$）とおくと，AB：BC＝1：2 より，

$$(\beta-\alpha):(\gamma-\beta)=1:2. \quad \cdots ④$$

また，α，β，γ はどれか1つが 0 であり，
残りの2つは②の2解である．

(ア) $\alpha=0$ のとき，$0<\beta<\gamma$.
④ より，

$$\beta:(\gamma-\beta)=1:2.$$
$$\gamma-\beta=2\beta.$$
$$\gamma=3\beta.$$

β，γ は②の2解であるから，解と係数の
関係より，

$$\begin{cases} \beta+3\beta=12, \\ \beta\cdot 3\beta=25-m. \end{cases}$$

よって，

$$(\beta,\ \gamma,\ m)=(3,\ 9,\ -2).$$

これは，$0<\beta<\gamma$ かつ③を満たす．

(イ) $\beta=0$ のとき，$\alpha<0<\gamma$.
④ より，

$$(-\alpha):\gamma=1:2.$$
$$\gamma=-2\alpha.$$

α，γ は②の2解であるから，解と係数の
関係より，

$$\begin{cases} \alpha+(-2\alpha)=12, \\ \alpha\cdot(-2\alpha)=25-m. \end{cases}$$

よって，

$$(\alpha,\ \gamma,\ m)=(-12,\ 24,\ 313).$$

これは，$\alpha<0<\gamma$ かつ③を満たす．

(ウ) $\gamma=0$ のとき，$\alpha<\beta<0$.
④ より，

$$(\beta-\alpha):(-\beta)=1:2.$$
$$-\beta=2(\beta-\alpha).$$
$$\alpha=\frac{3}{2}\beta.$$

α，β は②の2解であるから，解と係数の
関係より，

$$\begin{cases} \dfrac{3}{2}\beta+\beta=12, \\ \dfrac{3}{2}\beta\cdot\beta=25-m. \end{cases}$$

よって，

$$(\alpha,\ \beta)=\left(\frac{36}{5},\ \frac{24}{5}\right).$$

これは，$\alpha<\beta<0$ を満たさない．
以上により，条件を満たす m の値は，

$$\boldsymbol{m=-2,\ 313.}$$

71 ——〈方針〉—

(1) l_1 の方程式 $ax+y=2a+2$ が任意
の実数 a に対して成り立つような x，y
が P の x 座標，y 座標である．
(2) 3直線の交点の有無およびそれぞれ
の傾きに注目する．
(3) P と点 $(1,\ 1)$ を通る直線に注目す
る．

$$l\ :x+y=0. \quad \cdots ①$$
$$l_1:ax+y=2a+2. \quad \cdots ②$$
$$l_2:bx+y=2b+2. \quad \cdots ③$$

(1) $P(X,\ Y)$ とおく．

l_1 が a の値によらない点 P を通る条件
は，a の値によらず等式

$$aX+Y=2a+2 \quad \cdots ④$$

が成り立つことである．

④ を変形して，

$$(X-2)a+(Y-2)=0.$$

よって，

$$\begin{cases} X-2=0, \\ Y-2=0. \end{cases}$$

これを解いて，

$$X=2, \quad Y=2.$$

よって,

$$\mathbf{P(2, 2)}.$$

(2) (1)と同様にして, l_2 も b の値によらない1点 $(2, 2)$ を通ることと, (1)の結果および l が点 $(2, 2)$ を通らないことより, 任意の a, b に対して, 3直線 l, l_1, l_2 が1点で交わることはない.

したがって, l, l_1, l_2 によって三角形がつくられるための条件は,

$$l \not\parallel l_1 \text{ かつ } l_1 \not\parallel l_2 \text{ かつ } l_2 \not\parallel l.$$

l, l_1, l_2 の傾きはそれぞれ -1, $-a$, $-b$ であるから, 求める条件は,

$$-1 \neq -a \text{ かつ } -a \neq -b \text{ かつ } -b \neq -1,$$

すなわち,

$$\boldsymbol{a \neq 1 \text{ かつ } b \neq 1 \text{ かつ } a \neq b.}$$

(3) a, b が(2)の条件を満たすとき, l と l_1 の交点を A, l と l_2 の交点を B とする.

点 $(1, 1)$ と P$(2, 2)$ と l の位置関係に注目すると, 点 $(1, 1)$ が(2)の三角形の内部にあるための条件は, 点 $(1, 1)$ と P$(2, 2)$ を結ぶ直線 $y=x$ に関して, A と B が反対側にあることである.

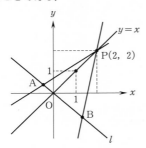

または,

A の x 座標は, ①, ② より,

$$(a-1)x = 2(a+1).$$

$a \neq 1$ であるから,

$$x = \frac{2(a+1)}{a-1}.$$

B の x 座標は, ①, ③ より,

$$(b-1)x = 2(b+1).$$

$b \neq 1$ であるから,

$$x = \frac{2(b+1)}{b-1}.$$

l と直線 $y=x$ の交点は $(0, 0)$ であるから, A と B が直線 $y=x$ に関して反対側にある条件は,

$$\frac{2(a+1)}{a-1} \cdot \frac{2(b+1)}{b-1} < 0.$$

変形して,

$$(a+1)(a-1)(b+1)(b-1) < 0.$$

よって,

$$\begin{cases} -1 < a < 1 \\ b < -1, \ 1 < b \end{cases} \text{ または } \begin{cases} a < -1, \ 1 < a \\ -1 < b < 1. \end{cases}$$

(このとき, (2)の条件は成り立つ.)

これを図示して, 次図の網掛け部分となる.

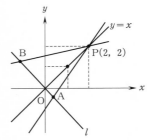

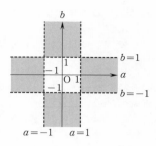

（境界は含まない）

72

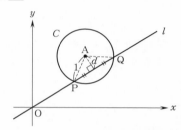

(1) 円 C の中心 $A(2,\ 2)$ と直線 $l:mx-y=0$ の距離を d とする。C と l が異なる 2 点で交わる条件は，

$$(d=)\frac{|2m-2|}{\sqrt{m^2+(-1)^2}}<1.$$

よって，

$$(2m-2)^2<m^2+1.$$
$$3m^2-8m+3<0.$$
$$\frac{4-\sqrt{7}}{3}<m<\frac{4+\sqrt{7}}{3}.$$

(2) 円 C と直線 l の共有点を P，Q とすると，

$$PQ=2\sqrt{1-d^2}$$

であり，

$$\begin{aligned}\triangle APQ&=\frac{1}{2}PQ\cdot d\\&=d\sqrt{1-d^2}\\&=\sqrt{d^2-d^4}\end{aligned}$$

$$=\sqrt{-\left(d^2-\frac{1}{2}\right)^2+\frac{1}{4}}.$$

したがって，$d^2=\dfrac{1}{2}$，つまり，

$$\frac{(2m-2)^2}{m^2+1}=\frac{1}{2}$$

のとき $\triangle APQ$ は最大になる。

このとき，$2(2m-2)^2=m^2+1$ より，

$$7m^2-16m+7=0.$$

よって，

$$m=\frac{8\pm\sqrt{15}}{7}.$$

（これは(1)の不等式を満たす）

73 ──〈方針〉

(1) 円 $x^2+y^2=1$ 上の 2 点 $(x_1,\ y_1)$，$(x_2,\ y_2)$ における接線が点 $\left(\dfrac{1}{2},\ t\right)$ を通る条件を立式してみる。
(2) (1)で求めた l の方程式が t の値によらず成り立つような x，y の値を求める。

(1) $C:x^2+y^2=1$ とし，$A\left(\dfrac{1}{2},\ t\right)$ とする。

$t>1$ より，A は C の外部にあるので，A から C に相異なる 2 本の接線を引くことができる。

A から C に引いた 2 本の接線と C との接点を P，Q とし，P，Q の座標を $P(x_1,\ y_1)$，$Q(x_2,\ y_2)$ とする。

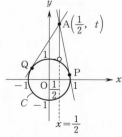

P，Q における C の接線の方程式は，そ

れぞれ,

$$x_1x+y_1y=1, \quad x_2x+y_2y=1$$

となる.

いずれも A を通るから,

$$\frac{1}{2}x_1+ty_1=1 \text{ かつ } \frac{1}{2}x_2+ty_2=1 \quad \cdots ①$$

が成り立つ.

① より, 2 点 P, Q は直線 $\frac{1}{2}x+ty=1$

上にあることがわかる.

異なる 2 点を通る直線は 1 本のみであることも考え合わせると, 直線 PQ の方程式は,

$$\frac{1}{2}x+ty=1 \qquad \cdots ②$$

である.

((1) の別解)

$C : x^2+y^2=1$ とし, $A\left(\frac{1}{2}, \ t\right)$ とする.

$t>1$ より, A は C の外部にあるので, A から C に相異なる 2 本の接線を引くことができる.

A から C に引いた 2 本の接線と C との接点を P, Q とする.

$\angle OPA=90°$, $\angle OQA=90°$ であるから, 2 点 P, Q は線分 OA を直径とする円周（K とする）上にある.

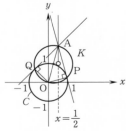

K の中心は線分 OA の中点 $\left(\frac{1}{4}, \frac{t}{2}\right)$, 半径は $\frac{1}{2}OA=\frac{1}{2}\sqrt{\frac{1}{4}+t^2}$ であるから,

$$K : \left(x-\frac{1}{4}\right)^2+\left(y-\frac{t}{2}\right)^2=\frac{1}{4}\left(\frac{1}{4}+t^2\right).$$

2 点 P, Q はいずれも C と K との交点

であるから, P, Q の座標は C, K の方程式の解である.

したがって, P, Q は C, K の方程式から導かれる

$$\frac{1}{2}x+ty=1$$

が表す直線上にある.

異なる 2 点を通る直線は 1 本のみであることも考え合わせると, 直線 PQ の方程式は,

$$\frac{1}{2}x+ty=1.$$

((1) の別解終り)

(2) 求める点の座標を $(X, \ Y)$ とすると, ② より,

$$\frac{1}{2}X+tY=1.$$

これが t の値によらず成り立つ条件は,

$$Yt+\frac{1}{2}X-1=0$$

より,

$$Y=0 \text{ かつ } \frac{1}{2}X-1=0.$$

これより,

$$X=2, \quad Y=0.$$

よって, 求める点の座標は,

$$(2, \ 0).$$

74 ──〈方針〉──

(1) 2 円の中心間の距離を d, 半径を r_1, r_2 とするとき, 2 円が共有点をもたない条件は,

$$d<|r_1-r_2| \text{ または } r_1+r_2<d.$$

(2) 円 : $x^2+y^2=r^2$ 上の点 $(x_1, \ y_1)$ における接線の方程式は

$$x_1x+y_1y=r^2.$$

(3) C_2 が l と接する条件は, C_2 の中心と l との距離が C_2 の半径に等しいことである.

(4) C_1, C_2 がいずれも x 軸に関して対称であることに注目する.

$$C_1 : x^2 + y^2 = 1.$$
$$C_2 : (x-a)^2 + y^2 = \frac{1}{4}.$$

C_1, C_2 の中心を $O_1(0, 0)$, $O_2(a, 0)$,
C_1, C_2 の半径を $r_1 = 1$, $r_2 = \frac{1}{2}$
とする.

(1)

または,

C_1 と C_2 が共有点をもたない条件は,
$O_1O_2 < |r_1 - r_2|$ または, $r_1 + r_2 < O_1O_2$.
$O_1O_2 = |a|$, $|r_1 - r_2| = \frac{1}{2}$, $r_1 + r_2 = \frac{3}{2}$ で
あるから,
$$|a| < \frac{1}{2} \text{ または } \frac{3}{2} < |a|.$$

よって,
$$a < -\frac{3}{2}, \quad -\frac{1}{2} < a < \frac{1}{2}, \quad \frac{3}{2} < a.$$

(2)

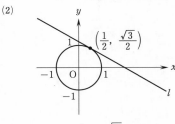

$$l : \frac{1}{2}x + \frac{\sqrt{3}}{2}y = 1,$$

整理して,
$$l : x + \sqrt{3}\,y = 2.$$

(3) O_2 と l との距離を d とすると,
$$d = \frac{|a-2|}{\sqrt{1+3}}$$

$$= \frac{|a-2|}{2}$$
であり, C_2 と l が接する条件は
$$d = r_2.$$

よって,
$$\frac{|a-2|}{2} = \frac{1}{2}.$$

これより,
$$a - 2 = \pm 1.$$

すなわち,
$$a = 1, \ 3.$$

(1)で求めた範囲にあるものは,
$$\boldsymbol{a = 3.}$$

(4) $a = 3$ のとき, C_1, C_2 は次図のようにな
り, 求める直線は 4 本ある.

C_1 と C_2 がそれぞれ x 軸に関して対称で
あり, $r_1 : r_2 = 2 : 1$ であることに注目する
と, 4 本の直線のうち 2 本は線分 O_1O_2 を
$2 : 1$ に内分する点 $A(2, 0)$ を通り, 残りの
2 本は線分 O_1O_2 を $2 : 1$ に外分する点
$B(6, 0)$ を通ることがわかる.

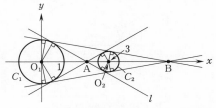

(ア) A を通る直線は, (2)の l と, x 軸に関
して l と対称な直線 $x - \sqrt{3}\,y - 2 = 0$ である.

(イ)

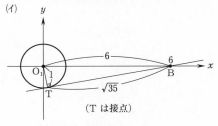

(T は接点)

B を通る直線は, 傾きが
$$\frac{OT}{BT} = \frac{1}{\sqrt{36-1}} = \frac{1}{\sqrt{35}} \text{ であるものと, } x \text{ 軸に}$$

関してその直線と対称な直線であり，
$$y=\pm\frac{1}{\sqrt{35}}(x-6), \quad \text{すなわち,}$$
$$x\pm\sqrt{35}\,y=6.$$
(ア), (イ) より，求める直線は，
$$\boldsymbol{x\pm\sqrt{3}\,y=2, \quad x\pm\sqrt{35}\,y=6.}$$

75 ──〈方針〉──

円と直線が接するための必要十分条件
は，「円の中心から直線までの距離が円
の半径に一致すること」である．

2つの円が外接するための必要十分条
件は，「中心間の距離が半径の和に等し
いこと」である．

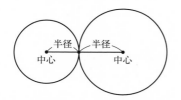

円 $C_1 : x^2+(y-2)^2=9$
の中心は点 $A_1(0, 2)$，半径は 3.
　　　　円 $C_2 : (x-4)^2+(y+4)^2=1$
の中心は点 $A_2(4, -4)$，半径は 1.
　点 $P(p, q)$ を中心とし，半径が $r\ (>0)$
の円 C が C_1 と C_2 に外接し，直線 $x=6$ に
も接するとする．

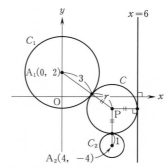

C と直線 $x=6$ が接するので
$$r=|p-6|.$$
　さらに C が C_1，C_2 と外接するには，
$p<6$ が必要となり
$$r=6-p. \qquad \cdots\text{①}$$
　C と C_1 が外接するので
$$A_1P=r+3=9-p. \quad (\text{① より})$$
したがって，
$$A_1P^2=(9-p)^2.$$
一方，
$$A_1P^2=p^2+(q-2)^2.$$
よって，
$$p^2+(q-2)^2=(9-p)^2$$
より，
$$18p+q^2-4q=77. \qquad \cdots\text{②}$$
また，C と C_2 が外接するので
$$A_2P=r+1=7-p. \quad (\text{① より})$$
したがって，
$$A_2P^2=(7-p)^2.$$
一方，
$$A_2P^2=(p-4)^2+(q+4)^2.$$
よって，
$$(p-4)^2+(q+4)^2=(7-p)^2$$
より，
$$6p+q^2+8q=17. \qquad \cdots\text{③}$$
②$-$③ より，
$$12p-12q=60.$$
よって，
$$p=q+5.$$

③ に代入して
$$6(q+5)+q^2+8q=17.$$
$$q^2+14q+13=(q+1)(q+13)=0.$$
$$q=-1, \quad -13.$$
よって，
$$(p, q, r)=(4, -1, 2), (-8, -13, 14).$$
以上により，求める円は，**中心が $(4, -1)$ で半径が 2，または中心が $(-8, -13)$ で半径が 14 の円**であり，その方程式は
$$(x-4)^2+(y+1)^2=4,$$
または
$$(x+8)^2+(y+13)^2=196.$$

76 ──〈方針〉──

(3)(iii) a の値の範囲で場合分けをする.

(1) $\begin{cases} 3x+2y=22, & \cdots① \\ x+4y=24. & \cdots② \end{cases}$

①×2−② として，
$$5x=20.$$
これより，
$$x=4, \quad y=5.$$
よって，交点の座標は，
$$(4, 5).$$

(2) $3x+2y\leqq22$，すなわち $y\leqq-\dfrac{3}{2}x+11.$

$x+4y\leqq24$，すなわち $y\leqq-\dfrac{1}{4}x+6.$

領域 D は次図の網掛け部分（境界を含む）である.

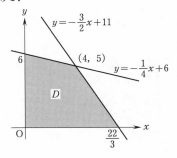

(3)(i)

$x+y=k$ すなわち $y=-x+k$ …③

とおいて，領域 D とこの直線が共有点をもつような定数 k の最大値を求めればよい.

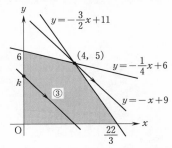

上図より，③ が点 $(4, 5)$ を通るときに k は最大値 9 をとる.

すなわち，$x+y$ の最大値は **9** であり，
$$(x, y)=(4, 5).$$

(ii)

$2x+y=k$ すなわち $y=-2x+k$ …④

とおいて，領域 D とこの直線が共有点をもつような定数 k の最大値を求めればよい.

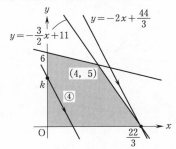

上図より，④ が点 $\left(\dfrac{22}{3}, 0\right)$ を通るときに k は最大値 $\dfrac{44}{3}$ をとる.

すなわち，$2x+y$ の最大値は $\dfrac{44}{3}$ であり，
$$(x, y)=\left(\dfrac{22}{3}, 0\right).$$

(iii) 正の数 a について

$l:ax+y=k$ すなわち $l:y=-ax+k$ とおいて，領域 D と l が共有点をもつような定数 k の最大値を求めればよい．

(ア) $-a<-\dfrac{3}{2}$，すなわち $a>\dfrac{3}{2}$ のとき．

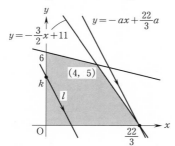

上図より，l が点 $\left(\dfrac{22}{3},\ 0\right)$ を通るときに

k は最大値 $\dfrac{22}{3}a$ をとる．

(イ) $-\dfrac{3}{2}\leqq -a<-\dfrac{1}{4}$，すなわち $\dfrac{1}{4}<a\leqq\dfrac{3}{2}$ のとき．

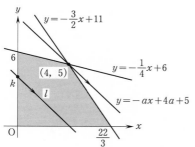

上図より，l が点 $(4,\ 5)$ を通るときに k は最大値 $4a+5$ をとる．

(ウ) $-\dfrac{1}{4}\leqq -a<0$，すなわち $0<a\leqq\dfrac{1}{4}$ のとき．

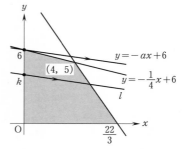

上図より，l が点 $(0,\ 6)$ を通るときに k は最大値 6 をとる．

以上により，$ax+y$ の最大値は，

$$
\begin{cases}
\dfrac{22}{3}a & \left(a>\dfrac{3}{2}\ \text{のとき}\right), \\[2mm]
4a+5 & \left(\dfrac{1}{4}<a\leqq\dfrac{3}{2}\ \text{のとき}\right), \\[2mm]
6 & \left(0<a\leqq\dfrac{1}{4}\ \text{のとき}\right).
\end{cases}
$$

77 ──〈方針〉──

(1) 重心 G の軌跡を求めるには，P の座標を $(p,\ q)$ とおいて，G の座標を p，q で表す．

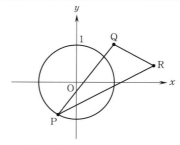

(1) 点 $P(p,\ q)$ とし，△PQR の重心を $G(X,\ Y)$ とする．このとき，

$$X=\frac{1}{3}(p+1+2)=\frac{1}{3}(p+3),$$

$$Y=\frac{1}{3}\left(q+1+\frac{1}{2}\right)=\frac{1}{3}\left(q+\frac{3}{2}\right). \qquad \cdots ①$$

よって，

$$p=3X-3, \quad q=3Y-\frac{3}{2}.$$

点 P は円 $x^2+y^2=1$ の周上を動くので，$p^2+q^2=1$ を満たすから，

$$(3X-3)^2+\left(3Y-\frac{3}{2}\right)^2=1.$$

両辺を 9 で割って，

$$(X-1)^2+\left(Y-\frac{1}{2}\right)^2=\frac{1}{9}.$$

よって，G の軌跡は

$$円：(\boldsymbol{x-1})^2+\left(\boldsymbol{y}-\frac{1}{2}\right)^2=\frac{1}{9}.$$

(2) ① を用いて，

$$\begin{aligned}
PG^2&=(X-p)^2+(Y-q)^2\\
&=\left\{\frac{1}{3}(-2p+3)\right\}^2+\left\{\frac{1}{3}\left(-2q+\frac{3}{2}\right)\right\}^2\\
&=\frac{4}{9}(p^2+q^2)-\left(\frac{4}{3}p+\frac{2}{3}q\right)+\frac{5}{4}.
\end{aligned}$$

$p^2+q^2=1$ であるから，

$$\begin{aligned}
PG^2&=\frac{4}{9}-\left(\frac{4}{3}p+\frac{2}{3}q\right)+\frac{5}{4}\\
&=-\frac{2}{3}(2p+q)+\frac{61}{36}.
\end{aligned}$$

したがって，$2p+q$ が最大となるときに線分 PG の長さは最小になる．

$p^2+q^2=1$ より，

$$p=\cos\theta, \quad q=\sin\theta$$

と表され，

$$\begin{aligned}
2p+q&=2\cos\theta+\sin\theta\\
&=\sqrt{5}\sin(\theta+a).
\end{aligned}$$

$$\left(ただし，\cos\alpha=\frac{1}{\sqrt{5}}, \sin\alpha=\frac{2}{\sqrt{5}}\right)$$

よって，$\theta+\alpha=\frac{\pi}{2}$ のときに $2p+q$ は最大となり，このとき，

$$p=\cos\left(\frac{\pi}{2}-\alpha\right)=\sin\alpha=\frac{2}{\sqrt{5}},$$

$$q=\sin\left(\frac{\pi}{2}-\alpha\right)=\cos\alpha=\frac{1}{\sqrt{5}}.$$

以上により，求める P の座標は，

$$\boldsymbol{P\left(\frac{2}{\sqrt{5}}, \frac{1}{\sqrt{5}}\right)}.$$

((2) の別解)

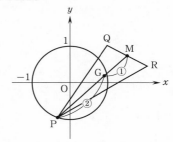

QR の中点を M とすると，

$$M\left(\frac{1+2}{2}, \frac{1+\frac{1}{2}}{2}\right)=\left(\frac{3}{2}, \frac{3}{4}\right).$$

三角形の重心の性質より PG：GM$=2：1$ であるから，

$$PG=\frac{2}{3}PM.$$

したがって，PG が最小になるのは，PM が最小になるときであり，それは

$$線分 OM：y=\frac{1}{2}x \quad \left(0\leqq x\leqq\frac{3}{2}\right)$$

と円 $x^2+y^2=1$ の交点に P が一致するときである．

したがって，$P\left(\dfrac{2}{\sqrt{5}}, \dfrac{1}{\sqrt{5}}\right)$ のときに PG は最小である．

((2) の別解終り)

(3) 点 $P(\cos\theta, \sin\theta)$ と表すことができる．

$$直線 QR：y=-\frac{1}{2}x+\frac{3}{2}$$

$$(\Longleftrightarrow x+2y-3=0)$$

と P との距離 h は，

$$\begin{aligned}
h&=\frac{|\cos\theta+2\sin\theta-3|}{\sqrt{1^2+2^2}}\\
&=\frac{|\sqrt{5}\sin(\theta+\beta)-3|}{\sqrt{5}}
\end{aligned}$$

$$\left(ただし，\cos\beta=\frac{2}{\sqrt{5}}, \sin\beta=\frac{1}{\sqrt{5}}\right)$$

$$=\frac{3-\sqrt{5}\sin(\theta+\beta)}{\sqrt{5}}.$$

$(\sqrt{5}\sin(\theta+\beta)\leqq\sqrt{5}<3$ より$)$

これより，$\triangle$PQR の面積 S は，

$$S=\frac{1}{2}\mathrm{QR}\cdot h$$
$$=\frac{1}{2}\cdot\frac{\sqrt{5}}{2}\cdot\frac{3-\sqrt{5}\sin(\theta+\beta)}{\sqrt{5}}$$
$$=\frac{1}{4}\{3-\sqrt{5}\sin(\theta+\beta)\}.$$

これは，$\theta+\beta=\dfrac{\pi}{2}$ のときに最小となり，最小値は，

$$\frac{3-\sqrt{5}}{4}.$$

((3) の別解)

原点 O と

直線 QR：$x+2y-3=0$

との距離 d は，

$$d=\frac{|-3|}{\sqrt{1^2+2^2}}=\frac{3}{\sqrt{5}}.$$

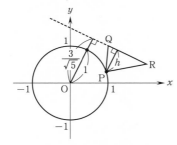

P から直線 QR までの距離 h の最小値は，上図より，

$$d-(半径)=\frac{3}{\sqrt{5}}-1.$$

よって，$\triangle$PQR の面積の最小値は，

$$\frac{1}{2}\mathrm{QR}\cdot(h\ の最小値)=\frac{1}{2}\cdot\frac{\sqrt{5}}{2}\left(\frac{3}{\sqrt{5}}-1\right)$$
$$=\frac{3-\sqrt{5}}{4}.$$

((3) の別解終り)

78 ──〈方針〉

(2) 軌跡を求めるには，l と C の交点の媒介変数表示を利用する．

(1) $\qquad l:y=k(x+1),\ C:y=x^2.$

l と C の共有点の x 座標は

$$x^2-kx-k=0 \qquad \cdots①$$

の実数解である．

l と C が異なる 2 点で交わるのは，① が異なる実数解をもつときであるから，（判別式）>0 より，

$$k^2+4k=k(k+4)>0.$$

よって，

$$k<-4,\ k>0. \qquad \cdots②$$

(2) k が② の範囲を動くとき，① の解を α，β とすると，解の係数の関係より，

$$\alpha+\beta=k. \qquad \cdots③$$

l と C の 2 交点は

$$\mathrm{P}(\alpha,\ k(\alpha+1)),\ \mathrm{Q}(\beta,\ k(\beta+1))$$

と表され，その中点を $\mathrm{M}(X,\ Y)$ とおくと

$$X=\frac{\alpha+\beta}{2}=\frac{k}{2}. \qquad \cdots④$$

（③ を用いた）

P，Q が l 上にあるので，その中点 M も l 上にある．

よって，

$$Y=k(X+1). \qquad \cdots⑤$$

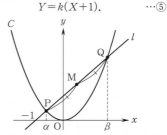

②，④，⑤ で定まる点 $(X,\ Y)$ の軌跡を求めればよい．

④ より，

$$k=2X.$$

⑤ に代入して

$$Y = 2X(X+1).$$

②, ④ より,

$$X < -2, \quad X > 0.$$

以上により, 点 M の軌跡は

$$y = 2x(x+1) \quad (x < -2, \ x > 0).$$

図示すると, 次図の放物線の実線部分になる. ただし, 2点 $(-2, 4)$, $(0, 0)$ は除く.

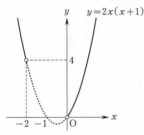

79 ──〈方針〉──

(1), (2) $Q(X, Y)$ $(X < 0)$ とおき, (ii), (iii) の条件を X, Y で表す.

(3) s, t を X, Y で表し, $s + t = 1$, $0 < s < 1$ を X, Y で表す.

$Q(X, Y)$ とおく.

(i) より, $X < 0$.

(1) 直線 OP : $y = 2x$, 直線 OQ : $y = \dfrac{Y}{X}x$

より, (ii) OP⊥OQ となる条件は,

$$2 \cdot \frac{Y}{X} = -1.$$

よって,

$$X = -2Y. \qquad \cdots ①$$

また,

$$\begin{cases} OP = \sqrt{1^2 + 2^2} = \sqrt{5}, \\ OQ = \sqrt{X^2 + Y^2} \end{cases}$$

であるから, (iii) OP·OQ=1 となる条件は,

$$\sqrt{5}\sqrt{X^2 + Y^2} = 1.$$

よって,

$$5(X^2 + Y^2) = 1. \qquad \cdots ②$$

①, ② より,

$$5\{(-2Y)^2 + Y^2\} = 1.$$

これより,

$$Y = \pm\frac{1}{5}.$$

これと ① と $X < 0$ より, 求める Q の座標は,

$$\boxed{\left(-\frac{2}{5}, \ \frac{1}{5}\right)}.$$

(2) P は第1象限の点であるから,

$$s > 0, \quad t > 0.$$

$$直線 OP : y = \frac{t}{s}x,$$

$$直線 OQ : y = \frac{Y}{X}x$$

より, (ii) OP⊥OQ となる条件は,

$$\frac{t}{s} \cdot \frac{Y}{X} = -1.$$

よって,

$$sX + tY = 0. \qquad \cdots ③$$

また,

$$\begin{cases} OP = \sqrt{s^2 + t^2}, \\ OQ = \sqrt{X^2 + Y^2} \end{cases}$$

であるから, (iii) OP·OQ=1 となる条件は,

$$\sqrt{s^2 + t^2}\sqrt{X^2 + Y^2} = 1.$$

よって,

$$(s^2 + t^2)(X^2 + Y^2) = 1. \qquad \cdots ④$$

③ で $t > 0$ に注意すると,

$$Y = -\frac{s}{t}X.$$

これと ④ より,

$$(s^2 + t^2)\left\{X^2 + \left(-\frac{s}{t}X\right)^2\right\} = 1.$$

整理すると,

$$X = \pm\frac{t}{s^2 + t^2}.$$

$t > 0$, $X < 0$ であるから,

$$X = -\frac{t}{s^2 + t^2}. \qquad \cdots ⑤$$

これと ③ より,

$$Y = \frac{s}{s^2 + t^2}. \qquad \cdots ⑥$$

よって，求める Q の座標は，

$$\boxed{\left(-\frac{t}{s^2+t^2},\ \frac{s}{s^2+t^2}\right)}.$$

(3)　④ より

$$s^2+t^2=\frac{1}{X^2+Y^2}. \qquad \cdots⑦$$

⑤ より，$t=-X(s^2+t^2)$.

ここに，⑦ を代入して，

$$t=-X(s^2+t^2)=-\frac{X}{X^2+Y^2}.$$

同様に，⑥ より，$s=Y(s^2+t^2)$.

ここに，⑦ を代入して，

$$s=Y(s^2+t^2)=\frac{Y}{X^2+Y^2}.$$

$$t=-\frac{X}{X^2+Y^2},\quad s=\frac{Y}{X^2+Y^2}$$

であるから，s, t が

$$s+t=1,\quad 0<s<1$$

を満たす条件は，

$$\begin{cases}\dfrac{Y}{X^2+Y^2}-\dfrac{X}{X^2+Y^2}=1,\\[2mm]0<\dfrac{Y}{X^2+Y^2}<1.\end{cases}$$

$X^2+Y^2>0$ であることに注意して整理すると，

$$\begin{cases}\left(X+\dfrac{1}{2}\right)^2+\left(Y-\dfrac{1}{2}\right)^2=\dfrac{1}{2},\\[2mm]X^2+\left(Y-\dfrac{1}{2}\right)^2>\dfrac{1}{4},\\[2mm]Y>0.\end{cases}$$

$\left(X+\dfrac{1}{2}\right)^2+\left(Y-\dfrac{1}{2}\right)^2=\dfrac{1}{2}$ と

$X^2+\left(Y-\dfrac{1}{2}\right)^2=\dfrac{1}{4}$ を連立して解くと，

$$(X,\ Y)=(0,\ 0),\ (0,\ 1)$$

であることと，$X<0$ より，Q は中心

$\boxed{\left(-\dfrac{1}{2},\ \dfrac{1}{2}\right)}$，半径 $\boxed{\dfrac{\sqrt{2}}{2}}$ の円周上の一部

$$\begin{cases}\left(x+\dfrac{1}{2}\right)^2+\left(y-\dfrac{1}{2}\right)^2=\dfrac{1}{2},\\[2mm]x^2+\left(y-\dfrac{1}{2}\right)^2>\dfrac{1}{4},\\[2mm]y>0\end{cases}$$

を動く．

この Q の軌跡を図示すると次図の実線部分である．ただし，2 点 $(-1,\ 0)$, $(0,\ 1)$ は除く．

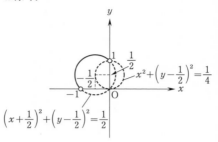

80 ──〈方針〉

(2), (3) 線分 AB の垂直二等分線の方程式を a に関する方程式とみて，各設問で与えられた範囲に解が存在する条件を考える．

(1)　2 点 A，B から等距離にある点を P$(X,\ Y)$ とおくと，AP＝BP より，

$$(X-a)^2+Y^2=(X-3)^2+(Y-1)^2.$$

$$-2aX+a^2=-6X-2Y+10.$$

$$Y=(a-3)X-\frac{1}{2}a^2+5.$$

よって，点 P の軌跡を表す方程式は，

$$y=(a-3)x-\frac{1}{2}a^2+5.$$

(2)　l 上の点は，2 点 A，B から等距離にある点であるから，(1) より，l の方程式は，

$$y=(a-3)x-\frac{1}{2}a^2+5. \qquad \cdots①$$

a が実数全体を動くとき直線 l が通る点 $(x,\ y)$ の全体は，① を満たす実数 a が存在するような $(x,\ y)$ の全体である．

① を a の方程式とみなして整理すると，

$$a^2-2xa+2y+6x-10=0. \qquad \cdots②$$

$$\begin{aligned}f(a)&=a^2-2xa+2y+6x-10\\&=(a-x)^2+2y-x^2+6x-10\end{aligned}$$

とおくと，②を満たす実数 a が存在するような (x, y) の条件は，

$$2y-x^2+6x-10\leqq0.$$
$$y\leqq\frac{1}{2}(x-3)^2+\frac{1}{2}.$$

よって，求める点 (x, y) の全体は，次図の網掛け部分になる．

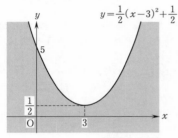

（境界を含む）

【注】 ②の判別式を D として，

$$\frac{D}{4}=x^2-(2y+6x-10)\geqq0$$

として求めてもよい．

（注終り）

(3) (2)と同様に考えると，$a\geqq0$ の範囲に②を満たす a が存在するような (x, y) の条件を求めればよい．

(i) $x\geqq0$ のとき．

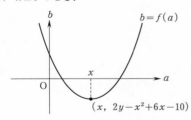

求める条件は，

$$f(x)=2y-x^2+6x-10\leqq0.$$
$$y\leqq\frac{1}{2}(x-3)^2+\frac{1}{2}.$$

(ii) $x<0$ のとき．

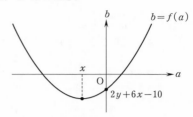

求める条件は，

$$f(0)=2y+6x-10\leqq0.$$
$$y\leqq-3x+5.$$

(i), (ii)より，求める点 (x, y) の全体は，次図の網掛け部分になる．

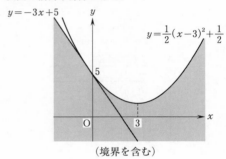

（境界を含む）

81

(1) $P(X, Y)$ とおくと，

$$\begin{cases} mX-Y+1=0, & \cdots① \\ X+mY-m-2=0 & \cdots② \end{cases}$$

が成り立つ．

P の軌跡は①，②を満たす実数 m が存在するような X, Y の条件として求められる．

(i) $X=0$ のとき．

①は，

$$m\cdot0-Y+1=0$$

となるから，

$$(X, Y)=(0, 1).$$

これを②に代入すると，

$$0+m\cdot 1-m-2=0$$

より，

$$0\cdot m-2=0$$

となり，この式を満たす実数 m は存在しない．

よって，$X\neq 0$ である．

(ii) $X\neq 0$ のとき．

① は，

$$m=\frac{Y-1}{X} \qquad \cdots ③$$

であるから，② に代入して m を消去すると，

$$X+\frac{Y-1}{X}\cdot Y-\frac{Y-1}{X}-2=0.$$
$$X^2+(Y-1)Y-(Y-1)-2X=0.$$
$$X^2+Y^2-2X-2Y+1=0.$$
$$(X-1)^2+(Y-1)^2=1.$$

以上より，点 P の軌跡は，

$$円：\boxed{(x-1)^2+(y-1)^2=1}.$$

ただし，点 $(0,\ 1)$ を除く．

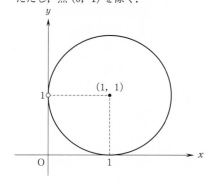

((1) の別解)

2 直線

$$\begin{cases} mx-y+1=0, & \cdots ④ \\ x+my-m-2=0 & \cdots ⑤ \end{cases}$$

を m について整理すると，

④ は $xm-y+1=0$,

⑤ は $(y-1)m+x-2=0$

となる．

よって，$(x,\ y)=(0,\ 1)$ は m の値にかかわらず ④ を満たすから，④ は定点 $(0,\ 1)$ を通る．

また，$(x,\ y)=(2,\ 1)$ は m の値にかかわらず ⑤ を満たすから，⑤ は定点 $(2,\ 1)$ を通る．

さらに，2 直線 ④ と ⑤ について，

$$m\cdot 1+(-1)\cdot m=0$$

であるから，④ と ⑤ は直交する．

よって，円周角の定理から 2 直線の交点 P は 2 点 $(0,\ 1)$, $(2,\ 1)$ を直径の両端とする円周上にある．

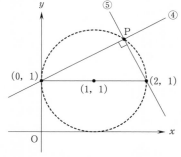

さらに，⑤ の傾きが 0 でないことに注意すると，P は次図の円周上（白丸を除く）を動く．

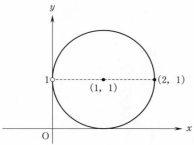

よって，点 P の軌跡は，

円：$\boxed{(x-1)^2+(y-1)^2=1}$．

ただし，点 $(0,\ 1)$ を除く．

((1)の別解終り)

【注】 2直線

$$ax+by+c=0 \ \ \text{と} \ \ a'x+b'y+c'=0$$

が直交する条件は，

$$aa'+bb'=0$$

である．

(注終り)

(2) (1)より，$P(X,\ Y)$ に対し $X>0$ である．

③ より $\dfrac{1}{\sqrt{3}}\le m\le 1$ のときに P の満たすべき条件は，

$$\frac{1}{\sqrt{3}}\le\frac{Y-1}{X}\le 1.$$

$X>0$ に注意して，

$$\frac{1}{\sqrt{3}}X+1\le Y\le X+1.$$

よって，$\dfrac{1}{\sqrt{3}}\le m\le 1$ のとき，P が描く図形は次図の太線部分である．

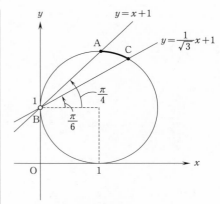

弧 AC の円周角 $\angle\mathrm{ABC}$ は，

$$\angle\mathrm{ABC}=\frac{\pi}{4}-\frac{\pi}{6}=\frac{\pi}{12}$$

であるから中心角は $\dfrac{\pi}{6}$ である．

よって，P の描く図形すなわち弧 AC の長さは，

$$1\cdot\frac{\pi}{6}=\boxed{\frac{\pi}{6}}.$$

82

(1) $$x+y=s,\quad xy=t$$

のとき，$x,\ y$ は u の2次方程式

$$u^2-su+t=0 \qquad\cdots(*)$$

の2解である．

$x,\ y$ が実数となるのは，$(*)$ が2実解をもつときであり，この条件は，$(*)$ の判別式を D として，

$$D=s^2-4t\ge 0.$$

よって，求める点 $(s,\ t)$ の存在範囲は，

$$t\le\frac{s^2}{4}$$

であり，次図の網掛け部分になる．

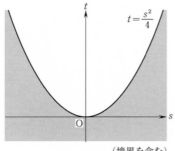

（境界を含む）

(2) (i) $(x-y)^2+x^2y^2=4$ より，

$$(x+y)^2-4xy+(xy)^2-4=0.$$
$$s^2-4t+t^2-4=0.$$
$$s^2+(t-2)^2=8.$$

(1)の結果にも注意して，点 (s, t) の描く図形は，次図のようになる．

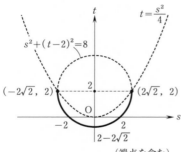

（端点を含む）

(ii) $(1-x)(1-y)=k$ とおくと，

$$1-(x+y)+xy=k.$$
$$1-s+t=k.$$
$$t=s+k-1. \qquad \cdots\text{①}$$

①は，st 平面上で，傾き 1，t 切片 $k-1$ の直線を表す．

st 平面上で，直線① と (i) の図形が共有点をもつような k の値の範囲を求めればよい．

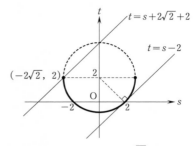

図より，直線① が点 $(-2\sqrt{2}, 2)$ を通るとき，k は最大となり，このとき，

$$k=3+2\sqrt{2}.$$

また，直線① が点 $(2, 0)$ を通るとき，k は最小となり，このとき，

$$k=-1.$$

したがって，求める k の値の範囲は，

$$-1 \le k \le 3+2\sqrt{2}.$$

よって，

$$\boldsymbol{-1 \le (1-x)(1-y) \le 3+2\sqrt{2}}.$$

$\boldsymbol{83}$ ——〈方針〉

加法定理を繰り返し用いる．

(1) $\sin 3\theta = \sin 2\theta \cos\theta + \cos 2\theta \sin\theta$
$\qquad = 2\sin\theta\cos^2\theta + (1-2\sin^2\theta)\sin\theta$
$\qquad = 2\sin\theta(1-\sin^2\theta)+(1-2\sin^2\theta)\sin\theta$
$\qquad = \boldsymbol{3\sin\theta - 4\sin^3\theta}.$

(2) $\dfrac{\pi}{5}=\theta$ とおくと，

$$\sin 2\theta = \sin 3\theta$$

より，

$$2\sin\theta\cos\theta = 3\sin\theta - 4\sin^3\theta.$$

$\sin\theta \ne 0$ であるから，

$$2\cos\theta = 3-4\sin^2\theta.$$
$$4\cos^2\theta - 2\cos\theta - 1 = 0.$$

$\cos\theta > 0$ であるから，

$$\cos\theta = \cos\frac{\pi}{5} = \frac{1+\sqrt{5}}{4}.$$

また，

$$\sin\frac{\pi}{5} = \sqrt{1-\cos^2\frac{\pi}{5}}$$

$$= \sqrt{1 - \left(\frac{1+\sqrt{5}}{4}\right)^2}$$

$$= \frac{\sqrt{10-2\sqrt{5}}}{4}.$$

(3) $\sin\dfrac{4\pi}{5} = \sin\left(\pi - \dfrac{\pi}{5}\right) = \sin\dfrac{\pi}{5}$,

$\sin\dfrac{3\pi}{5} = \sin\dfrac{2\pi}{5} = 2\sin\dfrac{\pi}{5}\cos\dfrac{\pi}{5}$

であるから,

$$\sin\frac{\pi}{5}\sin\frac{2\pi}{5}\sin\frac{3\pi}{5}\sin\frac{4\pi}{5}$$

$$= 4\sin^4\frac{\pi}{5}\cos^2\frac{\pi}{5}$$

$$= 4\left(\sin^2\frac{\pi}{5}\cos\frac{\pi}{5}\right)^2$$

$$= 4\left(\frac{5-\sqrt{5}}{8}\cdot\frac{1+\sqrt{5}}{4}\right)^2$$

$$= \frac{5}{16}.$$

84 ──〈方針〉──

(1) AB を底辺と考えると, 高さが最大になるときに面積が最大になる.

(2) △BPC は, $\angle\mathrm{BPC} = \dfrac{\pi}{2}$ の直角三角形であることに注目する.

(3) △ABP の3つの内角は θ を用いて表すことができる. 外接円の半径が R であるから, 3辺の長さは R と θ を用いて表すことができる.

(1) $\triangle\mathrm{ABP} = \dfrac{1}{2}\mathrm{AB}\cdot(\mathrm{P}\text{ と直線 AB の距離})$.

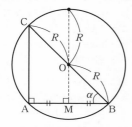

ここで, $\angle\mathrm{A} = \dfrac{\pi}{2}$ より辺 BC は外接円の

直径なので,

$$\mathrm{AB} = \mathrm{BC}\cos\alpha$$
$$= 2R\cos\alpha$$

であり, 辺 AB の中点を M, 外接円の中心を O とすると,

(P と直線 AB の距離の最大値)
$$= R + \mathrm{OM}$$
$$= R + \mathrm{OB}\sin\alpha$$
$$= R + R\sin\alpha$$
$$= R(1+\sin\alpha).$$

したがって, △ABP の面積の最大値は,

$$\frac{1}{2}\cdot 2R\cos\alpha\cdot R(1+\sin\alpha)$$

$$= R^2(1+\sin\alpha)\cos\alpha.$$

(2)

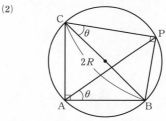

辺 BC は直径なので,

$$\angle\mathrm{BPC} = \frac{\pi}{2}.$$

また,

$$\angle\mathrm{BCP} = \angle\mathrm{BAP}$$
$$= \theta$$

であるから,

$$\triangle\mathrm{BPC} = \frac{1}{2}\mathrm{PB}\cdot\mathrm{PC}$$

$$= \frac{1}{2}\cdot 2R\sin\theta\cdot 2R\cos\theta$$

$$= 2R^2\sin\theta\cos\theta.$$

(3)

$\angle APB = \angle ACB$
$\qquad = \pi - \angle CAB - \angle ABC$
$\qquad = \pi - \dfrac{\pi}{2} - \dfrac{\pi}{3}$
$\qquad = \dfrac{\pi}{6},$
$\angle ABP = \pi - \angle PAB - \angle APB$
$\qquad = \pi - \theta - \dfrac{\pi}{6}$
$\qquad = \dfrac{5}{6}\pi - \theta.$

したがって，正弦定理から
$$\frac{AB}{\sin \angle APB} = \frac{AP}{\sin \angle ABP} = 2R$$
より，
$AB = 2R \sin \angle APB$
$\qquad = 2R \sin \dfrac{\pi}{6}$
$\qquad = R,$
$AP = 2R \sin \angle ABP$
$\qquad = 2R \sin\left(\dfrac{5}{6}\pi - \theta\right)$
$\qquad = 2R\left(\sin \dfrac{5}{6}\pi \cos \theta - \cos \dfrac{5}{6}\pi \sin \theta\right)$
$\qquad = R(\cos \theta + \sqrt{3} \sin \theta).$

よって，
$\triangle ABP = \dfrac{1}{2} AB \cdot AP \sin \angle PAB$
$\qquad = \dfrac{1}{2} R \cdot R(\cos \theta + \sqrt{3} \sin \theta) \cdot \sin \theta$
$\qquad = \dfrac{R^2}{2}(\cos \theta + \sqrt{3} \sin \theta)\sin \theta.$

(2)の結果を利用して，

$S = \triangle BPC + \triangle ABP$
$\quad = 2R^2 \sin \theta \cos \theta$
$\qquad\quad + \dfrac{R^2}{2}(\cos \theta + \sqrt{3} \sin \theta)\sin \theta$
$\quad = \dfrac{R^2}{2}(5 \sin \theta \cos \theta + \sqrt{3} \sin^2 \theta)$
$\quad = \dfrac{R^2}{2}\left\{\dfrac{5}{2}\sin 2\theta + \dfrac{\sqrt{3}}{2}(1 - \cos 2\theta)\right\}$
$\quad = \dfrac{R^2}{4}(5 \sin 2\theta - \sqrt{3} \cos 2\theta + \sqrt{3})$
$\quad = \dfrac{R^2}{4}\{2\sqrt{7} \sin(2\theta - \beta) + \sqrt{3}\}.$

ここで，β は
$$\cos \beta = \frac{5}{2\sqrt{7}}, \quad \sin \beta = \frac{\sqrt{3}}{2\sqrt{7}}, \quad 0 < \beta < \frac{\pi}{2}$$
$$\cdots(*)$$
を満たす角である．

$0 < \theta < \dfrac{\pi}{2}$ であるから，$2\theta - \beta$ の変域は，
$$-\beta < 2\theta - \beta < \pi - \beta.$$

したがって，$(*)$ より $2\theta - \beta = \dfrac{\pi}{2}$ となる θ が存在し，このとき S は最大値
$$\frac{R^2}{4}(2\sqrt{7} + \sqrt{3}) = \frac{2\sqrt{7} + \sqrt{3}}{4}R^2$$
をとる．

85 ──〈方針〉──

$$\sin 2x = 2 \sin x \cos x,$$
$$\cos 2x = 2 \cos^2 x - 1$$
であるから，
$y = \sqrt{3} \sin 2x - \cos 2x + 2 \sin x - 2\sqrt{3} \cos x$
は，$\sin x$, $\cos x$ に関して2次式である．
　このことに注目して，
$$\sin x - \sqrt{3} \cos x = t$$
の両辺を2乗してみる．

(1)　$y = \sqrt{3} \sin 2x - \cos 2x + 2 \sin x - 2\sqrt{3} \cos x$
$\qquad = \sqrt{3} \cdot 2 \sin x \cos x - (2 \cos^2 x - 1)$
$\qquad\qquad\qquad + 2 \sin x - 2\sqrt{3} \cos x$
$\qquad = 2\sqrt{3} \sin x \cos x - 2 \cos^2 x$

$$+2\sin x - 2\sqrt{3}\cos x + 1. \quad \cdots ①$$

ここで,

$$\sin x - \sqrt{3}\cos x = t \quad \cdots ②$$

より,

$$(\sin x - \sqrt{3}\cos x)^2 = t^2.$$

よって,

$$\sin^2 x - 2\sqrt{3}\sin x \cos x + 3\cos^2 x = t^2.$$
$$-2\sqrt{3}\sin x \cos x + 2\cos^2 x = t^2 - 1. \quad \cdots ③$$

① に ②, ③ を用いて,

$$y = -(t^2 - 1) + 2t + 1.$$

よって,

$$y = -t^2 + 2t + 2.$$

(2) ② より,

$$t = 2\sin\left(x - \frac{\pi}{3}\right). \quad \cdots ④$$

$0 \le x \le \dfrac{2}{3}\pi$ のとき

$$-\frac{\pi}{3} \le x - \frac{\pi}{3} \le \frac{\pi}{3}$$

であるから, ④ より,

$$-\sqrt{3} \le t \le \sqrt{3}.$$

(1) より,

$$y = -(t-1)^2 + 3$$

であるから, y の

最大値は **3** $\left(x = \dfrac{\pi}{2}\ \text{のとき}\right),$

最小値は **$-1 - 2\sqrt{3}$** $(x = 0\ \text{のとき}).$

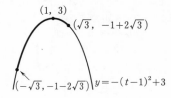

(1, 3)
$(\sqrt{3},\ -1 + 2\sqrt{3})$
$(-\sqrt{3}, -1 - 2\sqrt{3})$ $y = -(t-1)^2 + 3$

86 ──〈方針〉────

(1) 直角三角形に注目する.

(2) $t = \sin\theta + \cos\theta$ とおく.

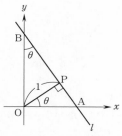

(1) 直角三角形 OAP に注目すると,

$$\cos\theta = \frac{OP}{OA}$$

であり, OP=1 より

$$OA = \frac{1}{\cos\theta}.$$

さらに, 直角三角形 OBP に注目すると,

$$\angle OBP + \angle BOP = 90°$$

であり,

$$\angle AOP + \angle BOP = 90°$$

であるから,

$$\angle OBP = \angle AOP = \theta.$$

したがって,

$$\sin\theta = \frac{OP}{OB}$$

であるから,

$$OB = \frac{1}{\sin\theta}.$$

また, 直角三角形 AOB に注目すると,

$$\sin\theta = \frac{OA}{AB}$$

であるから,

$$AB = \frac{OA}{\sin\theta}$$
$$= \frac{1}{\sin\theta\cos\theta}.$$

したがって,

$$OA + OB - AB$$
$$= \frac{1}{\cos\theta} + \frac{1}{\sin\theta} - \frac{1}{\sin\theta\cos\theta}.$$

【注】 直角三角形 AOB に注目し,

$$\cos\theta = \frac{OB}{AB}$$

であることから,

$$AB = \frac{OB}{\cos\theta}$$

$$= \frac{1}{\sin\theta\cos\theta}$$

としてもよい.

また，△OAB の面積に注目して,

$$\frac{1}{2}\cdot OA\cdot OB = \frac{1}{2}\cdot AB\cdot OP$$

であるから,

$$OA\cdot OB = AB\cdot OP.$$

OP=1 より,

$$AB = OA\cdot OB$$

$$= \frac{1}{\sin\theta\cos\theta}$$

としてもよい.

（注終り）

(2) (1)の結果より,

$$OA+OB-AB = \frac{\sin\theta+\cos\theta-1}{\sin\theta\cos\theta}. \quad \cdots ①$$

ここで,

$$t = \sin\theta+\cos\theta$$

とおくと,

$$t^2 = (\sin\theta+\cos\theta)^2$$

$$= 1+2\sin\theta\cos\theta$$

より,

$$\sin\theta\cos\theta = \frac{t^2-1}{2}$$

であるから，① を t を用いて表すと,

$$OA+OB-AB = \frac{t-1}{\dfrac{t^2-1}{2}}$$

$$= \frac{2}{t+1}. \quad \cdots ②$$

また,

$$t = \sqrt{2}\sin(\theta+45°)$$

であるから,

　$\theta=45°$ のとき，t は最大値 $\sqrt{2}$

をとり，このとき ② より,

$$OA+OB-AB$$

は最小値

$$\frac{2}{\sqrt{2}+1} = 2(\sqrt{2}-1)$$

をとる.

87 ——〈方針〉——
必要条件から考える.

$$\sin(x+\alpha)+\sin(x+\beta) = \sqrt{3}\sin x. \quad \cdots(*)$$

　$(*)$ が角度 x をどのようにとっても成り立つためには，$x=0°$，$90°$ のときも成り立つことが必要.

　$x=0°$ のとき，$(*)$ は,

$$\sin\alpha+\sin\beta = 0. \quad \cdots ①$$

　$x=90°$ のとき，$(*)$ は,

$$\sin(90°+\alpha)+\sin(90°+\beta) = \sqrt{3}.$$

$$\cos\alpha+\cos\beta = \sqrt{3}. \quad \cdots ②$$

① より,

$$\sin\beta = -\sin\alpha. \quad \cdots ①'$$

② より,

$$\cos\beta = \sqrt{3}-\cos\alpha. \quad \cdots ②'$$

$\sin^2\beta+\cos^2\beta = 1$ に ①'，②' を代入して,

$$(-\sin\alpha)^2+(\sqrt{3}-\cos\alpha)^2 = 1.$$

$$\sin^2\alpha+\cos^2\alpha+3-2\sqrt{3}\cos\alpha = 1.$$

$\sin^2\alpha+\cos^2\alpha = 1$ であるので,

$$\cos\alpha = \frac{\sqrt{3}}{2}.$$

これと ②' より,

$$\cos\beta = \frac{\sqrt{3}}{2}.$$

$-90° < \alpha < \beta < 90°$ であるので,

$$\alpha = -30°, \quad \beta = 30°.$$

（これらは ①，② を満たす）

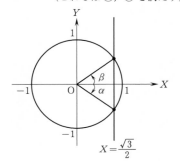

このとき,

$$\sin(x+\alpha)+\sin(x+\beta)$$
$$=\sin(x-30°)+\sin(x+30°)$$
$$=(\sin x \cos 30°-\cos x \sin 30°)$$
$$\quad+(\sin x \cos 30°+\cos x \sin 30°)$$
$$=2\sin x \cos 30°$$
$$=\sqrt{3}\sin x$$

となり, (*) は角度 x をどのようにとっても成り立つ.

よって,

$$\alpha=\boxed{-30}°, \quad \beta=\boxed{30}°$$

88 ─〈方針〉─

(1) $\theta=\angle ACB=\angle ACO-\angle BCO$ とし, tan の加法定理を用いる.

(2) 相加平均, 相乗平均の関係が利用できる.

(1)

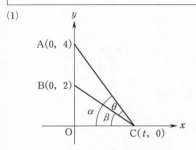

$\angle ACO=\alpha, \angle BCO=\beta$ とおくと

$$\tan\alpha=\frac{4}{t}, \quad \tan\beta=\frac{2}{t}, \quad \theta=\alpha-\beta.$$

したがって,

$$\boldsymbol{\tan\theta}=\tan(\alpha-\beta)$$
$$=\frac{\tan\alpha-\tan\beta}{1+\tan\alpha\tan\beta}$$
$$=\frac{\dfrac{4}{t}-\dfrac{2}{t}}{1+\dfrac{4}{t}\cdot\dfrac{2}{t}}$$
$$=\boldsymbol{\frac{2t}{t^2+8}}.$$

(2) $\quad\dfrac{1}{\tan\theta}=\dfrac{t^2+8}{2t}$

$$=\frac{1}{2}\left(t+\frac{8}{t}\right) \quad (t>0).$$

相加平均と相乗平均の関係より,

$$\frac{1}{2}\left(t+\frac{8}{t}\right)\geqq\sqrt{t\cdot\frac{8}{t}}=2\sqrt{2}.$$

したがって,

$$\frac{1}{\tan\theta}\geqq2\sqrt{2}.$$

等号が成立するのは $t=\dfrac{8}{t}$, すなわち $t=2\sqrt{2}$ のときに限る.

よって, $\dfrac{1}{\tan\theta}$ が最小となるとき,

$$\boldsymbol{t=2\sqrt{2}}.$$

(3) 3 点 A$(0, 4)$, B$(0, 2)$, C$(2\sqrt{2}, 0)$ を通る円の方程式を, l, m, n を定数として

$$x^2+y^2+lx+my+n=0 \quad \cdots(*)$$

とおくと

$$\begin{cases} 16+4m+n=0, \\ 4+2m+n=0, \\ 8+2\sqrt{2}\,l+n=0. \end{cases}$$

これを解いて,

$$l=-4\sqrt{2}, \quad m=-6, \quad n=8.$$

このとき (*) は,

$$x^2+y^2-4\sqrt{2}\,x-6y+8=0.$$
$$(x-2\sqrt{2})^2+(y-3)^2=3^2.$$

中心が $(2\sqrt{2}, 3)$, 半径が 3 であるから

$$(中心と x 軸の距離)=(半径)$$

であり, この円は点 C$(2\sqrt{2}, 0)$ で x 軸に接している.

〔参考〕 2 点 A, B を通る円が点 C で x 軸に接しているとき, 方べきの定理より,

$$OA\cdot OB=OC^2.$$

したがって,

$$4\times2=t^2.$$

よって,

$$t=2\sqrt{2}.$$

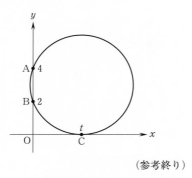

（参考終り）

89 ──〈方針〉──

半角の公式を用い，S を $\sin 2\theta$，$\cos 2\theta$ で表して合成する．

(1)

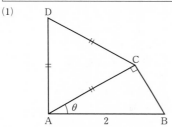

直角三角形 ABC の面積は

$$AC = AB\cos\theta = 2\cos\theta,$$
$$BC = AB\sin\theta = 2\sin\theta$$

より，

$$\frac{1}{2}AC\cdot BC = 2\sin\theta\cos\theta$$
$$= \sin 2\theta.$$

また，正三角形 ACD の面積は，

$$\frac{1}{2}AC^2\sin 60° = \frac{1}{2}(2\cos\theta)^2\cdot\frac{\sqrt{3}}{2}$$
$$= \sqrt{3}\cos^2\theta$$
$$= \frac{\sqrt{3}}{2}(1+\cos 2\theta).$$

よって，

$$S = \sin 2\theta + \frac{\sqrt{3}}{2}(1+\cos 2\theta)$$
$$= \sin 2\theta + \frac{\sqrt{3}}{2}\cos 2\theta + \frac{\sqrt{3}}{2}.$$

(2) 合成して，

$$S = \sqrt{1^2+\left(\frac{\sqrt{3}}{2}\right)^2}\sin(2\theta+\alpha)+\frac{\sqrt{3}}{2}$$
$$= \frac{\sqrt{7}}{2}\sin(2\theta+\alpha)+\frac{\sqrt{3}}{2}.$$

ここで，α は次を満たす角度である．

$$\begin{cases} \cos\alpha = \dfrac{1}{\frac{\sqrt{7}}{2}} = \dfrac{2}{\sqrt{7}}, \\[2mm] \sin\alpha = \dfrac{\frac{\sqrt{3}}{2}}{\frac{\sqrt{7}}{2}} = \dfrac{\sqrt{3}}{\sqrt{7}}. \end{cases} \quad (0°<\alpha<90°)$$

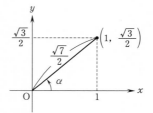

$0°<\theta<90°$ より，

$$\alpha < 2\theta+\alpha < \alpha+180°.$$

α は $0°<\alpha<90°$ であるから，S は

$$2\theta+\alpha = 90°$$

のとき最大値

$$\frac{\sqrt{7}}{2}\cdot 1+\frac{\sqrt{3}}{2}$$
$$= \frac{\sqrt{7}+\sqrt{3}}{2}$$

をとる．

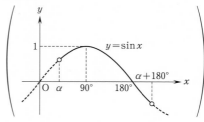

90 ──〈方針〉──

与えられた方程式を $\sin x$ で表す。$\sin x = t$ とおくと、t に関する2次方程式になる。

t の値と、$\sin x = t$ $(0 \leqq x < 2\pi)$ を満たす x の個数の関係は、

t	$\cdots$	-1	$\cdots$	1	$\cdots$
x の個数	0	1	2	1	0

であることに着目する。

$$\cos^2 x - 2a\sin x - a + 3 = 0$$
より、
$$\sin^2 x + 2a\sin x + a - 4 = 0.$$
$\sin x = t$ とおくと、
$$t^2 + 2at + a - 4 = 0. \qquad \cdots (*)$$
また、t の値と $\sin x = t$ $(0 \leqq x < 2\pi)$ を満たす x の個数は次のように対応する。
$$\begin{cases} |t| > 1 \text{ のとき、} x \text{ は } 0 \text{ 個、} \\ |t| = 1 \text{ のとき、} x \text{ は } 1 \text{ 個、} \\ |t| < 1 \text{ のとき、} x \text{ は } 2 \text{ 個。} \end{cases}$$
$f(t) = t^2 + 2at + a - 4$ とおくと、
$$f(-1) = -(a+3), \quad f(1) = 3(a-1).$$

(ⅰ) $a > 1$ のとき。
$$f(-1) < 0, \quad f(1) > 0$$
であるから、$(*)$ は $-1 < t < 1$ の範囲と $t < -1$ の範囲にそれぞれ1つずつ解をもつ。

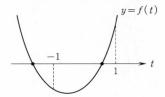

(ⅱ) $a = 1$ のとき。
$(*)$ を解くと、
$$t^2 + 2t - 3 = 0.$$
$$(t+3)(t-1) = 0.$$
$$t = -3, \ 1.$$

(ⅲ) $-3 < a < 1$ のとき。

$$f(-1) < 0, \quad f(1) < 0$$
であるから、$(*)$ は $-1 \leqq t \leqq 1$ の範囲に解をもたない。

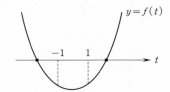

(ⅳ) $a = -3$ のとき。
$(*)$ を解くと、
$$t^2 - 6t - 7 = 0.$$
$$(t+1)(t-7) = 0.$$
$$t = -1, \ 7.$$

(ⅴ) $a < -3$ のとき。
$$f(-1) > 0, \quad f(1) < 0$$
であるから、$(*)$ は $-1 < t < 1$ の範囲と $t > 1$ の範囲にそれぞれ1つずつ解をもつ。

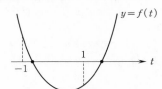

以上により、求める解の個数は、
$$\begin{cases} 2 \text{ 個 } (a < -3, \ 1 < a \text{ のとき)、} \\ 1 \text{ 個 } (a = -3, \ 1 \text{ のとき)、} \\ 0 \text{ 個 } (-3 < a < 1 \text{ のとき)。} \end{cases}$$

91 ──〈方針〉──

$t = \cos\theta$ とおくと、問題の不等式は t の不等式となる。

$$x\cos 2\theta + 2\sqrt{2}\, y\cos\theta + 1 \geqq 0. \quad \cdots ①$$
2倍角の公式より
$$x(2\cos^2\theta - 1) + 2\sqrt{2}\, y\cos\theta + 1 \geqq 0.$$
$$2x\cos^2\theta + 2\sqrt{2}\, y\cos\theta + (1-x) \geqq 0.$$
ここで、$t = \cos\theta$ とおくと、
$$2xt^2 + 2\sqrt{2}\, yt + (1-x) \geqq 0. \quad \cdots ②$$

84

θ がすべての実数値をとるとき，t は
$$-1 \leqq t \leqq 1$$
を満たすすべての実数値をとるから
「すべての実数 θ について ① が成り
立つ」
$\Longleftrightarrow$「$-1 \leqq t \leqq 1$ を満たすすべての実数 t
について ② が成り立つ」.
そこで，t の関数
$$f(t) = 2xt^2 + 2\sqrt{2}\,yt + (1-x)$$
の $-1 \leqq t \leqq 1$ における最小値を m とし，
$m \geqq 0$ となるための x，y の条件を求める.

(i) $x \leqq 0$ のとき.

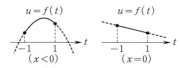

$f(t)$ の最小値 m は，
$$m = f(-1) \quad \text{と} \quad m = f(1)$$
の大きくない方であるから，$m \geqq 0$ となるための条件は
$$\begin{cases} f(-1) = x - 2\sqrt{2}\,y + 1 \geqq 0 \ \text{かつ} \\ f(1) = x + 2\sqrt{2}\,y + 1 \geqq 0. \end{cases}$$
よって，
$$-\frac{1}{2\sqrt{2}}(x+1) \leqq y \leqq \frac{1}{2\sqrt{2}}(x+1),$$
（かつ $x \leqq 0$）.

(ii) $x > 0$ のとき.
$$f(t) = 2x\left(t + \frac{\sqrt{2}\,y}{2x}\right)^2 - \frac{y^2}{x} - x + 1.$$

(ア) $-\dfrac{\sqrt{2}\,y}{2x} < -1$ すなわち $y > \sqrt{2}\,x$ のとき.

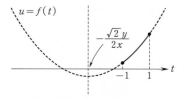

$m \geqq 0$ となるための条件は，
$$m = f(-1) = x - 2\sqrt{2}\,y + 1 \geqq 0.$$

したがって，
$$\sqrt{2}\,x < y \leqq \frac{1}{2\sqrt{2}}(x+1),$$
（かつ $0 < x$）.

(イ) $-1 \leqq -\dfrac{\sqrt{2}\,y}{2x} \leqq 1$ すなわち
$-\sqrt{2}\,x \leqq y \leqq \sqrt{2}\,x$ のとき.
求める条件は，
$$m = f\left(-\frac{\sqrt{2}\,y}{2x}\right) = -\frac{y^2}{x} - x + 1 \geqq 0.$$
$$x^2 + y^2 - x \leqq 0.$$
$$\left(x - \frac{1}{2}\right)^2 + y^2 \leqq \frac{1}{4},$$
（かつ $0 < x$，$-\sqrt{2}\,x \leqq y \leqq \sqrt{2}\,x$）.

(ウ) $1 < -\dfrac{\sqrt{2}\,y}{2x}$ すなわち $y < -\sqrt{2}\,x$ のとき.
求める条件は，
$$m = f(1) = x + 2\sqrt{2}\,y + 1 \geqq 0.$$
したがって，
$$-\frac{1}{2\sqrt{2}}(x+1) \leqq y < -\sqrt{2}\,x,$$
（かつ $0 < x$）.

以上 (i)，(ii) の条件を満たす点 (x, y) を図示すると次図の網掛け部分（境界をすべて含む）である.

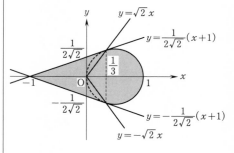

92 ──〈方針〉

(1) $3\theta=\theta+2\theta$ として加法定理を用いる.
(2) $(2\cos 80°)^3-3\cdot 2\cos 80°+1=0$ が成り立つことを示す.

(1)
$$\cos 3\theta$$
$$=\cos(\theta+2\theta)$$
$$=\cos\theta\cos 2\theta-\sin\theta\sin 2\theta$$
$$=\cos\theta(2\cos^2\theta-1)-2\sin^2\theta\cos\theta$$
$$=2\cos^3\theta-\cos\theta-2(1-\cos^2\theta)\cos\theta$$
$$=4\cos^3\theta-3\cos\theta.$$

よって,
$$\cos 3\theta=4\cos^3\theta-3\cos\theta \quad \cdots①$$

は示された.

(2)
$$(2\cos 80°)^3-3\cdot 2\cos 80°+1$$
$$=8\cos^3 80°-6\cos 80°+1. \quad \cdots②$$

① より,
$$4\cos^3\theta=\cos 3\theta+3\cos\theta$$

であるから,
$$4\cos^3 80°=\cos 3\cdot 80°+3\cos 80°$$
$$=\cos 240°+3\cos 80°$$
$$=-\frac{1}{2}+3\cos 80°.$$

これを ② に代入すると,
$$(2\cos 80°)^3-3\cdot 2\cos 80°+1$$
$$=2\left(-\frac{1}{2}+3\cos 80°\right)-6\cos 80°+1$$
$$=0.$$

したがって, $2\cos 80°$ は $x^3-3x+1=0$ の解である.

(3)
$$x^3-3x+1$$
$$=(x-2\cos 80°)(x-2\cos\alpha)(x-2\cos\beta)$$

より,
$$2\cos 80°, \ 2\cos\alpha, \ 2\cos\beta$$
$$(0°<\alpha<\beta<180°)$$

は $x^3-3x+1=0$ の 3 つの解である.

ここで, $x^3-3x+1=0$ の解を
$$2\cos\theta \quad (0°\leqq\theta\leqq 180°)$$

とおくと,
$$8\cos^3\theta-6\cos\theta+1=0.$$

よって,
$$4\cos^3\theta-3\cos\theta=-\frac{1}{2}.$$

① を用いると,
$$\cos 3\theta=-\frac{1}{2}.$$

$0°\leqq 3\theta\leqq 540°$ より
$$3\theta=120°, \ 240°, \ 480°.$$

よって,
$$\theta=40°, \ 80°, \ 160°.$$

$\cos 40°$, $\cos 80°$, $\cos 160°$ はすべて異なり, $x^3-3x+1=0$ は 3 次方程式なので,
$\alpha<\beta$, $\alpha\neq 80°$, $\beta\neq 80°$ より,
$$\boldsymbol{\alpha=40°, \ \beta=160°.}$$

93 ──〈方針〉

対数の底を 2 にそろえる.

$$\begin{cases} \log_{2x}y+\log_x 2y=1, & \cdots① \\ \log_2 xy=1. & \cdots② \end{cases}$$

底の条件より,
$$2x>0, \quad 2x\neq 1, \quad x>0, \quad x\neq 1.$$

また, 真数の条件より,
$$y>0, \quad 2y>0, \quad xy>0.$$

したがって,
$$x>0, \quad x\neq\frac{1}{2}, \quad x\neq 1, \quad y>0. \quad \cdots③$$

① より,
$$\frac{\log_2 y}{\log_2 2x}+\frac{\log_2 2y}{\log_2 x}=1.$$
$$\frac{\log_2 y}{1+\log_2 x}+\frac{1+\log_2 y}{\log_2 x}=1. \quad \cdots①'$$

ここで, ② より,
$$\log_2 x+\log_2 y=1.$$
$$\log_2 y=1-\log_2 x.$$

これを ①′ に代入して,
$$\frac{1-\log_2 x}{1+\log_2 x}+\frac{2-\log_2 x}{\log_2 x}=1.$$
$$(\log_2 x)(1-\log_2 x)+(1+\log_2 x)(2-\log_2 x)$$
$$=(\log_2 x)(1+\log_2 x).$$
$$3(\log_2 x)^2-\log_2 x-2=0.$$

$$(\log_2 x - 1)(3\log_2 x + 2) = 0.$$

したがって,

$$\log_2 x = 1, \quad -\frac{2}{3}.$$

$$x = 2, \quad 2^{-\frac{2}{3}}.$$

② より $xy = 2$ なので,

$$\begin{cases} x = 2 \text{ のとき } y = \dfrac{2}{x} = 1, \\ x = 2^{-\frac{2}{3}} \text{ のとき } y = \dfrac{2}{x} = 2^{\frac{5}{3}}. \end{cases}$$

これらは ③ を満たしている.

よって,

$$(\boldsymbol{x}, \ \boldsymbol{y}) = (2, \ 1), \ \left(2^{-\frac{2}{3}}, \ 2^{\frac{5}{3}}\right).$$

94

$$\begin{aligned} y &= \left(\log_2 \frac{x}{8}\right)(\log_2 2x) \\ &= (\log_2 x - \log_2 8)(\log_2 x + \log_2 2) \\ &= (\log_2 x - 3)(\log_2 x + 1) \\ &= (\log_2 x)^2 - \boxed{2}\log_2 x - \boxed{3}. \end{aligned}$$

ここで,

$$\log_2 x = t$$

とおくと,

$$\begin{aligned} y &= t^2 - 2t - 3 \\ &= (t-1)^2 - 4 \end{aligned}$$

であり, $1 \le x \le 8$ のとき,

$$\log_2 1 \le \log_2 x \le \log_2 8$$

つまり,

$$0 \le t \le 3$$

である.

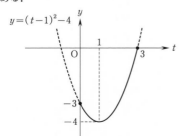

$y = (t-1)^2 - 4$

よって, y は,

$$\begin{cases} t = \log_2 x = 3 \text{ のとき, 最大値 } 0, \\ t = \log_2 x = 1 \text{ のとき, 最小値 } -4 \end{cases}$$

つまり,

$$\begin{cases} x = \boxed{8} \text{ のとき, 最大値 } \boxed{0}, \\ x = \boxed{2} \text{ のとき, 最小値 } \boxed{-4} \end{cases}$$

をとる.

95 ──〈方針〉──

(1) 4, 5, 6 のそれぞれについて, 2, 3, 10 を用いた積や商で表す.

(2) $48 < 49 < 50$ の各辺の常用対数をとる. さらに, (1) の結果を利用する.

(3) 7桁の数 x は,

$$10^6 \le x < 10^7$$

を満たす.

(4) $\log_{10} 18^{50}$ を計算することで, 18^{50} は 10 の何乗であるかを調べ, 桁数, 最高位の数字を考える. また, 一の位の数については周期性を考察する.

(1)
$$\begin{aligned} \log_{10} 4 &= \log_{10} 2^2 = 2\log_{10} 2 \\ &= 2 \times 0.3010 \\ &= \boxed{0.6020}, \end{aligned}$$
$$\begin{aligned} \log_{10} 5 &= \log_{10} \frac{10}{2} = \log_{10} 10 - \log_{10} 2 \\ &= 1 - 0.3010 \\ &= \boxed{0.6990}, \end{aligned}$$
$$\begin{aligned} \log_{10} 6 &= \log_{10} 2 \cdot 3 = \log_{10} 2 + \log_{10} 3 \\ &= 0.3010 + 0.4771 \\ &= \boxed{0.7781}. \end{aligned}$$

(2) $48 < 49 < 50$ より,

$$\log_{10} 48 < \log_{10} 49 < \log_{10} 50 \quad \cdots ①$$

が成り立つ.

ここで,

$$\begin{aligned} \log_{10} 48 &= \log_{10} (2^4 \cdot 3) = 4\log_{10} 2 + \log_{10} 3 \\ &= 4 \times 0.3010 + 0.4771 \\ &= 1.6811, \end{aligned}$$
$$\log_{10} 49 = \log_{10} 7^2 = 2\log_{10} 7,$$

$\log_{10} 50 = \log_{10}(5 \cdot 10) = \log_{10} 5 + \log_{10} 10$
$\qquad = 0.6990 + 1$ （(1) の結果を用いた）
$\qquad = 1.6990$

であるから，① は，

$\qquad 1.6811 < 2\log_{10} 7 < 1.6990.$

これより，

$\qquad 0.84055 < \log_{10} 7 < 0.8495$

であるから，

$\qquad \log_{10} 7 = \boxed{0.84}.$

(3) n^7 が 7 桁の数である条件は，

$\qquad 10^6 \leqq n^7 < 10^7.$

各辺の常用対数をとると，

$\qquad \log_{10} 10^6 \leqq \log_{10} n^7 < \log_{10} 10^7.$
$\qquad 6 \leqq 7\log_{10} n < 7.$
$\qquad \dfrac{6}{7} \leqq \log_{10} n < 1. \qquad \cdots ②$

ここで，(2) の結果を用いると，

$\qquad \dfrac{6}{7} > 0.85 > \log_{10} 7$

であるから，② より，

$\qquad \log_{10} 7 < \log_{10} n < \log_{10} 10.$

底は 10 で 1 より大きいから，求める n の値は，

$\qquad \boxed{8} \leqq n \leqq \boxed{9}.$

【注1】 n を正の整数とするとき，N が n 桁の数であるための条件は，

$\qquad 10^{n-1} \leqq N < 10^n.$

（注1終り）

(4) $\log_{10} 18^{50} = 50\log_{10}(2 \cdot 3^2)$
$\qquad\qquad = 50(\log_{10} 2 + 2\log_{10} 3)$
$\qquad\qquad = 50(0.3010 + 2 \times 0.4771)$
$\qquad\qquad = 62.76$

より，

$\qquad 18^{50} = 10^{62.76} = 10^{0.76} \times 10^{62}.$

これより，

$\qquad 10^{62} < 18^{50} < 10^{63}$

が成り立つので，18^{50} は，

$\qquad \boxed{63}$ 桁

の整数である。

さらに，(1) の結果より，

$\qquad \log_{10} 5 < 0.76 < \log_{10} 6,$

すなわち，

$\qquad 5 < 10^{0.76} < 6$

であるから，

$\qquad 5 \times 10^{62} < 18^{50} < 6 \times 10^{62}$

が成り立つ。

よって，18^{50} の最高位の数字は，

$\qquad \boxed{5}.$

また，二項定理により，

$\qquad 18^{50} = (10+8)^{50} = 10M + 8^{50}$ （M は整数）

が成り立つので，18^{50} の一の位の数と，

$\qquad 8^{50} = 2^{150}$

の一の位の数が一致する。したがって，2^{150} の一の位の数を求めればよい。

$m = 1,\ 2,\ 3,\ \cdots$ に対して，

$\qquad 2^{m+4} - 2^m = (2^4-1)2^m = 15 \cdot 2^m$ （10 の倍数）

であるから，

$\qquad (2^1 \text{ の一の位}) = (2^5 \text{ の一の位})$
$\qquad\qquad\qquad\quad = (2^9 \text{ の一の位})$
$\qquad\qquad\qquad\quad = \cdots = 2,$
$\qquad (2^2 \text{ の一の位}) = (2^6 \text{ の一の位})$
$\qquad\qquad\qquad\quad = (2^{10} \text{ の一の位})$
$\qquad\qquad\qquad\quad = \cdots = 4,$
$\qquad (2^3 \text{ の一の位}) = (2^7 \text{ の一の位})$
$\qquad\qquad\qquad\quad = (2^{11} \text{ の一の位})$
$\qquad\qquad\qquad\quad = \cdots = 8,$
$\qquad (2^4 \text{ の一の位}) = (2^8 \text{ の一の位})$
$\qquad\qquad\qquad\quad = (2^{12} \text{ の一の位})$
$\qquad\qquad\qquad\quad = \cdots = 6$

であることがわかる。

このことと，

$\qquad 150 = 4 \times 37 + 2$

より，2^{150} の一の位の数は，2^2 の一の位の数，すなわち 4 と一致するので，18^{50} の一の位の数字は，

$\qquad \boxed{4}.$

【注2】 n を正の整数，a を 1 以上 9 以下の整数とするとき，N が最高位の数字が a の数であるための条件は，

$\qquad a \cdot 10^{n-1} \leqq N < (a+1) \cdot 10^{n-1}.$

88

（注2終り）

96 ──〈方針〉──

$$10^{-n}\leqq N<10^{-n+1}$$

が成り立つとき，N は小数第 n 位に初めて 0 でない数字が現れる．

$$\begin{aligned}\log_{10}\left(\frac{1}{125}\right)^{20}&=\log_{10}\left(\frac{1}{5^3}\right)^{20}\\&=\log_{10}5^{-60}\\&=-60\log_{10}5\\&=-60\log_{10}\frac{10}{2}\\&=-60(1-\log_{10}2)\\&=-60(1-0.3010)\\&=-60\times0.6990\\&=-41.94.\end{aligned}$$

よって，

$$-42\leqq\log_{10}\left(\frac{1}{125}\right)^{20}<-41.$$

これより，

$$10^{-42}\leqq\left(\frac{1}{125}\right)^{20}<10^{-41}.$$

よって，$\left(\frac{1}{125}\right)^{20}$ を小数で表したとき，小数第 42 位に初めて 0 でない数字が現れる．

さらに，

$$\begin{aligned}\left(\frac{1}{125}\right)^{20}&=10^{-41.94}\\&=10^{-42}\cdot10^{0.06}\end{aligned}$$

であり，また，

$$\log_{10}1=0,$$
$$\log_{10}2=0.3010$$

より，

$$10^0=1,\quad10^{0.3010}=2$$

であるから，

$$1\leqq10^{0.06}<2$$

となり，

$$1\cdot10^{-42}\leqq\left(\frac{1}{125}\right)^{20}<2\cdot10^{-42}$$

である．

よって，小数第 42 位の数字は 1 である．

（後半の別解）

小数第 42 位に現れる 0 でない数字を m とおくと，

$$m\cdot10^{-42}\leqq\left(\frac{1}{125}\right)^{20}<(m+1)10^{-42}.$$

10 を底とする対数を考えて

$$-42+\log_{10}m\leqq-41.94<-42+\log_{10}(m+1).$$

よって，

$$\log_{10}m\leqq0.06<\log_{10}(m+1).\cdots(*)$$
$$\log_{10}1=0,\quad\log_{10}2=0.3010$$

であるから，$(*)$ を満たす m は

$$m=1.$$

よって，求める値は 1 である．

（後半の別解終り）

97 ──〈方針〉──

$2^x=t$ とおくと，与式は t の 2 次不等式になる．$t>0$ であることに注意する．

$$2^{2x+2}+2^x a+1-a>0.$$

$2^x=t$ とおくと，$t>0$ であり，上の式は，

$$4t^2+at+1-a>0$$

となる．

$$f(t)=4t^2+at+1-a$$

とおくと，

$$t>0\text{ のときつねに }f(t)>0$$

が成り立つ条件を調べればよい．

$$f(t)=4\left(t+\frac{a}{8}\right)^2-\frac{a^2}{16}-a+1$$

であるから，放物線 $y=f(t)$ の軸 $t=-\frac{a}{8}$ と区間 $t>0$ の位置関係で場合分けをする．

(i) $-\frac{a}{8}\leqq0$，すなわち $a\geqq0$ のとき．

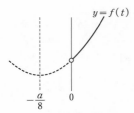

$t>0$ において，$f(t)>0$ となる条件は，
$$f(0)\geqq 0$$
であるから，
$$1-a\geqq 0.$$
これと $a\geqq 0$ より，
$$0\leqq a\leqq 1.$$

(ⅱ) $-\dfrac{a}{8}>0$，すなわち $a<0$ のとき．

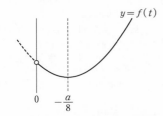

$t>0$ において，$f(t)>0$ となる条件は，
$$f\left(-\dfrac{a}{8}\right)>0$$
であるから，
$$-\dfrac{a^2}{16}-a+1>0.$$
よって，
$$a^2+16a-16<0.$$
したがって，
$$-8-4\sqrt{5}<a<-8+4\sqrt{5}.$$
$a<0$ より，
$$-8-4\sqrt{5}<a<0.$$
(ⅰ)，(ⅱ) より，求める a の値の範囲は，
$$-8-4\sqrt{5}<a\leqq 1.$$

98 ──〈方針〉──

(3) ① が実数解をもつための条件は，t の 2 次方程式が $t\geqq 2$ の範囲に少なくとも 1 つの解をもつことである．

$$9^x+9^{-x}-(a+1)(3^x+3^{-x})$$
$$-2a^2+8a-4=0 \quad\cdots①$$

(1) $t=3^x+3^{-x}$ とおくと
$$9^x+9^{-x}=(3^x+3^{-x})^2-2\cdot 3^x\cdot 3^{-x}$$
$$=t^2-2.$$
したがって，方程式 ① は
$$(t^2-2)-(a+1)t-2a^2+8a-4=0.$$
$$t^2-(a+1)t-2a^2+8a-6=0. \quad\cdots①'$$

(2) $a=-5$ のとき ①′ は
$$t^2+4t-96=0.$$
$$(t+12)(t-8)=0.$$
したがって，
$$t=-12,\ 8.$$
$t(=3^x+3^{-x})>0$ より，
$$t=8.$$
よって，
$$3^x+3^{-x}=8.$$
両辺に 3^x をかけて
$$(3^x)^2+1=8\cdot 3^x.$$
$$(3^x)^2-8\cdot 3^x+1=0.$$
$$3^x=4\pm\sqrt{15}\ \ (>0).$$
よって，
$$x=\log_3(4\pm\sqrt{15}).$$

(3) $t=3^x+3^{-x}$ が成り立つとき，これを x の方程式とみて整理すると
$$(3^x)^2-t\cdot 3^x+1=0.$$
これを満たす実数 x が存在するための条件は（【注】より），
$$t^2-4\geqq 0\ \ かつ\ \ t>0,$$
すなわち，
$$t\geqq 2.$$
よって，方程式 ① が実数解をもつのは，t の 2 次方程式 ①′ が $t\geqq 2$ の範囲に少なくとも 1 つの解をもつときである．

$$f(t)=t^2-(a+1)t-2a^2+8a-6$$

とおく．

$$f(t)=\left(t-\frac{a+1}{2}\right)^2-\frac{9}{4}a^2+\frac{15}{2}a-\frac{25}{4}.$$

(i) $\dfrac{a+1}{2}\leqq2$ すなわち $a\leqq3$ のとき，求める

条件は

$$f(2)\leqq0.$$
$$-2a^2+6a-4\leqq0.$$
$$a^2-3a+2\geqq0.$$
$$(a-1)(a-2)\geqq0.$$
$$a\leqq1 \text{ または } 2\leqq a.$$

これと $a\leqq3$ より，

$$a\leqq1 \text{ または } 2\leqq a\leqq3. \quad\cdots②$$

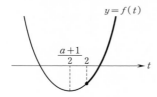

(ii) $\dfrac{a+1}{2}>2$ すなわち $a>3$ のとき，求める

条件は

$$f\left(\frac{a+1}{2}\right)\leqq0.$$
$$-\frac{9}{4}a^2+\frac{15}{2}a-\frac{25}{4}\leqq0.$$
$$9a^2-30a+25\geqq0.$$
$$(3a-5)^2\geqq0.$$

これはすべての実数 a について成り立つ．
これと $a>3$ より，

$$a>3. \quad\cdots③$$

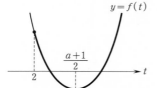

②，③ より，求める a の値の範囲は，

$$a\leqq1 \text{ または } 2\leqq a.$$

【注】 $X=3^x$ とおくと，

$(3^x)^2-t\cdot3^x+1=0$ は $X^2-tX+1=0$ であるから $Y=X^2-tX+1$ のグラフが x 軸と $X>0$ の範囲で共有点をもつ条件を考えればよい．

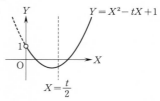

(注終り)

99 ―〈方針〉―

底を 2 にそろえて，
$$\log_2 x=X, \ \log_2 y=Y$$
とおくと，式変形の見通しがよい．

$$\log_x y+\log_y x>2+(\log_x 2)(\log_y 2). \quad\cdots①$$

$\log_2 x=X, \ \log_2 y=Y$ とおくと，$x\neq1$, $y\neq1$ より，

$$X\neq0, \quad Y\neq0$$

であり，

$$\log_x y=\frac{\log_2 y}{\log_2 x}=\frac{Y}{X},$$
$$\log_y x=\frac{\log_2 x}{\log_2 y}=\frac{X}{Y},$$
$$\log_x 2=\frac{\log_2 2}{\log_2 x}=\frac{1}{X},$$
$$\log_y 2=\frac{\log_2 2}{\log_2 y}=\frac{1}{Y}$$

であるから，① は，

$$\frac{Y}{X}+\frac{X}{Y}>2+\frac{1}{X}\cdot\frac{1}{Y}.$$
$$\frac{X^2+Y^2-2XY-1}{XY}>0.$$
$$\frac{(X-Y)^2-1}{XY}>0.$$
$$\frac{(X-Y+1)(X-Y-1)}{XY}>0. \quad\cdots②$$

(ア) $XY>0$ のとき．

「$\begin{cases} X>0, \\ Y>0 \end{cases}$ または $\begin{cases} X<0, \\ Y<0 \end{cases}$」

$\iff$「$\begin{cases} \log_2 x>0, \\ \log_2 y>0 \end{cases}$ または $\begin{cases} \log_2 x<0, \\ \log_2 y<0 \end{cases}$」

$\iff$「$\begin{cases} x>1, \\ y>1 \end{cases}$ または $\begin{cases} 0<x<1, \\ 0<y<1 \end{cases}$」

このとき，② は，

$$(X-Y+1)(X-Y-1)>0$$

であるから，

$\begin{cases} X-Y+1>0, \\ X-Y-1>0 \end{cases}$ または $\begin{cases} X-Y+1<0, \\ X-Y-1<0. \end{cases}$

これより，

$\begin{cases} Y<X+1, \\ Y<X-1 \end{cases}$ または $\begin{cases} Y>X+1, \\ Y>X-1. \end{cases}$

よって，

$\begin{cases} \log_2 y<\log_2 x+1, \\ \log_2 y<\log_2 x-1 \end{cases}$ または $\begin{cases} \log_2 y>\log_2 x+1, \\ \log_2 y>\log_2 x-1 \end{cases}$

すなわち，

$\begin{cases} \log_2 y<\log_2 2x, \\ \log_2 y<\log_2 \frac{1}{2}x \end{cases}$ または $\begin{cases} \log_2 y>\log_2 2x, \\ \log_2 y>\log_2 \frac{1}{2}x. \end{cases}$

底は 2 で 1 より大きいから，

$\begin{cases} y<2x, \\ y<\frac{1}{2}x \end{cases}$ または $\begin{cases} y>2x, \\ y>\frac{1}{2}x. \end{cases}$ $\cdots(*_1)$

(イ)　$XY<0$ のとき．

「$\begin{cases} X>0, \\ Y<0 \end{cases}$ または $\begin{cases} X<0, \\ Y>0 \end{cases}$」

$\iff$「$\begin{cases} \log_2 x>0, \\ \log_2 y<0 \end{cases}$ または $\begin{cases} \log_2 x<0, \\ \log_2 y>0 \end{cases}$」

$\iff$「$\begin{cases} x>1, \\ 0<y<1 \end{cases}$ または $\begin{cases} 0<x<1, \\ y>1 \end{cases}$」

このとき，② は，

$$(X-Y+1)(X-Y-1)<0$$

であるから，

$\begin{cases} X-Y+1>0, \\ X-Y-1<0 \end{cases}$ または $\begin{cases} X-Y+1<0, \\ X-Y-1>0. \end{cases}$

これより，

$\begin{cases} Y<X+1, \\ Y>X-1 \end{cases}$ または $\begin{cases} Y>X+1, \\ Y<X-1. \end{cases}$

よって，

$\begin{cases} \log_2 y<\log_2 x+1, \\ \log_2 y>\log_2 x-1 \end{cases}$ または $\begin{cases} \log_2 y>\log_2 x+1, \\ \log_2 y<\log_2 x-1 \end{cases}$

すなわち，

$\begin{cases} \log_2 y<\log_2 2x, \\ \log_2 y>\log_2 \frac{1}{2}x \end{cases}$ または $\begin{cases} \log_2 y>\log_2 2x, \\ \log_2 y<\log_2 \frac{1}{2}x. \end{cases}$

底は 2 で 1 より大きいから，

$\begin{cases} y<2x, \\ y>\frac{1}{2}x \end{cases}$ または $\begin{cases} y>2x, \\ y<\frac{1}{2}x. \end{cases}$ $\cdots(*_2)$

(ア)，(イ) より，求める組 (x, y) の存在範囲は，次図の網掛け部分（境界は含まない）．

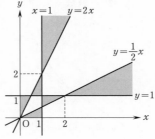

【注】　$x>0$，$y>0$ であるから，

$$0<\frac{1}{2}x<2x$$

より，$(*_1)$ は，

$$y<\frac{1}{2}x \text{ または } y>2x$$

となり，$\begin{cases} y>2x, \\ y<\frac{1}{2}x \end{cases}$ を満たす (x, y) は存在しないので，$(*_2)$ は，

$$\begin{cases} y<2x, \\ y>\frac{1}{2}x \end{cases}$$

となる．

（注終り）

100 ──〈方針〉──

(1) 曲線 $y=f(x)$ 上の点 $(t,\ f(t))$ における接線の方程式は，
$$y-f(t)=f'(t)(x-t).$$
(2) (1)で求めた方程式と $y=x^3-3x$ との連立方程式の解が，2点 A，B の座標になる．

(1)
$$y=x^3-3x \qquad \cdots①$$
より，
$$y'=3x^2-3$$
であるので，曲線① の点 A$(a,\ a^3-3a)$ における接線の方程式は，
$$y-(a^3-3a)=(3a^2-3)(x-a)$$
つまり，
$$y=3(a^2-1)x-2a^3. \qquad \cdots②$$

(2)

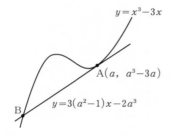

$y=x^3-3x$

A$(a,\ a^3-3a)$

B

$y=3(a^2-1)x-2a^3$

①，② より y を消去して，
$$x^3-3x=3(a^2-1)x-2a^3.$$
$$x^3-3a^2x+2a^3=0.$$
$$(x-a)^2(x+2a)=0.$$
これより，B の x 座標は，
$$-2a.$$
よって，B の y 座標は，
$$(-2a)^3-3(-2a)=-8a^3+6a.$$
以上により，B の座標は，
$$(-2a,\ -8a^3+6a).$$

101 ──〈方針〉──

(1) 3次方程式 $f(x)=0$ が3個の異なる実数解をもつための条件は，3次関数 $f(x)$ が極大値と極小値をもち，かつ
$$（極大値）・（極小値）<0$$
が成り立つことである．

(1) $f(x)=2x^3+3(1-a)x^2-6ax+9a-5$ より，
$$f'(x)=6x^2+6(1-a)x-6a$$
$$=6(x+1)(x-a). \qquad \cdots①$$
方程式 $f(x)=0$ の実数解は，$y=f(x)$ のグラフと x 軸の共有点の x 座標と一致するから，求める条件は，
「3次関数 $f(x)$ が極大値と極小値をもち，
かつ（極大値）・（極小値）<0」
が成り立つことである．

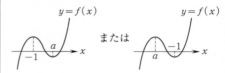

$y=f(x)$ \quad または \quad $y=f(x)$

この条件は
$$\begin{cases} a\neq-1, & \cdots② \\ f(-1)f(a)<0. & \cdots③ \end{cases}$$
③ より，
$$(12a-4)(-a^3-3a^2+9a-5)<0.$$
$$-4(3a-1)(a^3+3a^2-9a+5)<0.$$
$$(3a-1)(a+5)(a-1)^2>0.$$
$$(3a-1)(a+5)>0 \ \text{かつ} \ a\neq1.$$
$$a<-5,\quad \frac{1}{3}<a<1,\ 1<a.$$
これは② を満たすから，求める a の値の範囲は，
$$a<-5,\quad \frac{1}{3}<a<1,\quad 1<a.$$
(2) 極大値と極小値の差を d とする．
(ア) $a<-5$ のとき．
① より，$f(x)$ の増減は次のようになる．

x	$\cdots$	a	$\cdots$	-1	$\cdots$
$f'(x)$	$+$	0	$-$	0	$+$
$f(x)$	↗	極大	↘	極小	↗

これより,
$$\begin{aligned}
d &= f(a) - f(-1) \\
&= (-a^3 - 3a^2 + 9a - 5) - (12a - 4) \\
&= -(a^3 + 3a^2 + 3a + 1) \\
&= -(a+1)^3.
\end{aligned}$$
$d = \dfrac{125}{27}$ のとき,
$$-(a+1)^3 = \frac{125}{27}.$$
$$a+1 = -\frac{5}{3}.$$
$$a = -\frac{8}{3}.$$
これは $a < -5$ を満たさないから不適.

(イ) $\dfrac{1}{3} < a < 1$, $1 < a$ のとき.

① より, $f(x)$ の増減は次のようになる.

x	$\cdots$	-1	$\cdots$	a	$\cdots$
$f'(x)$	$+$	0	$-$	0	$+$
$f(x)$	↗	極大	↘	極小	↗

これより,
$$\begin{aligned}
d &= f(-1) - f(a) \\
&= (a+1)^3.
\end{aligned}$$
$d = \dfrac{125}{27}$ のとき,
$$(a+1)^3 = \frac{125}{27}.$$
$$a+1 = \frac{5}{3}.$$
$$a = \frac{2}{3}.$$
これは $\dfrac{1}{3} < a < 1$, $1 < a$ を満たす.

(ア), (イ) より, 求める a の値は,
$$a = \frac{2}{3}.$$
また, $a = \dfrac{2}{3}$ のとき,

$$f(x) = 2x^3 + x^2 - 4x + 1$$
であり,
$$\text{極大値は } f(-1) = 4,$$
$$\text{極小値は } f\left(\frac{2}{3}\right) = -\frac{17}{27}$$
であるから, $y = f(x)$ のグラフは次図のようになる.

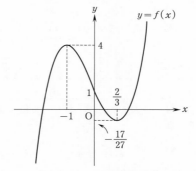

よって, $f(x) = 0$ の実数解で正となる解の個数は,

2 個.

102 ──〈方針〉──

(1) $f(1) = 3$ で, 「x の方程式 $f'(x) = 0$ が $x = 1$ を解にもつ」ことが必要.
(2) 曲線 $y = f(x)$ 上の点 $(p, f(p))$ における接線を考え, これが点 $(2, t)$ を通るような異なる p が 3 個あればよい.

(1) $$f(x) = ax^3 + 3bx + 1$$
より,
$$f'(x) = 3ax^2 + 3b.$$

$f(x)$ が $x = 1$ において極大値 3 をとるとすると,
$$\begin{cases} f(1) = 3, & \cdots ① \\ f'(1) = 0 & \cdots ② \end{cases}$$
が成り立つ.

①, ② より,

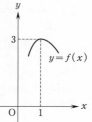

$$\begin{cases} a+3b+1=3, \\ 3a+3b=0. \end{cases}$$

これより,

$$a=-1, \quad b=1.$$

逆にこのとき,

$$f(x)=-x^3+3x+1,$$
$$f'(x)=-3x^2+3$$
$$=-3(x+1)(x-1)$$

であるので, $f(x)$ の増減は次のようになる.

x	$\cdots$	-1	$\cdots$	1	$\cdots$
$f'(x)$	$-$	0	$+$	0	$-$
$f(x)$	$\searrow$	-1	$\nearrow$	3	$\searrow$

これより, $f(x)$ は $x=1$ において極大値 3 をとる.

よって,

$$a=-1, \quad b=1.$$

(2) (1) より,

$$f(x)=-x^3+3x+1.$$

点 $(p, -p^3+3p+1)$ における曲線 $y=f(x)$ の接線の方程式は,

$$y-(-p^3+3p+1)=(-3p^2+3)(x-p),$$

すなわち,

$$y=(-3p^2+3)x+2p^3+1.$$

これが点 $(2, t)$ を通るとき,

$$t=(-3p^2+3)\cdot2+2p^3+1$$

すなわち,

$$2p^3-6p^2+7=t \qquad \cdots\text{③}$$

が成り立つ.

一般に,「3次関数のグラフに異なる2点で接する直線は存在しない」ので, 条件より, p の方程式③が異なる3個の実数解をもつような t の範囲を求めればよい.

そのためには

$$g(p)=2p^3-6p^2+7$$

とおくとき,

「曲線 $y=g(p)$ と直線 $y=t$ が共有点を3個もつ t の値の範囲」

を求めればよい.

$$g'(p)=6p^2-12p$$
$$=6p(p-2)$$

より, $g(p)$ の増減は次のようになる.

p	$\cdots$	0	$\cdots$	2	$\cdots$
$g'(p)$	$+$	0	$-$	0	$+$
$g(p)$	$\nearrow$	7	$\searrow$	-1	$\nearrow$

これより, $y=g(p)$ のグラフは次図のようになる.

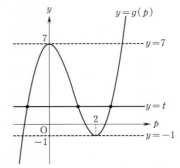

よって, 求める t の値の範囲は,

$$-1<t<7.$$

103 ──〈方針〉

(2), (3) 方程式 $f(x)=a$ の実数解は, $y=f(x)$ のグラフと直線 $y=a$ の交点の x 座標であることを利用する.

$$f(x)=x^3-3x.$$

(1)
$$f'(x)=3x^2-3$$
$$=3(x+1)(x-1)$$

であるから, $f(x)$ の増減は次のようになる.

x	$\cdots$	-1	$\cdots$	1	$\cdots$
$f'(x)$	$+$	0	$-$	0	$+$
$f(x)$	$\nearrow$	2	$\searrow$	-2	$\nearrow$

$y=f(x)$ のグラフは次図のようになる.

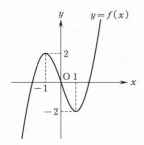

(2) $y=f(x)$ のグラフと直線 $y=a$ （a は正の定数）が異なる3点で交わればよいので，

$$0<a<2.$$

(3)

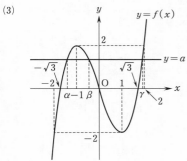

(2)のとき，3つの交点の x 座標が α, β, γ （$\alpha<\beta<\gamma$）であり，

$$\alpha<\beta<0<\gamma.$$

よって，

$$|\alpha|+|\beta|+|\gamma|=-\alpha-\beta+\gamma. \quad \cdots①$$

α, β, γ は $x^3-3x-a=0$ の3解であるから，解と係数の関係より，

$$\alpha+\beta+\gamma=0.$$
$$-\alpha-\beta=\gamma.$$

①に代入して，

$$|\alpha|+|\beta|+|\gamma|=2\gamma. \quad \cdots①'$$

$y=f(x)$ のグラフと直線 $y=2$ の交点の x 座標を求める．

$f(x)=2$ より，

$$x^3-3x-2=0.$$
$$(x+1)^2(x-2)=0.$$

したがって，$y=f(x)$ のグラフと直線

$y=2$ の共有点は，

$$(-1,\ 2),\ (2,\ 2).$$

これと(1)のグラフより，γ のとり得る値の範囲は，

$$\sqrt{3}<\gamma<2.$$

よって，$|\alpha|+|\beta|+|\gamma|$ のとり得る値の範囲は，①' より，

$$2\sqrt{3}<|\alpha|+|\beta|+|\gamma|<4.$$

$\boldsymbol{104}$ ——〈方針〉

(2) $S'(a)$ を求め，$S(a)$ の増減を調べる．

(1)

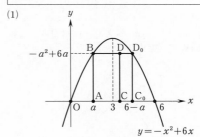

$$y=-x^2+6x$$
$$=-(x-3)^2+9.$$

A$(a,\ 0)$，B$(a,\ -a^2+6a)$ とし，線分 AB を x 軸の正の向きに平行移動した線分を CD とすると，長方形 ABDC の面積 S は，

$$S=\text{AB}\cdot\text{AC}.$$

ここで，AB$=-a^2+6a$（一定）であるので，S が最大になるのは線分 AC の長さが最大となるときであり，それは D が放物線 $y=-x^2+6x$ 上にあるときである．

そのときの C，D をそれぞれ C_0，D_0 とすると，

$$\text{C}_0(6-a,\ 0),\ \text{D}_0(6-a,\ -a^2+6a).$$

よって，

$$S(a)=(-a^2+6a)\cdot\{(6-a)-a\}$$
$$=(-a^2+6a)(6-2a)$$
$$=2a^3-18a^2+36a \quad (0<a<3).$$

(2) $S'(a)=6a^2-36a+36$

$$=6(a^2-6a+6)$$
$$=6\{a-(3-\sqrt{3})\}\{a-(3+\sqrt{3})\}$$

より，$S(a)$ の増減は次のようになる．

a	(0)	$\cdots$	$3-\sqrt{3}$	$\cdots$	(3)
$S'(a)$		$+$	0	$-$	
$S(a)$	(0)	$\nearrow$		$\searrow$	(0)

よって，求める a の値は，
$$a=3-\sqrt{3}.$$

さらに，
$$S(a)=(-a^2+6a)(6-2a)$$
と，$a=3-\sqrt{3}$ のとき $a^2-6a+6=0$ より
$$S(3-\sqrt{3})=\{-(-\sqrt{3})^2+9\}\cdot2(\sqrt{3})$$
$$=12\sqrt{3}$$

であるから，$S(a)$ のグラフは次図のようになる（両端は除く）．

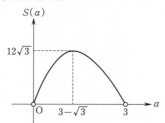

105 ──〈方針〉──

$0\leqq x\leqq1$ における $f(x)$ の最小値が 0 以上であればよい．

「$0\leqq x\leqq1$ において $f(x)\geqq0$」$\cdots(*)$
$(*)$ が成り立つためには，
$$f(0)\geqq0,\ f(1)\geqq0$$
が必要である．
$$f(0)=a,\ f(1)=1-2a$$
であるから，
$$a\geqq0\ \text{かつ}\ 1-2a\geqq0,$$
すなわち，
$$0\leqq a\leqq\frac{1}{2}$$

が必要．このとき，
$$f'(x)=3x^2-3a$$
$$=3(x+\sqrt{a})(x-\sqrt{a}).$$

(ア) $a=0$ のとき．
$$f(x)=x^3$$
であるから，$(*)$ は成り立つ．

(イ) $0<a\leqq\dfrac{1}{2}$ のとき．

$0\leqq x\leqq1$ における $f(x)$ の増減は次のようになる．

x	0	$\cdots$	$\sqrt{a}$	$\cdots$	1
$f'(x)$		$-$	0	$+$	
$f(x)$		$\searrow$		$\nearrow$	

したがって，$(*)$ が成り立つ条件は，
$$f(\sqrt{a})\geqq0.$$
$$a\sqrt{a}-3a\sqrt{a}+a\geqq0.$$

整理して，
$$-2a\left(\sqrt{a}-\frac{1}{2}\right)\geqq0.$$

これと $a>0$ より，
$$0<\sqrt{a}\leqq\frac{1}{2},$$
すなわち，
$$0<a\leqq\frac{1}{4}.$$

(ア)，(イ) により，求める a の値の範囲は，
$$0\leqq a\leqq\frac{1}{4}.$$

106 ──〈方針〉──

直円錐の頂点と，底面の 1 つの直径を含む平面による断面を考える．

(1) 円柱の底面の半径を y とする．

直円錐の頂点と，底面の 1 つの直径を含む平面による断面である二等辺三角形 ABC を考える．

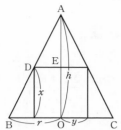

図において，△ADE∽△ABO より，
$$AE : DE = AO : BO.$$
$$h - x : y = h : r.$$
これより，
$$y = \frac{r}{h}(h - x).$$
よって，
$$V = \pi y^2 x$$
$$= \pi \cdot \frac{r^2}{h^2}(h - x)^2 x$$
$$= \pi \cdot \frac{r^2}{h^2}(x^3 - 2hx^2 + h^2 x).$$

(2)
$$\frac{dV}{dx} = \pi \cdot \frac{r^2}{h^2}(3x^2 - 4hx + h^2)$$
$$= \pi \cdot \frac{r^2}{h^2}(3x - h)(x - h).$$

よって，V の増減は次のようになる．

x	(0)	$\cdots$	$\dfrac{h}{3}$	$\cdots$	(h)
$\dfrac{dV}{dx}$		$+$	0	$-$	
V		↗	極大	↘	

ゆえに，V は $x = \dfrac{h}{3}$ で最大となり，

最大値 $M = \pi \cdot \dfrac{r^2}{h^2}\left(\dfrac{2}{3}h\right)^2 \dfrac{h}{3}$

$$= \frac{4}{27}\pi r^2 h.$$

(3) $r + h = 3$ より，
$$h = 3 - r > 0.$$
よって，
$$0 < r < 3.$$
(2) より，

$$M = \frac{4}{27}\pi r^2 (3 - r)$$
$$= \frac{4}{27}\pi(3r^2 - r^3)$$
であるから，
$$\frac{dM}{dr} = \frac{4}{27}\pi(6r - 3r^2)$$
$$= \frac{4}{9}\pi(2 - r)r.$$

よって，M の増減は次のようになる．

r	(0)	$\cdots$	2	$\cdots$	(3)
$\dfrac{dM}{dr}$		$+$	0	$-$	
M		↗	極大	↘	

これより，M は $r = 2$ で最大となり，最大値は，

$$\frac{4}{27}\pi \cdot 2^2 \cdot 1 = \frac{16}{27}\pi.$$

107 ──〈方針〉──

(2) $\displaystyle\int_\alpha^\beta (x - \alpha)(x - \beta)\, dx = -\frac{1}{6}(\beta - \alpha)^3$
を利用する．

また，相加平均と相乗平均の大小関係
$a > 0$，$b > 0$ のとき，
$$\frac{a + b}{2} \geqq \sqrt{ab}$$
（等号は $a = b$ のとき成立）
を利用する．

$$C : y = x^2.$$

(1) $t = 1$ のとき，P$(1,\ 1)$.
$y' = 2x$ より，
$$l_1 : y = 2(x - 1) + 1,$$
すなわち，
$$l_1 : y = \boxed{2}\, x - \boxed{1}.$$
この式で $y = 0$ とすると，
$$0 = 2x - 1.$$
よって，
$$x = \boxed{\dfrac{1}{2}}.$$

98

これより，C と l_1 および x 軸とで囲まれる部分は次図の網掛け部分である．

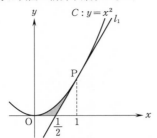

この部分の面積を S_1 とする．

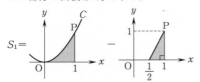

したがって，

$$S_1=\int_0^1 x^2\,dx-\frac{1}{2}\cdot1\cdot\left(1-\frac{1}{2}\right)$$
$$=\left[\frac{1}{3}x^3\right]_0^1-\frac{1}{4}$$
$$=\frac{1}{3}-\frac{1}{4}$$
$$=\boxed{\frac{1}{12}}.$$

(2) C 上の点 $\mathrm{P}(t,\ t^2)$ $(t>0)$ における C の法線 l_2 の方程式は，$y'=2x$ より，

$$l_2:y=-\frac{1}{2t}(x-t)+t^2,$$

すなわち，

$$l_2:y=-\frac{1}{2t}x+\frac{1}{2}+t^2.$$

これと C の方程式を連立して y を消去した x の方程式

$$x^2=-\frac{1}{2t}x+\frac{1}{2}+t^2,$$

すなわち，

$$\left(x+t+\frac{1}{2t}\right)(x-t)=0$$

を解くと，

$$x=-t-\frac{1}{2t},\ t.$$

P と Q は異なる点であり，

$$t>0\ \text{より}\ t\neq-t-\frac{1}{2t}$$

であることから，Q の x 座標は，

$$x=\boxed{-t-\frac{1}{2t}}.$$

したがって，C と l_2 で囲まれた部分は次図の網掛け部分である．

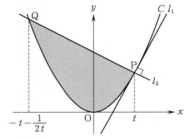

この部分の面積を S_2 とすると，

$$S_2=\int_{-t-\frac{1}{2t}}^t\left\{\left(-\frac{1}{2t}x+\frac{1}{2}+t^2\right)-x^2\right\}dx$$
$$=-\int_{-t-\frac{1}{2t}}^t\left(x+t+\frac{1}{2t}\right)(x-t)\,dx$$
$$=\frac{1}{6}\left\{t-\left(-t-\frac{1}{2t}\right)\right\}^3$$
$$=\frac{1}{6}\left(2t+\frac{1}{2t}\right)^3.$$

ここで，$t>0$ であるから，相加平均と相乗平均の大小関係より，

$$2t+\frac{1}{2t}\geqq2\sqrt{2t\cdot\frac{1}{2t}}$$
$$=2.$$

$2t=\frac{1}{2t}$ かつ $t>0$ より，$t=\frac{1}{2}$ のとき等号が成り立つ．

よって，S_2 は $t=\boxed{\dfrac{1}{2}}$ のとき最小となり，その最小値は，

$$\frac{1}{6}\cdot2^3=\boxed{\frac{4}{3}}.$$

108 ──〈方針〉

区間 $a \leqq x \leqq a+1$ における x 軸と放物線の上下関係に注目し，場合分けをする．

(1)

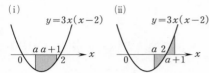

(ⅰ) $y=3x(x-2)$　　(ⅱ) $y=3x(x-2)$

(ⅰ) $0 \leqq a \leqq 2$ かつ $a+1 \leqq 2$，すなわち $0 \leqq a \leqq 1$ のとき，

$$S(a) = \int_a^{a+1} \{-3x(x-2)\}\,dx$$
$$= \left[-x^3 + 3x^2 \right]_a^{a+1}$$
$$= -3a^2 + 3a + 2.$$

(ⅱ) $0 \leqq a \leqq 2$ かつ $2 < a+1$，すなわち $1 < a \leqq 2$ のとき，

$$S(a) = \int_a^2 \{-3x(x-2)\}\,dx$$
$$\qquad + \int_2^{a+1} 3x(x-2)\,dx$$
$$= \left[-x^3 + 3x^2 \right]_a^2 + \left[x^3 - 3x^2 \right]_2^{a+1}$$
$$= (a^3 - 3a^2 + 4) + (a^3 - 3a + 2)$$
$$= 2a^3 - 3a^2 - 3a + 6.$$

以上（ⅰ），（ⅱ）より，

$$S(a) = \begin{cases} -3a^2 + 3a + 2 \\ \qquad (0 \leqq a \leqq 1 \text{ のとき}), \\ 2a^3 - 3a^2 - 3a + 6 \\ \qquad (1 < a \leqq 2 \text{ のとき}). \end{cases}$$

(2)

$$\begin{cases} f(a) = -3a^2 + 3a + 2, \\ g(a) = 2a^3 - 3a^2 - 3a + 6 \end{cases}$$

とおくと，

$$\begin{cases} f'(a) = -6\left(a - \dfrac{1}{2}\right), \\ g'(a) = 3(2a^2 - 2a - 1). \end{cases}$$

$g'(a) = 0$ とすると，

$$a = \frac{1 \pm \sqrt{3}}{2}.$$

よって，$0 \leqq a \leqq 2$ における $S(a)$ の増減は次のようになる．

a	0	$\cdots$	$\dfrac{1}{2}$	$\cdots$	1	$\cdots$	$\dfrac{1+\sqrt{3}}{2}$	$\cdots$	2
$S'(a)$		$+$	0	$-$		$-$	0	$+$	
$S(a)$		↗	極大	↘	2	↘	極小	↗	

したがって

$$\begin{cases} S\left(\dfrac{1}{2}\right) = f\left(\dfrac{1}{2}\right) = \dfrac{11}{4}, \\ S(2) = g(2) = 4 \end{cases}$$

より，$S(a)$ は $a=2$ のとき，**最大値 4** をとる．

109 ──〈方針〉

(2) C と l との上下関係に注意して，S を定積分で表す．
(3) 微分法を用いる．

(1) C の方程式と l の方程式を連立すると，

$$x(x-1) = kx$$

であるから，

$$x(x - k - 1) = 0.$$

これより，

$$x = 0, \quad k+1.$$

したがって，l と C が $0 < x < 1$ の範囲に共有点をもつ条件は，

$$0 < k+1 < 1$$

であるから，

$$-1 < k < 0.$$

（(1)の別解）

C の方程式 $y = x(x-1)$ より，

$$y' = 2x - 1$$

であるから，原点における C の接線の方程式は，

$$y = -x.$$

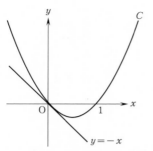

また，$l : y = kx$ は原点を通る傾き k の直線であるから，l と C が $0 < x < 1$ の範囲に共有点をもつ k の値の範囲は，

$$-1 < k < 0.$$

((1) の別解終り)

(2) (1) より，C と l および直線 $x = 1$ で囲まれた 2 つの部分は次図の網掛け部分である．

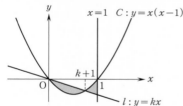

したがって，

$$S = \int_0^{k+1} \{kx - x(x-1)\} \, dx$$
$$+ \int_{k+1}^1 \{x(x-1) - kx\} \, dx$$
$$= -\int_0^{k+1} x(x - k - 1) \, dx$$
$$+ \int_{k+1}^1 \{x^2 - (k+1)x\} \, dx$$
$$= \frac{1}{6}(k+1)^3 + \left[\frac{1}{3}x^3 - \frac{k+1}{2}x^2\right]_{k+1}^1$$
$$= \frac{1}{6}(k+1)^3 + \frac{1}{3} - \frac{k+1}{2}$$
$$- \frac{1}{3}(k+1)^3 + \frac{1}{2}(k+1)^3$$
$$= \frac{1}{3}(k+1)^3 - \frac{1}{2}(k+1) + \frac{1}{3} \qquad \cdots(*)$$
$$= \frac{1}{3}k^3 + k^2 + \frac{1}{2}k + \frac{1}{6}.$$

(3) (2) の結果より，

$$S' = k^2 + 2k + \frac{1}{2}.$$

ここで，k の方程式 $S' = 0$ すなわち，

$$k^2 + 2k + \frac{1}{2} = 0$$

を解くと，

$$k = -1 \pm \frac{\sqrt{2}}{2}.$$

以上により，$-1 < k < 0$ における S の増減は次のようになる．

k	(-1)	$\cdots$	$-1 + \dfrac{\sqrt{2}}{2}$	$\cdots$	(0)
S'		$-$	0	$+$	
S		$\searrow$		$\nearrow$	

よって，S は

$$k = -1 + \frac{\sqrt{2}}{2}$$

のとき最小となり，$(*)$ を用いると S の最小値は，

$$\frac{1}{3}\left(-1 + \frac{\sqrt{2}}{2} + 1\right)^3 - \frac{1}{2}\left(-1 + \frac{\sqrt{2}}{2} + 1\right) + \frac{1}{3}$$
$$= \frac{1}{3} - \frac{\sqrt{2}}{6}$$

となる．

110 ─〈方針〉─

(1) C_1 上の点 (s, s^2) における C_1 の接線と C_2 上の点 $(t, t^2 - 4at + 4a)$ における接線が一致する条件を考える．
(2) 面積を定積分を用いて表す．

(1) C_1 上の点 (s, s^2) における C_1 の接線の方程式は，$y' = 2x$ より，

$$y - s^2 = 2s(x - s),$$

すなわち，

$$y = 2sx - s^2. \qquad \cdots①$$

C_2 上の点 $(t, t^2 - 4at + 4a)$ における C_2 の接線の方程式は，$y' = 2x - 4a$ より，

$$y-(t^2-4at+4a)=(2t-4a)(x-t),$$

すなわち,

$$y=(2t-4a)x-t^2+4a. \quad \cdots ②$$

① と ② が一致する条件は,

$$\begin{cases} 2s=2t-4a, \\ -s^2=-t^2+4a. \end{cases}$$

2式をそれぞれ変形すると,

$$\begin{cases} t-s=2a, & \cdots ③ \\ (t+s)(t-s)=4a. & \cdots ④ \end{cases}$$

③, ④ より,

$$(t+s)\times 2a=4a.$$

$a>0$ であるから,

$$t+s=2. \quad \cdots ⑤$$

③, ⑤ より,

$$s=-a+1, \quad t=a+1.$$

よって, ① (または ②) より,

$$l : y=2(-a+1)x-(-a+1)^2.$$

((1) の部分的別解) (① の後)

① と C_2 が接する条件は, ① と C_2 の方程式から y を消去して得られる x の2次方程式

$$x^2-4ax+4a=2sx-s^2,$$

すなわち,

$$x^2-2(2a+s)x+4a+s^2=0 \quad \cdots ⑥$$

が重解をもつことである.

⑥ の判別式を D とすると,

$$\frac{D}{4}=\{-(2a+s)\}^2-(4a+s^2)$$
$$=4a(a+s-1)$$

であるから, ⑥ が重解をもつ条件は,

$$4a(a+s-1)=0.$$

$a>0$ であるから,

$$s=-a+1.$$

よって, ① より,

$$l : y=2(-a+1)x-(-a+1)^2.$$

((1) の部分的別解終り)

((1) の別解)

$$l : y=mx+n$$

とおく.

C_1 と l が接する条件は, C_1 の方程式と l の方程式から y を消去して得られる x の2次方程式

$$x^2-mx-n=0 \quad \cdots ⑦$$

が重解をもつことである.

⑦ の判別式を D_1 とすると,

$$D_1=(-m)^2-4(-n)$$
$$=m^2+4n$$

であるから, ⑦ が重解をもつ条件は,

$$m^2+4n=0. \quad \cdots ⑧$$

C_2 と l が接する条件についても同様にして, 2式から y を消去して得られる x の2次方程式

$$x^2-(4a+m)x+4a-n=0$$

が重解をもつ条件より,

$$(4a+m)^2-4(4a-n)=0. \quad \cdots ⑨$$

⑧, ⑨ より,

$$m=2(-a+1), \quad n=-(-a+1)^2.$$

よって,

$$l : y=2(-a+1)x-(-a+1)^2.$$

((1) の別解終り)

(2) C_1 と C_2 の共有点の x 座標は, C_1 の方程式と C_2 の方程式から y を消去して得られる x の方程式

$$x^2=x^2-4ax+4a$$

より, $a>0$ に注意して,

$$x=1.$$

また, C_1 と l の接点の x 座標および C_2 と l の接点の x 座標は, それぞれ

$$x=-a+1, \quad x=a+1$$

である.

$a>0$ より,

$$-a+1<1<a+1$$

に注意すると, C_1, C_2 と l で囲まれる図形は次図の網掛け部分である.

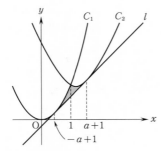

求める面積は,

$$\int_{-a+1}^{1}\{x^2-2(-a+1)x+(-a+1)^2\}\,dx$$
$$+\int_{1}^{a+1}\{(x^2-4ax+4a)-2(-a+1)x+(-a+1)^2\}\,dx$$
$$=\int_{-a+1}^{1}(x+a-1)^2\,dx+\int_{1}^{a+1}(x-a-1)^2\,dx$$
$$=\left[\frac{1}{3}(x+a-1)^3\right]_{-a+1}^{1}+\left[\frac{1}{3}(x-a-1)^3\right]_{1}^{a+1}$$
$$=\frac{1}{3}a^3-\frac{1}{3}(-a)^3$$
$$=\frac{2}{3}a^3.$$

111

(1)　$y=f(x)$,　　　　　…①
　　$y=f(x+p)-p$.　　　…②

①, ② から y を消去すると
$$f(x)=f(x+p)-p.$$
$$x^3-x=(x+p)^3-(x+p)-p.$$
$$3px^2+3p^2x+p^3-2p=0.$$

$p>0$ より,
$$3x^2+3px+p^2-2=0.　　…③$$

曲線 C_1 と C_2 が共有点を 2 個もつのは, x の方程式 ③ が相異なる 2 つの実数解をもつときである.

よって, ③ の判別式を D とすると, 求める条件は,
$$D=(3p)^2-4\cdot3(p^2-2)>0.$$
$$-3p^2+24>0.$$
$$p^2<8.$$

$p>0$ を考慮して,
$$0<p<2\sqrt{2}\,.$$

(2)　$$\int_{\alpha}^{\beta}(\beta-x)(x-\alpha)\,dx$$
$$=\int_{\alpha}^{\beta}(\beta-\alpha+\alpha-x)(x-\alpha)\,dx$$
$$=\int_{\alpha}^{\beta}\{(\beta-\alpha)(x-\alpha)-(x-\alpha)^2\}\,dx$$
$$=\left[\frac{\beta-\alpha}{2}(x-\alpha)^2-\frac{1}{3}(x-\alpha)^3\right]_{\alpha}^{\beta}$$
$$=\frac{1}{6}(\beta-\alpha)^3.$$

(3)　曲線 C_1 と C_2 の共有点の x 座標を改めて, α, β $(\alpha<\beta)$ とすると, α, β は ③ の 2 解である.

③ を解くと,
$$x=\frac{-3p\pm\sqrt{24-3p^2}}{6}$$

であるから,
$$\alpha=\frac{-3p-\sqrt{24-3p^2}}{6},\quad \beta=\frac{-3p+\sqrt{24-3p^2}}{6}.$$
$$f(x)-\{f(x+p)-p\}=-3px^2-3p^2x-p^3+2p$$
$$=-3p(x-\alpha)(x-\beta)$$
$$=3p(\beta-x)(x-\alpha)$$

であるから,
$$\begin{cases}\alpha<x<\beta\ \text{のとき}　f(x)>f(x+p)-p,\\ x<\alpha,\ \beta<x\ \text{のとき}　f(x)<f(x+p)-p.\end{cases}$$

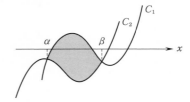

したがって,
$$S(p)=\int_{\alpha}^{\beta}\{f(x)-(f(x+p)-p)\}\,dx$$
$$=3p\int_{\alpha}^{\beta}(\beta-x)(x-\alpha)\,dx$$
$$=\frac{3p}{6}(\beta-\alpha)^3\quad((2)\text{より})$$
$$=\frac{p}{2}\left(\frac{\sqrt{24-3p^2}}{3}\right)^3$$

$$= \frac{\sqrt{3}}{18} p(\sqrt{8-p^2})^3$$

$$= \frac{\sqrt{3}}{18} \sqrt{p^2(8-p^2)^3}.$$

ここで，$8-p^2=t$ とおくと，(1) より，

$$0 < t < 8.$$

また，

$$S(p) = \frac{\sqrt{3}}{18} \sqrt{(8-t)t^3}.$$

$g(t) = (8-t)t^3$ とおくと，

$$g'(t) = 24t^2 - 4t^3$$
$$= 4t^2(6-t).$$

したがって，$g(t)$ の増減は次のようになる．

t	(0)	$\cdots$	6	$\cdots$	(8)
$g'(t)$		$+$	0	$-$	
$g(t)$		↗	最大	↘	

よって，$t=6$ のとき $g(t)$ は最大となり，このとき $S(p)$ も最大となる．

ゆえに，求める最大値は，

$$\frac{\sqrt{3}}{18} \sqrt{g(6)} = 2.$$

112

(1) $(x^2)'=2x$ であるから，放物線 $y=x^2$ 上の $P(\alpha, \alpha^2)$ における接線 l の方程式は，

$$y - \alpha^2 = 2\alpha(x-\alpha).$$

よって，

$$l : y = 2\alpha x - \alpha^2. \qquad \cdots ①$$

同様に，$Q(\beta, \beta^2)$ における接線 m は，

$$m : y = 2\beta x - \beta^2. \qquad \cdots ②$$

①－② より，

$$2(\alpha - \beta)x = \alpha^2 - \beta^2.$$

したがって，

$$2(\alpha - \beta)x = (\alpha - \beta)(\alpha + \beta).$$

$\alpha \neq \beta$ であるから，

$$x = \frac{\alpha + \beta}{2}.$$

① に代入すると，

$$y = 2\alpha \cdot \frac{\alpha + \beta}{2} - \alpha^2$$
$$= \alpha\beta.$$

したがって，l，m の交点 R の座標は，

$$\mathbf{R}\left(\frac{\alpha+\beta}{2}, \ \alpha\beta\right).$$

(2)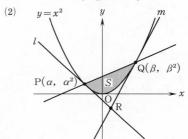

直線 PQ の方程式は，

$$y - \beta^2 = \frac{\alpha^2 - \beta^2}{\alpha - \beta}(x - \beta),$$

すなわち，

$$y = (\alpha + \beta)x - \alpha\beta.$$

したがって，

$$S = \int_\alpha^\beta \{(\alpha+\beta)x - \alpha\beta - x^2\}\,dx$$

$$= -\int_\alpha^\beta (x-\alpha)(x-\beta)\,dx$$

$$= \frac{1}{6}(\beta - \alpha)^3.$$

(3)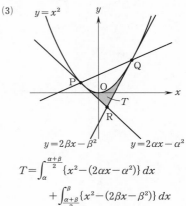

$$T = \int_\alpha^{\frac{\alpha+\beta}{2}} \{x^2 - (2\alpha x - \alpha^2)\}\,dx$$

$$+ \int_{\frac{\alpha+\beta}{2}}^\beta \{x^2 - (2\beta x - \beta^2)\}\,dx$$

$$= \int_{\alpha}^{\frac{\alpha+\beta}{2}} (x-\alpha)^2\, dx + \int_{\frac{\alpha+\beta}{2}}^{\beta} (x-\beta)^2\, dx$$

$$= \left[\frac{1}{3}(x-\alpha)^3 \right]_{\alpha}^{\frac{\alpha+\beta}{2}} + \left[\frac{1}{3}(x-\beta)^3 \right]_{\frac{\alpha+\beta}{2}}^{\beta}$$

$$= \frac{1}{3}\left(\frac{\beta-\alpha}{2} \right)^3 - \frac{1}{3}\left(\frac{\alpha-\beta}{2} \right)^3$$

$$= \frac{2}{3}\left(\frac{\beta-\alpha}{2} \right)^3$$

$$= \frac{1}{12}(\beta-\alpha)^3.$$

したがって,

$$\frac{S}{T} = \frac{\dfrac{1}{6}(\beta-\alpha)^3}{\dfrac{1}{12}(\beta-\alpha)^3}$$

$$= 2.$$

((3) の別解)

$$\overrightarrow{\mathrm{RP}} = \frac{\alpha-\beta}{2}(1,\ 2\alpha),$$

$$\overrightarrow{\mathrm{RQ}} = \frac{\beta-\alpha}{2}(1,\ 2\beta)$$

であるから,

$$\triangle \mathrm{PQR} = \frac{1}{2}\left| \frac{\alpha-\beta}{2}\cdot\frac{\beta-\alpha}{2}(1\cdot2\beta-2\alpha\cdot1) \right|$$

$$= \frac{1}{4}(\beta-\alpha)^3.$$

したがって,

$$T = \triangle \mathrm{PQR} - S$$

$$= \frac{1}{4}(\beta-\alpha)^3 - \frac{1}{6}(\beta-\alpha)^3$$

$$= \frac{1}{12}(\beta-\alpha)^3.$$

以下略.

((3) の別解終り)

113 ──〈方針〉──

$\displaystyle\int_1^2 f(t)\,dt$, $\displaystyle\int_0^3 g(t)\,dt$ は定数であるから,

$$\int_1^2 f(t)\,dt = a, \quad \int_0^3 g(t)\,dt = b$$

$$(a,\ b は定数)$$

とおく.

$$f(x) = 3x^2 + 2x - 2\int_0^3 g(t)\,dt. \quad \cdots ①$$

$$g(x) = x^2 - 4x + \int_1^2 f(t)\,dt. \quad \cdots ②$$

$\displaystyle\int_1^2 f(t)\,dt$, $\displaystyle\int_0^3 g(t)\,dt$ は定数であるから, a, b を定数として,

$$\int_1^2 f(t)\,dt = a, \quad\quad \cdots ③$$

$$\int_0^3 g(t)\,dt = b \quad\quad \cdots ④$$

と表せる.

このとき, ①, ② より,

$$f(x) = 3x^2 + 2x - 2b,$$

$$g(x) = x^2 - 4x + a.$$

これを用いて,

$$\int_1^2 f(t)\,dt = \int_1^2 (3t^2 + 2t - 2b)\,dt$$

$$= \left[t^3 + t^2 - 2bt \right]_1^2$$

$$= 10 - 2b, \quad\quad \cdots ⑤$$

$$\int_0^3 g(t)\,dt = \int_0^3 (t^2 - 4t + a)\,dt$$

$$= \left[\frac{1}{3}t^3 - 2t^2 + at \right]_0^3$$

$$= 3a - 9. \quad\quad \cdots ⑥$$

③, ⑤ より,

$$10 - 2b = a. \quad\quad \cdots ⑦$$

④, ⑥ より,

$$3a - 9 = b. \quad\quad \cdots ⑧$$

⑦, ⑧ より,

$$a = 4, \quad b = 3.$$

これらと ③, ④ より,

$$\int_1^2 f(t)\,dt = \boxed{4}, \quad \int_0^3 g(t)\,dt = \boxed{3}.$$

114 ──〈方針〉

(1) $f(x)$ は 2 次関数であるから,
$$f(x)=ax^2+bx+c \quad (a\neq0)$$
とおくことができる.

(2) $xf(x)$ の $x\geqq0$ における増減を調べる.

$$xf(x)=\frac{2}{3}x^3+(x^2+x)\int_0^1 f(t)\,dt+\int_0^x f(t)\,dt$$
$$\cdots(*)$$

(1) $f(x)$ は 2 次関数であるから,
$$f(x)=ax^2+bx+c \quad (a\neq0)$$
とおくことができる.

このとき,
$$((*) \text{の左辺})=x(ax^2+bx+c)$$
$$=ax^3+bx^2+cx,$$

$((*)$ の右辺)

$$=\frac{2}{3}x^3+(x^2+x)\int_0^1(at^2+bt+c)\,dt+\int_0^x(at^2+bt+c)\,dt$$

$$=\frac{2}{3}x^3+(x^2+x)\left[\frac{a}{3}t^3+\frac{b}{2}t^2+ct\right]_0^1+\left[\frac{a}{3}t^3+\frac{b}{2}t^2+ct\right]_0^x$$

$$=\frac{2}{3}x^3+(x^2+x)\left(\frac{a}{3}+\frac{b}{2}+c\right)+\left(\frac{a}{3}x^3+\frac{b}{2}x^2+cx\right)$$

$$=\left(\frac{a+2}{3}\right)x^3+\left(\frac{a}{3}+b+c\right)x^2+\left(\frac{a}{3}+\frac{b}{2}+2c\right)x$$

であるから, $(*)$ より,

$$ax^3+bx^2+cx$$
$$=\left(\frac{a+2}{3}\right)x^3+\left(\frac{a}{3}+b+c\right)x^2+\left(\frac{a}{3}+\frac{b}{2}+2c\right)x.$$
$$\cdots①$$

これが x についての恒等式であればよい.
① の両辺の係数を比較して,
$$\begin{cases} a=\dfrac{a+2}{3}, \\ b=\dfrac{a}{3}+b+c, \\ c=\dfrac{a}{3}+\dfrac{b}{2}+2c. \end{cases}$$

これを解いて,
$$a=1, \quad b=0, \quad c=-\frac{1}{3}.$$
$$(a\neq0 \text{ を満たす})$$

よって,
$$f(x)=x^2-\frac{1}{3}.$$

(2) (1) の結果より,
$$xf(x)=x^3-\frac{1}{3}x.$$

ここで,
$$g(x)=xf(x) \left(=x^3-\frac{1}{3}x\right)$$
とおくと,
$$g'(x)=3x^2-\frac{1}{3}$$
$$=3\left(x+\frac{1}{3}\right)\left(x-\frac{1}{3}\right)$$

であるから, $g(x)$ の $x\geqq0$ における増減は次のようになる.

x	0	$\cdots$	$\dfrac{1}{3}$	$\cdots$
$g'(x)$		$-$	0	$+$
$g(x)$		$\searrow$	$-\dfrac{2}{27}$	$\nearrow$

よって, 求める最小値は,
$$-\frac{2}{27}.$$

115

(1)
$$g(t)=|t^2-xt|$$
$$=|t(t-x)|$$
$$=\begin{cases} t(t-x) & (t\leqq0, \ x\leqq t), \\ -t(t-x) & (0\leqq t\leqq x). \end{cases}$$

したがって, $y=g(t)$ のグラフは次のようになる.

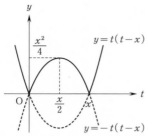

【注】 上図は $x>0$ のときのグラフを表している. $x=0$ のときは, $y=g(t)$ のグラフは, 放物線 $y=t^2$ である.

(注終り)

(2)(i) $x \geqq 1$ のとき.

$f(x)$ は次図の網掛け部分の面積を表す.

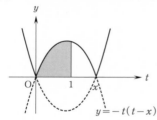

したがって,

$$f(x) = \int_0^1 \{-t(t-x)\}\,dt$$
$$= \left[-\frac{t^3}{3} + \frac{x}{2}t^2 \right]_0^1$$
$$= \frac{1}{2}x - \frac{1}{3}.$$

(ii) $0 \leqq x \leqq 1$ のとき.

$f(x)$ は次図の網掛け部分の面積を表す.

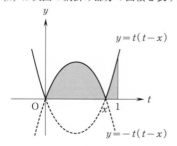

したがって,

$$f(x) = \int_0^x -t(t-x)\,dt + \int_x^1 t(t-x)\,dt$$
$$= \left[-\frac{t^3}{3} + \frac{x}{2}t^2 \right]_0^x + \left[\frac{t^3}{3} - \frac{x}{2}t^2 \right]_x^1$$
$$= \frac{1}{3}x^3 - \frac{1}{2}x + \frac{1}{3}.$$

(i), (ii) より,

$$f(x) = \begin{cases} \dfrac{1}{2}x - \dfrac{1}{3} & (x \geqq 1), \\[2mm] \dfrac{1}{3}x^3 - \dfrac{1}{2}x + \dfrac{1}{3} & (0 \leqq x \leqq 1). \end{cases}$$

(3) (2) より,

$$\begin{cases} x>1 \text{ のとき} \quad f'(x) = \dfrac{1}{2} > 0, \\[2mm] 0<x<1 \text{ のとき} \quad f'(x) = x^2 - \dfrac{1}{2}. \end{cases}$$

したがって, $f(x)$ の増減は次のようになる.

x	0	$\cdots$	$\dfrac{1}{\sqrt{2}}$	$\cdots$	1	$\cdots$
$f'(x)$		$-$	0	$+$		$+$
$f(x)$		$\searrow$	最小	$\nearrow$		$\nearrow$

よって, $x = \dfrac{1}{\sqrt{2}}$ のとき $f(x)$ は最小となり, 最小値は,

$$f\left(\frac{1}{\sqrt{2}} \right) = \frac{1}{3} - \frac{\sqrt{2}}{6}.$$

116 ——〈方針〉

(1) 曲線と x 軸の共有点の x 座標に注意して, 2つの部分に分けて面積を求める.

(1) $f(x) = 12x^3 - 12(a+2)x^2 + 24ax$

とおくと,

$$f(x) = 12x\{x^2 - (a+2)x + 2a\}$$
$$= 12x(x-a)(x-2).$$

これより, 曲線 $y=f(x)$ と x 軸の共有点の x 座標は,

$$x = 0,\ a,\ 2.$$

したがって，$0 \leqq a \leqq 2$ より曲線 $y = f(x)$ の概形は次図のようになる．

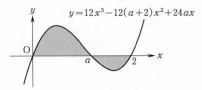

$y = 12x^3 - 12(a+2)x^2 + 24ax$

$S(a)$ は図の網掛け部分の面積の和であり，$a = 0，2$ の場合も含めて次の式で求められる．

$$S(a) = \int_0^a f(x)\,dx + \int_a^2 \{-f(x)\}\,dx.$$

ここで，

$$F(x) = 3x^4 - 4(a+2)x^3 + 12ax^2$$

とおくと，

$$F'(x) = f(x)$$

であり，

$$F(0) = 0,$$
$$F(a) = 3a^4 - 4(a+2)a^3 + 12a^3$$
$$= -a^4 + 4a^3,$$
$$F(2) = 48 - 32(a+2) + 48a$$
$$= 16a - 16.$$

よって，

$$S(a) = \Big[F(x)\Big]_0^a - \Big[F(x)\Big]_a^2$$
$$= \{F(a) - F(0)\} - \{F(2) - F(a)\}$$
$$= 2F(a) - F(0) - F(2)$$
$$= -2a^4 + 8a^3 - 16a + 16.$$

(2) (1) より，$0 < a < 2$ において，

$$S'(a) = -8a^3 + 24a^2 - 16$$
$$= -8(a^3 - 3a^2 + 2)$$
$$= -8(a-1)(a^2 - 2a - 2).$$

これより，$0 < a < 2$ における $y = S'(a)$ のグラフは次のようになる．

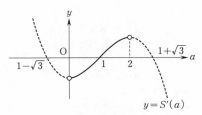

$y = S'(a)$

したがって，$0 \leqq a \leqq 2$ における $S(a)$ の増減は次のようになる．

a	0	$\cdots$	1	$\cdots$	2
$S'(a)$		$-$	0	$+$	
$S(a)$	16	$\searrow$	6	$\nearrow$	16

よって，$S(a)$ は，

$a = 0，2$ のとき**最大値 16**，

$a = 1$　　のとき**最小値 6**

をとる．

117──〈方針〉──

(2) 点 $(-2,\ f(-2))$ における接線が，(1)で求めた接線と一致すると考える．

(1) $f(x) = x^4 + ax^3 + bx^2$ より，

$$f'(x) = 4x^3 + 3ax^2 + 2bx.$$

点 $(1,\ f(1))$ における C の接線の方程式は，

$$y = f'(1)(x-1) + f(1),$$
$$y = (4 + 3a + 2b)(x-1) + 1 + a + b,$$

すなわち，

$$y = (3a + 2b + 4)x - 2a - b - 3. \quad \cdots①$$

(2) 点 $(-2,\ f(-2))$ における C の接線の方程式は，

$$y = f'(-2)(x+2) + f(-2),$$
$$y = (-32 + 12a - 4b)(x+2) + 16 - 8a + 4b,$$

すなわち，

$$y = (12a - 4b - 32)x + 16a - 4b - 48. \quad \cdots②$$

①と②が一致するから，

$$\begin{cases} 3a + 2b + 4 = 12a - 4b - 32, \\ -2a - b - 3 = 16a - 4b - 48, \end{cases}$$

すなわち，

$$\begin{cases} 3a-2b=12, \\ 6a-b=15. \end{cases}$$

これを解いて，

$$a=2, \quad b=-3.$$

((2)の別解)

l の方程式を $y=mx+n$ とすると，C と l が $x=1$，-2 で接しているので，

$$x^4+ax^3+bx^2-(mx+n)=(x-1)^2(x+2)^2,$$

すなわち，

$$x^4+ax^3+bx^2-mx-n=x^4+2x^3-3x^2-4x+4.$$

これは x に関する恒等式であるから，両辺の係数を比較して，

$$a=2, \quad b=-3.$$

$$\begin{pmatrix} さらに，\ m=4,\ n=-4\ であるから，\ l\ の \\ 方程式は\ y=4x-4\ であることがわかる \end{pmatrix}$$

((2)の別解終り)

(3)　$a=2$，$b=-3$ であるから，

$$f(x)=x^4+2x^3-3x^2$$

であり，① より，l の方程式は，

$$y=4x-4.$$

ここで，

$$(x^4+2x^3-3x^2)-(4x-4)=(x-1)^2(x+2)^2\geqq 0$$

であるから，C と l の位置関係は次図のようになる．

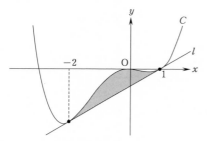

よって，求める面積は，

$$\int_{-2}^{1}\{(x^4+2x^3-3x^2)-(4x-4)\}\,dx$$

$$=\left[\frac{1}{5}x^5+\frac{1}{2}x^4-x^3-2x^2+4x\right]_{-2}^{1}$$

$$=\frac{81}{10}.$$

数 学 B

118

b, c, a の順で等比数列をなし，公比は 1 でないから，公比を r とすると，
$$c=br, \quad a=br^2 \ (r\neq1) \quad \cdots①$$
と表される。

また，a, b, c の順で等差数列をなし，公差が 0 でないことから
$$b-br^2=br-b\neq0. \quad \cdots②$$
② より $b\neq0$ であり，b で割ると
$$1-r^2=r-1.$$
$$(1-r)(2+r)=0.$$
$r\neq1$ より，
$$r=-2.$$
よって，① より，
$$(a,\ b,\ c)=(4b,\ b,\ -2b). \quad \cdots③$$
$a+b+c=15$ のとき，
$$4b+b+(-2b)=15.$$
$$b=5.$$
よって，③ より，
$$(a,\ b,\ c)=\boxed{(20,\ 5,\ -10)}.$$
$abc=64$ のとき，
$$4b\cdot b\cdot(-2b)=64.$$
$$b^3=-8.$$
b は実数なので
$$b=-2.$$
よって，③ より，
$$(a,\ b,\ c)=\boxed{(-8,\ -2,\ 4)}.$$

119 ──〈方針〉──

(2) n の偶奇で場合分けして，S_n を求める。

(1) 3つの集合を次のように定める。
$$A_1=\{3k-2 \mid k \text{ は正の整数}\},$$

$$A_2=\{3k-1 \mid k \text{ は正の整数}\},$$
$$A_3=\{3k \mid k \text{ は正の整数}\}.$$
どのような正の整数も，A_1, A_2, A_3 のいずれかに属する。

このうち，3 で割り切れない正の整数は，集合 A_1 または集合 A_2 に属する。

さらに，k を正の整数で変化させて考えると，正の整数 m に対して，
$$A_1=\{a_{2m-1}\},$$
$$A_2=\{a_{2m}\}$$
が成り立つから，
$$\boldsymbol{a_{2m}=3m-1.} \quad \cdots①$$
(2) (1)と同様にして，
$$a_{2m-1}=1+3(m-1)$$
$$=3m-2. \quad \cdots②$$
このことから，n の偶奇で場合分けして，S_n を求める。

(i) n が偶数，すなわち $n=2l$ を満たす正の整数 l が存在するとき，
$$S_n=S_{2l}$$
$$=(a_1+a_2)+(a_3+a_4)+\cdots+(a_{2l-1}+a_{2l})$$
$$=\sum_{m=1}^{l}(a_{2m-1}+a_{2m})$$
であるから，①，② より，
$$S_{2l}=\sum_{m=1}^{l}\{(3m-2)+(3m-1)\}$$
$$=\sum_{m=1}^{l}(6m-3)$$
$$=6\left\{\frac{1}{2}l(l+1)\right\}-3l$$
$$=3l^2. \quad \cdots③$$
ここで，$n=2l$ であるから，
$$l=\frac{1}{2}n.$$
よって，
$$S_n=3\left(\frac{1}{2}n\right)^2$$
$$=\frac{3}{4}n^2.$$

(ii) n が奇数, すなわち $n=2l-1$ を満たす正の整数 l が存在するとき,

$$S_n = S_{2l-1}$$
$$= S_{2l} - a_{2l}$$

であるから, ①, ③ より

$$S_n = 3l^2 - (3l-1)$$
$$= 3l^2 - 3l + 1.$$

ここで, $n=2l-1$ より,

$$l = \frac{1}{2}(n+1).$$

よって,

$$S_n = 3\left\{\frac{1}{2}(n+1)\right\}^2 - 3\left\{\frac{1}{2}(n+1)\right\} + 1$$
$$= \frac{3}{4}n^2 + \frac{1}{4}.$$

(i), (ii) より,

$$S_n = \begin{cases} \dfrac{3}{4}n^2 & (\text{n が偶数のとき}), \\ \dfrac{3}{4}n^2 + \dfrac{1}{4} & (\text{n が奇数のとき}). \end{cases}$$

(3) S_n は整数であるから, (2) の結果より,

$$S_n \geqq 600 \qquad \cdots ④$$

となる n を求めるためには,

$$\frac{3}{4}n^2 \geqq 600 \qquad \cdots ⑤$$

を満たす正の整数 n を求めればよい.

⑤ より,

$$n^2 \geqq 800$$

であり,

$$28^2 = 784,$$
$$29^2 = 841$$

であるから, ④ を満たす最小の整数 n は,

$$\boldsymbol{n = 29}.$$

120 ──〈方針〉──

(1) 題意の数列の公差を d, 公比を r とおく.

(2) $S = \sum\{(\text{等差数列})\cdot(\text{等比数列})\}$ は, 公比 r を両辺にかけて,

$$S - rS$$

を計算する.

(1) 数列 $\{a_n\}$ の公差を d, 数列 $\{b_n\}$ の公比を r (>0) とおくと,

$$a_1 = 1, \quad b_1 = 3$$

より,

$$\begin{cases} a_n = 1 + (n-1)d, \\ b_n = 3r^{n-1}. \end{cases}$$

$a_2 + 2b_2 = 21$ より,

$$(1+d) + 2\cdot 3r = 21$$

であるから,

$$d + 6r = 20. \qquad \cdots ①$$

また, $a_4 + 2b_4 = 169$ より,

$$(1+3d) + 2\cdot 3r^3 = 169$$

であるから,

$$d + 2r^3 = 56. \qquad \cdots ②$$

②$-$① より,

$$2r^3 - 6r = 36$$

であるから,

$$r^3 - 3r - 18 = 0.$$

これより,

$$(r-3)(r^2 + 3r + 6) = 0$$

であり, $r > 0$ であるから,

$$r = 3.$$

これと ① より,

$$d = 2.$$

したがって,

$$\begin{cases} \boldsymbol{a_n = 1 + (n-1)\cdot 2 = 2n-1}, \\ \boldsymbol{b_n = 3\cdot 3^{n-1} = 3^n}. \end{cases}$$

(2) (1) の結果より,

$$S_n = \sum_{k=1}^{n} \frac{a_k}{b_k} = \sum_{k=1}^{n} \frac{2k-1}{3^k}.$$

$$S_n = \frac{1}{3} + \frac{3}{3^2} + \frac{5}{3^3} + \cdots + \frac{2n-1}{3^n} \quad \cdots ③$$

の両辺に $\frac{1}{3}$ をかけると，

$$\frac{1}{3}S_n = \frac{1}{3^2} + \frac{3}{3^3} + \cdots + \frac{2n-3}{3^n} + \frac{2n-1}{3^{n+1}}.$$
$$\cdots\text{④}$$

$n \geqq 2$ のとき，③－④ より，

$$\frac{2}{3}S_n = \frac{1}{3} + 2\left(\frac{1}{3^2} + \frac{1}{3^3} + \cdots + \frac{1}{3^n}\right) - \frac{2n-1}{3^{n+1}}$$

$$= \frac{1}{3} + 2 \cdot \frac{\frac{1}{3^2}\left\{1 - \left(\frac{1}{3}\right)^{n-1}\right\}}{1 - \frac{1}{3}} - \frac{2n-1}{3^{n+1}}$$

$$= \frac{1}{3} + \frac{1}{3}\left\{1 - \left(\frac{1}{3}\right)^{n-1}\right\} - \frac{2n-1}{3^{n+1}}$$

$$= \frac{2}{3} - \frac{2(n+1)}{3^{n+1}}$$

であるから，

$$S_n = 1 - \frac{n+1}{3^n}.$$

これは $n=1$ のときも成り立つ．

以上により，

$$S_n = 1 - \frac{n+1}{3^n}.$$

121

$$a_k = \frac{2}{k(k+2)} \quad (k=1, 2, 3, \cdots).$$
$$\cdots\text{①}$$

任意の自然数 k に対して

$$a_k = \frac{p}{k} - \frac{p}{k+2}$$

$$= \frac{2p}{k(k+2)} \qquad \cdots\text{②}$$

が成り立つ条件は，①，② より

$$2 = 2p.$$

ゆえに，

$$p = \boxed{1}.$$

よって，

$$a_k = \frac{1}{k} - \frac{1}{k+2}$$

より，

$$S_n = \sum_{k=1}^{n} a_k$$

$$= \sum_{k=1}^{n}\left(\frac{1}{k} - \frac{1}{k+2}\right)$$

$$= \sum_{k=1}^{n}\frac{1}{k} - \sum_{k=1}^{n}\frac{1}{k+2}$$

$$= \frac{1}{1} + \frac{1}{2} + \cdots + \frac{1}{n}$$

$$\qquad - \left(\frac{1}{3} + \cdots + \frac{1}{n+1} + \frac{1}{n+2}\right)$$

$$= 1 + \frac{1}{2} - \frac{1}{n+1} - \frac{1}{n+2}$$

$$= \frac{n(3n+5)}{2(n+1)(n+2)}.$$

よって，

$$S_n = \boxed{\frac{n(3n+5)}{2(n+1)(n+2)}}.$$

ゆえに，自然数 n に対して，

$$S_n > \frac{5}{4}.$$

$$\frac{n(3n+5)}{2(n+1)(n+2)} > \frac{5}{4}.$$

$$2n(3n+5) > 5(n+1)(n+2).$$

$$n^2 - 5n - 10 > 0.$$

$$n(n-5) > 10.$$

$1 \leqq n \leqq 5$ のときは $n(n-5) \leqq 0$ であり，

$n=6$ のとき，$6(6-5) = 6 < 10$，

$n=7$ のとき，$7(7-5) = 14 > 10$．

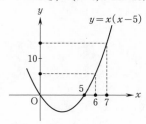

よって，

$$S_n > \frac{5}{4}$$

となる最小の自然数 n の値は

$$n = \boxed{7}.$$

122 ──〈方針〉─

x 座標により格子点を分類する.

(1) $x=1$ のとき,$2 \leqq y \leqq 2^2$ より,
$$y=2,\ 3,\ 4.$$
$x=2$ のとき,$2^2 \leqq y \leqq 2^2$ より,
$$y=4.$$
$x \geqq 3$ のとき,y はない.

よって,格子点の座標は,
$$(1,\ 2),\ (1,\ 3),\ (1,\ 4),\ (2,\ 4).$$

また,これを図示すると次図の 4 点である.

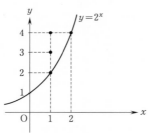

(2) $x=1$ のとき,$2 \leqq y \leqq 8$ より,
$$y=2,\ 3,\ \cdots,\ 8.$$
よって,直線 $x=1$ 上には,
$$(1,\ 2),\ (1,\ 3),\ \cdots,\ (1,\ 8)$$
の 7 個の格子点がある.

次に,$x=2$ のとき,$4 \leqq y \leqq 8$ より,
$$y=4,\ 5,\ \cdots,\ 8.$$
よって,直線 $x=2$ 上には,5 個の格子点がある.

また,$x=3$ のとき,$8 \leqq y \leqq 8$ より,
$$y=8.$$
よって,$(3,\ 8)$ の 1 個.

さらに,$x \geqq 4$ のとき,格子点はない.

以上により,求める格子点の個数は,
$$7+5+1=\mathbf{13}.$$

(3) 領域は次図の網掛け部分(境界を含む)である.

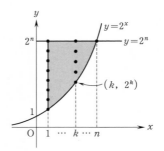

直線 $x=k$ $(k=1,\ 2,\ \cdots,\ n)$ 上にある格子点の個数を $f(k)$ とおくと,
$$f(k)=2^n-2^k+1.$$
よって,格子点の総数は,
$$f(1)+f(2)+\cdots+f(n)$$
$$=\sum_{k=1}^{n} f(k)$$
$$=\sum_{k=1}^{n} (2^n-2^k+1)$$
$$=2^n \cdot n - \frac{2(1-2^n)}{1-2} + n$$
$$=(\boldsymbol{n-2})\boldsymbol{2^n}+\boldsymbol{n}+\boldsymbol{2}.$$

123 ──〈方針〉─

不等式を満たす x,y について,点 $(x,\ y)$ の存在範囲を xy 平面上に図示すると,$(x,\ y)$ の個数を数えやすい.

(1) xy 平面上で,不等式
$$x < y < k < x+y$$
を満たす点 $(x,\ y)$ の存在範囲を図示すると,次の各図の網掛け部分になる(境界を除く).

$k=7$ のとき.

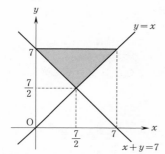

上図の網掛け部分に含まれる自然数 x, y の組は,

$$(x, y)=(3, 5), (4, 5), (2, 6),$$
$$(3, 6), (4, 6), (5, 6).$$

よって,

$$a_7=6.$$

$k=8$ のとき.

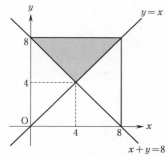

上図の網掛け部分に含まれる自然数 x, y の組は,

$$(x, y)=(4, 5), (3, 6), (4, 6),$$
$$(5, 6), (2, 7), (3, 7),$$
$$(4, 7), (5, 7), (6, 7).$$

よって,

$$a_8=9.$$

(2)(i) $k=2n-1$ $(n\geqq2)$ のとき.

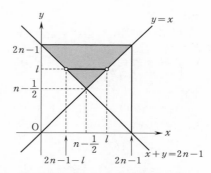

上図の網掛け部分に含まれる自然数 x, y の組は,

$$y=l \quad (l=n, n+1, \cdots, 2n-2)$$

のとき,

$$(x, y)=(2n-l, l), (2n-l+1, l),$$
$$\cdots, (l-1, l).$$

全部で

$$(l-1)-(2n-l)+1=2(l-n) \text{(個)}$$

ある. したがって,

$$a_{2n-1}=\sum_{l=n}^{2n-2}2(l-n)$$
$$=2\{1+2+3+\cdots+(n-2)\}$$
$$=2\cdot\frac{1}{2}(n-2)(n-1)$$
$$=(n-2)(n-1)$$

であり, $a_1=0$ だから, これは $n=1$ のとき も成り立つ.

(ii) $k=2n$ $(n\geqq2)$ のとき.

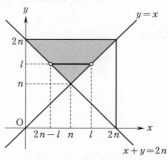

上図の網掛け部分に含まれる自然数 x, y

の組は,
$$y=l \quad (l=n+1,\ n+2,\ \cdots,\ 2n-1)$$
のとき,
$$(x,\ y)=(2n-l+1,\ l),\ (2n-l+2,\ l),$$
$$\cdots,\ (l-1,\ l).$$

全部で,
$$(l-1)-(2n-l+1)+1=2(l-n)-1\ (\text{個})$$
ある. したがって,
$$a_{2n}=\sum_{l=n+1}^{2n-1}\{2(l-n)-1\}$$
$$=1+3+5+\cdots+(2n-3)$$
$$=\frac{1}{2}(n-1)(2n-2)$$
$$=(n-1)^2$$
であり, $a_2=0$ だから, これは $n=1$ のとき
も成り立つ.

以上により,
$$\boldsymbol{a_{2n-1}=(n-2)(n-1),\ \ a_{2n}=(n-1)^2.}$$
$$\boldsymbol{(n=1,\ 2,\ 3,\ \cdots)}$$

(3) $\displaystyle\sum_{k=1}^{2n}a_k=\sum_{k=1}^{n}a_{2k-1}+\sum_{k=1}^{n}a_{2k}$
$$=\sum_{k=1}^{n}\{(k-2)(k-1)+(k-1)^2\}$$
$$=\sum_{k=1}^{n}(2k^2-5k+3)$$
$$=2\cdot\frac{1}{6}n(n+1)(2n+1)-5\cdot\frac{1}{2}n(n+1)+3n$$
$$=\frac{1}{6}\boldsymbol{n(n-1)(4n-5).}$$
$$\boldsymbol{(n=1,\ 2,\ 3,\ \cdots)}$$

124 ──〈方針〉─

分母が等しい分数を群に分けて考え
る.
$$\frac{1}{2}\ \bigg|\ \frac{1}{4},\ \frac{3}{4}\ \bigg|\ \frac{1}{8},\ \frac{3}{8},\ \frac{5}{8},\ \frac{7}{8}\ \bigg|\ \frac{1}{16},\ \cdots$$
第1群　第2群　　第3群

$k=1,\ 2,\ 3,\ \cdots$ に対して,
$$\frac{1}{2^k},\ \frac{3}{2^k},\ \frac{5}{2^k},\ \cdots,\ \frac{2^k-1}{2^k}$$
の 2^{k-1} 個を第 k 群と呼ぶことにする.

(1) 分母が 2^n である項, つまり, 第 n 群の
分子は順に,
$$1,\ 3,\ 5,\ \cdots,\ 2^n-1$$
であり, この数列は初項 1, 末項 2^n-1, 項
数 2^{n-1} の等差数列である.

よって, 分母が 2^n である項の分子の和
は,
$$\frac{2^{n-1}}{2}\{1+(2^n-1)\}=2^{n-2}\cdot2^n.$$

したがって, 求める和は,
$$\frac{2^{n-2}\cdot2^n}{2^n}=2^{n-2}.$$

(2) 第 1000 項が第 N 群に属するとすると,
$N\geqq2$ であり,
$$\sum_{k=1}^{N-1}2^{k-1}<1000\leqq\sum_{k=1}^{N}2^{k-1},$$
すなわち,
$$1\cdot\frac{2^{N-1}-1}{2-1}<1000\leqq1\cdot\frac{2^N-1}{2-1}.$$
$$2^{N-1}-1<1000\leqq2^N-1.\qquad\cdots(*)$$

ここで, N は整数であり,
$$2^9-1=512-1=511,$$
$$2^{10}-1=1024-1=1023$$
であるから, $(*)$ を満たす整数 N の値は,
$$N=10.$$

さらに,
$$1000-511=489$$
より, 第 1000 項は第 10 群の 489 番目の分数
である.

よって, 第 1000 項は,
$$\frac{1+(489-1)\cdot2}{2^{10}}=\frac{977}{1024}$$
である.

(1)の結果より, 第 n 群に属する 2^{n-1} 個
の分数の和が 2^{n-2} であることを考え合わせ
ると求める和は,
$$\sum_{k=1}^{9}2^{k-2}+\frac{1}{2^{10}}(1+3+5+\cdots+977)$$
$$=\frac{1}{2}\cdot\frac{2^9-1}{2-1}+\frac{1}{2^{10}}\cdot\frac{489}{2}(1+977)$$
$$=\frac{2^9-1}{2}+\frac{489^2}{2^{10}}$$

$$= \frac{(2^9-1)2^9+489^2}{2^{10}}$$

$$= \frac{511 \cdot 512 + 489^2}{2^{10}}$$

$$= \frac{(500+11)(500+12)+(500-11)^2}{2^{10}}$$

$$= \frac{2 \cdot 500^2 + (11+12-2 \cdot 11)500 + 11 \cdot 12 + 11^2}{2^{10}}$$

$$= \frac{500000+500+253}{2^{10}}$$

$$= \frac{500753}{1024}.$$

125 ──〈方針〉──

群に分けて考える.

$p+q$ の値が同じ組を 1 つの群とし, $p+q$ の値の小さい方から第 1 群, 第 2 群, …と呼ぶことにする.

(1) 組 (m, n) は第 $m+n-1$ 群の前から n 番目にある.

よって, 組 (m, n) は, はじめから
$$\{1+2+3+\cdots+(m+n-2)\}+n$$
$$= \frac{1}{2}(m+n-2)(m+n-1)+n \quad (番目).$$

(2) はじめから 100 番目の組が第 N 群に属しているとすると,
$$1+2+3+\cdots+(N-1)<100 \leqq 1+2+3$$
$$+\cdots+N$$
より,
$$\frac{(N-1)N}{2}<100 \leqq \frac{N(N+1)}{2}.$$
$$(N-1)N<200 \leqq N(N+1).$$
ここで,
$$13 \cdot 14 = 182,$$
$$14 \cdot 15 = 210$$
であるから,
$$N=14.$$
このとき,
$$1+2+\cdots+13 = \frac{1}{2} \cdot 13 \cdot 14 = 91$$

かつ,
$$100 = 91 + 9$$
であるから, はじめから 100 番目の組は, 第 14 群の前から 9 番目にある.

よって,
$$(6, 9).$$

(別解)
$$100 = (1+2+3+\cdots+13)+9.$$
であるから, はじめから 100 番目の組は, 第 14 群の前から 9 番目にある. すなわち,
$$(6, 9).$$

(別解終り)

126 ──〈方針〉──

(1) b_{n+1} を b_n を用いて表す.

(1)
$$a_{n+1} = 2a_n + 3^{n+1}$$
を
$$b_{n+1} = \frac{a_{n+1}}{3^{n+1}} - 3$$
に代入すると,
$$b_{n+1} = \frac{2a_n + 3^{n+1}}{3^{n+1}} - 3$$
$$= \frac{2}{3} \cdot \frac{a_n}{3^n} - 2$$
$$= \frac{2}{3}\left(\frac{a_n}{3^n} - 3\right)$$
$$= \frac{2}{3}b_n.$$

また,
$$b_1 = \frac{a_1}{3^1} - 3 = \frac{5}{3} - 3 = -\frac{4}{3}$$
であるから,
$$b_n = -\frac{4}{3}\left(\frac{2}{3}\right)^{n-1} = -2\left(\frac{2}{3}\right)^n.$$

(2)
$$b_n = \frac{a_n}{3^n} - 3$$
より,
$$a_n = 3^n b_n + 3^{n+1}$$
であるから, (1)の結果より,
$$a_n = 3^n\left\{-2\left(\frac{2}{3}\right)^n\right\} + 3^{n+1}$$
$$= -2^{n+1} + 3^{n+1}.$$

これより,

$$\sum_{k=1}^{n} a_k = \frac{-2^2(2^n-1)}{2-1} + \frac{3^2(3^n-1)}{3-1}$$
$$= \frac{1}{2}(3^{n+2}-2^{n+3}-1).$$

127

$a_{n+2}=5a_{n+1}-6a_n \quad (n=1,\ 2,\ 3,\ \cdots) \cdots(*)$

(1) $\quad b_{n+1}=a_{n+2}-2a_{n+1}$
$\quad\quad\quad = (5a_{n+1}-6a_n)-2a_{n+1} \quad ((*)\ \text{より})$
$\quad\quad\quad = 3(a_{n+1}-2a_n)$
$\quad\quad\quad = 3b_n \quad (n=1,\ 2,\ 3,\ \cdots).$

また, $a_1=2$, $a_2=7$ より,
$$b_1=a_2-2a_1=7-2\cdot2=3.$$
よって,
$$b_n=3\cdot3^{n-1}.$$
すなわち,
$$b_n=3^n \quad (n=1,\ 2,\ 3,\ \cdots).$$

(2) $\quad c_{n+1}=a_{n+2}-3a_{n+1}$
$\quad\quad\quad = (5a_{n+1}-6a_n)-3a_{n+1} \quad ((*)\ \text{より})$
$\quad\quad\quad = 2(a_{n+1}-3a_n)$
$\quad\quad\quad = 2c_n \quad (n=1,\ 2,\ 3,\ \cdots).$

また,
$$c_1=a_2-3a_1=7-3\cdot2=1.$$
よって,
$$c_n=1\cdot2^{n-1}.$$
すなわち,
$$c_n=2^{n-1} \quad (n=1,\ 2,\ 3,\ \cdots).$$

(3) (1), (2) より,
$$a_{n+1}-2a_n=3^n,$$
$$a_{n+1}-3a_n=2^{n-1}.$$
a_{n+1} を消去して,
$$a_n=3^n-2^{n-1} \quad (n=1,\ 2,\ 3,\ \cdots).$$

【注】 $a_{n+2}-(\alpha+\beta)a_{n+1}+\alpha\beta a_n=0$
の形の漸化式は
$$a_{n+2}-\alpha a_{n+1}=\beta(a_{n+1}-\alpha a_n) \cdots(**)$$
と変形できるので, 数列 $\{a_{n+1}-\alpha a_n\}$ は,
初項 $a_2-\alpha a_1$, 公比 β の等比数列である.
このことを利用して一般項 a_n を求めること

ができる.

本問で与えられた漸化式 $(*)$ では,
$$\alpha+\beta=5, \quad \alpha\beta=6$$
より,
$$(\alpha,\ \beta)=(2,\ 3)\ \text{または}\ (3,\ 2).$$
$$\begin{cases} (1)\ \text{は}\ (\alpha,\ \beta)=(2,\ 3)\ \text{のときの}\ (**)\ \text{の式,} \\ (2)\ \text{は}\ (\alpha,\ \beta)=(3,\ 2)\ \text{のときの}\ (**)\ \text{の式} \end{cases}$$
をそれぞれ導かせるヒントになっている.

(注終り)

128 ──〈方針〉

関係式
$$a_1=S_1,\ a_n=S_n-S_{n-1}\ (n\geqq2)$$
を用いる.

$$S_n=2a_n+n. \quad\quad\quad \cdots①$$

(1) $n\geqq2$ のとき,
$\quad a_n=S_n-S_{n-1}$
$\quad\quad\quad = 2a_n+n-(2a_{n-1}+n-1).$
$$(①\ \text{より})$$
よって,
$$a_n=2a_{n-1}-1. \quad\quad\quad \cdots②$$

(2) $n\geqq1$ のとき, ② より,
$$a_{n+2}=2a_{n+1}-1,$$
$$a_{n+1}=2a_n-1.$$
辺々引いて,
$$a_{n+2}-a_{n+1}=2(a_{n+1}-a_n).$$
よって,
$$b_{n+1}=2b_n. \quad\quad\quad \cdots③$$
また, ① において $n=1$ として
$$S_1=2a_1+1.$$
$S_1=a_1$ より,
$$a_1=2a_1+1.$$
よって,
$$a_1=-1.$$
② において $n=2$ として,
$\quad a_2=2a_1-1$
$\quad\quad = 2\cdot(-1)-1$
$\quad\quad = -3.$

よって,
$$b_1 = a_2 - a_1$$
$$= -3 - (-1)$$
$$= -2.$$
これと③より,数列 $\{b_n\}$ は初項 -2,公比 2 の等比数列である.
ゆえに,
$$b_n = (-2) \cdot 2^{n-1}$$
より,
$$b_n = -2^n. \qquad \cdots④$$

(3) 数列 $\{b_n\}$ は数列 $\{a_n\}$ の階差数列であるから,$n \geq 2$ のとき,④より,
$$a_n = a_1 + \sum_{k=1}^{n-1} b_k$$
$$= -1 + \sum_{k=1}^{n-1} (-2^k)$$
$$= -1 - \frac{2(2^{n-1}-1)}{2-1}$$
$$= -2^n + 1.$$
$a_1 = -1$ なので,これは $n=1$ のときも成り立つ.
よって,
$$a_n = -2^n + 1.$$

((3)の別解)
$b_n = -2^n$ より
$$a_{n+1} - a_n = -2^n.$$
この式に $a_{n+1} = 2a_n - 1$ を代入して
$$(2a_n - 1) - a_n = -2^n.$$
よって,
$$a_n = -2^n + 1.$$
((3)の別解終り)

【注】 (3)は(2)の数列 $\{b_n\}$ を用いなくても次のように解くことができる.
$n \geq 1$ のとき,②より,
$$a_{n+1} = 2a_n - 1$$
が成り立つ.これを変形して,
$$a_{n+1} - 1 = 2(a_n - 1).$$
よって,数列 $\{a_n - 1\}$ は初項 $(a_1 - 1)$,公比 2 の等比数列であるから,
$$a_n - 1 = (a_1 - 1) \cdot 2^{n-1}.$$

①において $n=1$ とし,$S_1 = a_1$ を利用して
$$a_1 = -1$$
が得られるから
$$a_n - 1 = (-1 - 1) \cdot 2^{n-1}.$$
$$a_n = -2^n + 1.$$
(注終り)

129 ──〈方針〉

(1)から $\{x_n\}$ の周期がわかる.(2),(3)ではそれを利用する.

(1)

n	3	4	5	6	7	8	9	10	11	12
x_n	2	0	2	2	1	0	1	1	2	0

(2) (1)より $x_9 = x_1$,$x_{10} = x_2$ であり,x_{n-1},x_{n-2} から x_n が定まるので,$\{x_n\}$ は 8 項ごとに同じ値を繰り返しとる周期 8 の数列である.
よって,
$$x_{8k-7} = 1, \ x_{8k-6} = 1, \ x_{8k-5} = 2, \ x_{8k-4} = 0,$$
$$x_{8k-3} = 2, \ x_{8k-2} = 2, \ x_{8k-1} = 1, \ x_{8k} = 0.$$
$$(k = 1, \ 2, \ 3, \ \cdots)$$
ここで,
$$346 = 8 \times 43 + 2$$
なので,
$$x_{346} = 1.$$

(3) x_{8k-7} から x_{8k} までの項の和を $T(k)$ とすると,
$$T(k) = x_{8k-7} + x_{8k-6} + x_{8k-5} + \cdots + x_{8k}$$
$$= 1 + 1 + 2 + 0 + 2 + 2 + 1 + 0$$
$$= 9.$$
ここで,
$$684 = 9 \times 76$$
なので,$T(1)$ から $T(76)$ までの和がちょうど 684 になる.すなわち,
$$T(1) + T(2) + \cdots + T(76) = 684.$$
$$x_1 + x_2 + \cdots + x_{607} + x_{608} = 684.$$
よって,

$$S_{608} = 684.$$

ところが，

$$x_{8 \cdot 76} = x_{608} = 0,$$
$$x_{607} = 1 \neq 0$$

なので

$$S_{606} = 683, \quad S_{607} = 684.$$

$\{S_n\}$ は n について単調に増加するから，$S_m \geq 684$ を満たす最小の自然数 m は，

$$m = 607.$$

130 ──〈方針〉──

(1) 最初に 1 段を上る場合と，2 段を上る場合に分けて考える.

(2) 3 項間漸化式 $a_{n+2} + p a_{n+1} + q a_n = 0$ は，方程式 $t^2 + pt + q = 0$ の解 α，β を用いることで，

$$\begin{cases} a_{n+2} - \alpha a_{n+1} = \beta(a_{n+1} - \alpha a_n), \\ a_{n+2} - \beta a_{n+1} = \alpha(a_{n+1} - \beta a_n) \end{cases}$$

の 2 通りに変形できる.

(1) ちょうど n 段 $(n = 1, 2, 3, \cdots)$ の階段を上る上り方の総数を a_n（通り）とする.

$n \geq 3$ のとき，n 段の階段の上り方の総数を考える.

最初に 1 段上った場合，残りの $n-1$ 段の上り方は

$$a_{n-1} \text{（通り）}.$$

また，最初に 2 段上った場合，残りの $n-2$ 段の上り方は，

$$a_{n-2} \text{（通り）}.$$

よって，

$$a_n = a_{n-1} + a_{n-2} \quad (n \geq 3). \quad \cdots ①$$

また，$a_1 = 1$，$a_2 = 2$ であるから，① を用いて順に計算すると，

$$a_3 = a_2 + a_1 = 3,$$
$$a_4 = a_3 + a_2 = 5,$$
$$a_5 = a_4 + a_3 = 8,$$
$$a_6 = a_5 + a_4 = 13,$$
$$a_7 = a_6 + a_5 = 21,$$
$$a_8 = a_7 + a_6 = 34,$$
$$a_9 = a_8 + a_7 = 55,$$
$$a_{10} = a_9 + a_8 = 89.$$

したがって，求める総数は

$$\mathbf{89} \text{（通り）}.$$

(2) ① より，

$$a_{n+2} - a_{n+1} - a_n = 0 \quad (n \geq 1). \quad \cdots ②$$

② において，$a_{n+2} \to t^2$，$a_{n+1} \to t$，$a_n \to 1$ と置き換えた方程式，$t^2 - t - 1 = 0$ を解くと，

$$t = \frac{1 \pm \sqrt{5}}{2}.$$

これより，

$$\alpha = \frac{1 - \sqrt{5}}{2}, \quad \beta = \frac{1 + \sqrt{5}}{2}$$

とおくと，② は，

$$\begin{cases} a_{n+2} - \alpha a_{n+1} = \beta(a_{n+1} - \alpha a_n), & \cdots ③ \\ a_{n+2} - \beta a_{n+1} = \alpha(a_{n+1} - \beta a_n) & \cdots ④ \end{cases}$$

の 2 通りに変形できる.

③ より，数列 $\{a_{n+1} - \alpha a_n\}$ は初項 $a_2 - \alpha a_1$，公比 β の等比数列なので，

$$a_{n+1} - \alpha a_n = (a_2 - \alpha a_1)\beta^{n-1}$$
$$= (2 - \alpha)\beta^{n-1}.$$

④ より，数列 $\{a_{n+1} - \beta a_n\}$ は初項 $a_2 - \beta a_1$，公比 α の等比数列なので，

$$a_{n+1} - \beta a_n = (a_2 - \beta a_1)\alpha^{n-1}$$
$$= (2 - \beta)\alpha^{n-1}.$$

ここで，α，β は，$t^2 - t - 1 = 0$ の 2 解であるから，

$$\alpha + \beta = 1, \quad \alpha^2 - \alpha - 1 = 0, \quad \beta^2 - \beta - 1 = 0$$

より，

$$2 - \alpha = 2 - (1 - \beta) = \beta + 1 = \beta^2,$$
$$2 - \beta = 2 - (1 - \alpha) = \alpha + 1 = \alpha^2.$$

よって，

$$\begin{cases} a_{n+1} - \alpha a_n = \beta^{n+1}, \\ a_{n+1} - \beta a_n = \alpha^{n+1}. \end{cases}$$

辺々で差をとると，

$$(\beta - \alpha)a_n = \beta^{n+1} - \alpha^{n+1}.$$

$$a_n = \frac{1}{\beta - \alpha}(\beta^{n+1} - \alpha^{n+1}).$$

よって，n 段の階段を上る上り方の総数は，

$$a_n=\frac{1}{\sqrt{5}}\left\{\left(\frac{1+\sqrt{5}}{2}\right)^{n+1}-\left(\frac{1-\sqrt{5}}{2}\right)^{n+1}\right\}$$
（通り）.

131 ──〈方針〉──

n 回目と $n+1$ 回目の状態の移りかわりに注目し，確率漸化式を作る.

サイコロの状態を次のように定義する.

状態 A　　　　状態 B
（斜線の面が 1 および 6 の面）

A は 1 または 6 の目が出ている状態.
B は 2, 3, 4, 5 のいずれかの目が出ている状態.

求めるのは n 回目に状態 A である確率であり，この確率を p_n とする.

$n+1$ 回目に状態 A であるのは，
「n 回目に状態 B であり，次に 1 または 6 の目の面の方向に倒された場合」であり，状態 B から A へうつりかわる確率は $\frac{1}{2}$ だから，

$$p_{n+1}=\frac{1}{2}(1-p_n). \quad (n=1,\ 2,\ 3,\ \cdots)$$

$$p_{n+1}-\frac{1}{3}=-\frac{1}{2}\left(p_n-\frac{1}{3}\right).$$

$\left\{p_n-\frac{1}{3}\right\}$ は初項 $p_1-\frac{1}{3}$，公比 $-\frac{1}{2}$ の等比数列.

よって，

$$p_n-\frac{1}{3}=\left(p_1-\frac{1}{3}\right)\left(-\frac{1}{2}\right)^{n-1}$$
$$=-\frac{1}{3}\left(-\frac{1}{2}\right)^{n-1}.$$

（初めに状態 A であるから，1 回後は必ず
状態 B になり，$p_1=0$ である.）

以上より，

$$p_n=\frac{1}{3}\left\{1-\left(-\frac{1}{2}\right)^{n-1}\right\}.$$

132 ──〈方針〉──

まず，球の動き方を実験してみて，偶数秒後の球の位置に注目する.

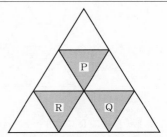

上図のように部屋 R を定め，球が P, Q, R のいずれかにあることを▽，それ以外の部屋にいることを△で表すと，球は次のように移動する.

n 秒後　　　　$n+1$ 秒後
▽ ──────→ △
△ ──────→ ▽

最初（0 秒後）は▽であるから，帰納的に考えて，n 秒後の状態は
$$\begin{cases} n \text{ が偶数のとき▽,} & \cdots ① \\ n \text{ が奇数のとき△.} \end{cases}$$

球が n 秒後に P, Q, R にある確率をそれぞれ $p_n,\ q_n,\ r_n\ (n=0,\ 1,\ 2,\ \cdots)$ とすると，

$$n \text{ が奇数のとき, } q_n=0.$$

以下，n が偶数のときを考える. m を 0 以上の整数として，$2m+2$ 秒後に球が Q にあるのは，次の (i), (ii), (iii) の場合である.

(i) 球が $2m$ 秒後に P にあり，その 2 秒後に Q にある場合.

2 秒で P から Q に移る確率は，

$$\frac{1}{3}\cdot\frac{1}{2}=\frac{1}{6}.$$

したがって，(i) の確率は，

$$p_{2m}\cdot\frac{1}{6}.$$

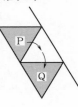

(ii) 球が $2m$ 秒後に Q にあり，その 2 秒後に Q にある場合．

2 秒で Q から Q に移る確率は，

$$\frac{1}{3}\cdot\frac{1}{2}+\frac{1}{3}\cdot 1+\frac{1}{3}\cdot\frac{1}{2}$$
$$=\frac{2}{3}.$$

したがって，(ii) の確率は，

$$q_{2m}\cdot\frac{2}{3}.$$

(iii) 球が $2m$ 秒後に R にあり，その 2 秒後に Q にある場合．

2 秒で R から Q に移る確率は，

$$\frac{1}{3}\cdot\frac{1}{2}=\frac{1}{6}.$$

したがって，(iii) の確率は，

$$r_{2m}\cdot\frac{1}{6}.$$

(i)，(ii)，(iii) は互いに排反であるから，

$$q_{2m+2}=p_{2m}\cdot\frac{1}{6}+q_{2m}\cdot\frac{2}{3}+r_{2m}\cdot\frac{1}{6}. \quad\cdots\text{②}$$

ここで，① より，

$$p_{2m}+q_{2m}+r_{2m}=1.$$

これと ② より，

$$q_{2m+2}=\frac{2}{3}q_{2m}+\frac{1}{6}(p_{2m}+r_{2m})$$
$$=\frac{2}{3}q_{2m}+\frac{1}{6}(1-q_{2m})$$
$$=\frac{1}{2}q_{2m}+\frac{1}{6}. \quad (m=0,\ 1,\ 2,\ \cdots) \quad\cdots\text{③}$$

また，最初（0 秒後）に球は P にあるから，

$$q_0=0. \quad\cdots\text{④}$$

③ を変形すると，

$$q_{2m+2}-\frac{1}{3}=\frac{1}{2}\left(q_{2m}-\frac{1}{3}\right).$$

したがって，

$$q_{2m}-\frac{1}{3}=\left(q_0-\frac{1}{3}\right)\left(\frac{1}{2}\right)^m.$$

これと ④ より，

$$q_{2m}=\frac{1}{3}-\frac{1}{3}\left(\frac{1}{2}\right)^m.$$

よって，$n=2m$（偶数）のとき，

$$q_n=\frac{1}{3}\left\{1-\left(\frac{1}{2}\right)^m\right\}$$
$$=\frac{1}{3}\left\{1-\left(\frac{1}{2}\right)^{\frac{n}{2}}\right\}.$$

以上により，求める確率は，

$$q_n=\begin{cases}0 & (\textbf{n：奇数}),\\[2mm]\dfrac{1}{3}\left\{1-\left(\dfrac{1}{2}\right)^{\frac{n}{2}}\right\} & (\textbf{n：偶数}).\end{cases}$$

【注 1】 対称性より $q_n=r_n$ であるから，② を

$$q_{2m+2}=(1-2q_{2m})\cdot\frac{1}{6}+q_{2m}\cdot\frac{2}{3}+q_{2m}\cdot\frac{1}{6}$$

と表すこともできる．

(注 1 終り)

【注 2】 球が P，Q，R にある状態をそれぞれ Ⓟ，Ⓠ，Ⓡ で表すと，2 秒ごとの状態の推移は次図のように表せる．

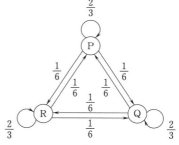

このような図を状態推移図という．

(注 2 終り)

133

(1)
$$a_{n+1}=\int_0^1 f_{n+1}(x)\,dx$$
$$=\int_0^1\left\{f_1(x)+\frac{1}{2}a_n\right\}dx$$
$$=\int_0^1\left(3x^2+6x+\frac{1}{2}a_n\right)dx$$

$$=\left[x^3+3x^2+\frac{1}{2}a_nx\right]_0^1$$
$$=4+\frac{1}{2}a_n$$

となるので，

$$a_{n+1}=\frac{1}{2}a_n+4.$$

(2) $a_{n+1}=\frac{1}{2}a_n+4$

を変形して，

$$a_{n+1}-8=\frac{1}{2}(a_n-8).$$

よって，

$$a_n=(a_1-8)\left(\frac{1}{2}\right)^{n-1}+8.$$

これに，

$$a_1=\int_0^1 f_1(x)\,dx$$
$$=\int_0^1(3x^2+6x)\,dx$$
$$=\left[x^3+3x^2\right]_0^1$$
$$=4$$

を代入すれば，

$$a_n=-4\left(\frac{1}{2}\right)^{n-1}+8.$$

よって，$n\geqq2$ のとき，

$$f_n(x)=f_1(x)+\frac{1}{2}\int_0^1 f_{n-1}(x)\,dx$$
$$=3x^2+6x+\frac{1}{2}a_{n-1}$$
$$=3x^2+6x-2\left(\frac{1}{2}\right)^{n-2}+4$$
$$=3x^2+6x+4-\left(\frac{1}{2}\right)^{n-3}.$$

この式は $n=1$ のときも成り立つので，$n\geqq1$ において，

$$f_n(x)=3x^2+6x+4-\left(\frac{1}{2}\right)^{n-3}.$$

134 ——〈方針〉

(1) $S_1=a_1$ を利用する．
(3) 数学的帰納法を利用する．

$$2S_n=a_n^2+n \quad(n=1,\ 2,\ 3,\ \cdots)\ \cdots①$$

(1) ① で $n=1$ とすると，
$$2S_1=a_1^2+1.$$
$S_1=a_1$ であるから，
$$2a_1=a_1^2+1.$$
$$a_1^2-2a_1+1=0.$$
$$(a_1-1)^2=0.$$
$$a_1=1.$$

(2) ① で $n=2$ とすると，
$$2S_2=a_2^2+2.$$
$S_2=a_1+a_2$ であるから，
$$2(a_1+a_2)=a_2^2+2.$$
$a_1=1$ を代入して，
$$2(1+a_2)=a_2^2+2.$$
$$a_2^2-2a_2=0.$$
$$a_2(a_2-2)=0.$$
$a_2>0$ より，
$$a_2=2.$$
① で $n=3$ とすると，
$$2S_3=a_3^2+3.$$
$S_3=a_1+a_2+a_3$ であるから，
$$2(a_1+a_2+a_3)=a_3^2+3.$$
$a_1=1,\ a_2=2$ より，
$$2(1+2+a_3)=a_3^2+3.$$
$$a_3^2-2a_3-3=0.$$
$$(a_3+1)(a_3-3)=0.$$
$a_3>0$ より，
$$a_3=3.$$
① で $n=4$ とすると，
$$2S_4=a_4^2+4.$$
$S_4=a_1+a_2+a_3+a_4$ であるから，
$$2(a_1+a_2+a_3+a_4)=a_4^2+4.$$
$a_1=1,\ a_2=2,\ a_3=3$ を代入して，
$$2(1+2+3+a_4)=a_4^2+4.$$
$$a_4^2-2a_4-8=0.$$

$$(a_4+2)(a_4-4)=0.$$

$a_4>0$ より，

$$\boldsymbol{a_4=4.}$$

(3) (1)，(2) の結果から，

$$\boldsymbol{a_n=n} \qquad \cdots(*)$$

と推定できる．

すべての自然数 n に対して，この推定 $(*)$ が正しいことを数学的帰納法を用いて示す．

(I) $n=1$ のとき，(1) の結果である $a_1=1$ より $(*)$ は成り立つ．

(II) $n=1,\ 2,\ 3,\ \cdots,\ k\ (k\geqq1)$ のとき $(*)$ が成り立つ，つまり，

$$a_1=1,\ a_2=2,\ a_3=3,\ \cdots,\ a_k=k$$

が成り立つと仮定する．

① で $n=k+1$ とすると，

$$2S_{k+1}=a_{k+1}{}^2+(k+1). \qquad \cdots②$$

$S_{k+1}=a_1+a_2+\cdots+a_k+a_{k+1}$ であるから，

$$2(a_1+a_2+\cdots+a_k+a_{k+1})=a_{k+1}{}^2+k+1.$$

仮定を用いると，

$$2(1+2+3+\cdots+k+a_{k+1})=a_{k+1}{}^2+k+1.$$

$$2\left\{\frac{1}{2}k(k+1)+a_{k+1}\right\}=a_{k+1}{}^2+k+1.$$

$$a_{k+1}{}^2-2a_{k+1}+k+1-k(k+1)=0.$$

$$a_{k+1}{}^2-2a_{k+1}-(k+1)(k-1)=0.$$

$$\{a_{k+1}+(k-1)\}\{a_{k+1}-(k+1)\}=0.$$

$a_{k+1}>0$ より，

$$a_{k+1}=k+1.$$

よって，$n=k+1$ のときも $(*)$ は成り立つ．

(I)，(II) より，すべての自然数 n に対して，$(*)$ は成り立つ．

((3) の別解)

$$a_n=n \qquad \cdots(*)$$

を数学的帰納法で証明する．

(I) $n=1$ のとき $(*)$ は成り立つ．

(II) $n=k$ のとき $a_k=k$ が成り立つと仮定する．

このとき，

$$a_{k+1}=S_{k+1}-S_k$$
$$=\frac{1}{2}(a_{k+1}{}^2+k+1)-\frac{1}{2}(a_k{}^2+k)$$

$$=\frac{1}{2}(a_{k+1}{}^2+k+1)-\frac{1}{2}(k^2+k).$$

整理して，

$$a_{k+1}{}^2-2a_{k+1}-(k-1)(k+1)=0.$$
$$\{a_{k+1}+(k-1)\}\{a_{k+1}-(k+1)\}=0.$$

$a_{k+1}>0$ より，

$$a_{k+1}=k+1.$$

よって $(*)$ は $n=k+1$ のときも成り立つ

(I)，(II) より，すべての自然数 n に対して，$(*)$ は成り立つ．

((3) の別解終り)

135 ──〈方針〉─

(3) (1) を用いて a_{n+4} を a_{n+1}，a_n で表しておく．

(1)
$$\boldsymbol{a_{n+3}=7a_{n+2}+a_{n+1}}$$
$$=7(7a_{n+1}+a_n)+a_{n+1}$$
$$\boldsymbol{=50a_{n+1}+7a_n.} \qquad \cdots①$$

(2) まず a_n が整数であることを数学的帰納法を用いて示す．

(I) $n=1,\ 2$ のとき $a_1=1,\ a_2=1$ は整数である．

(II) $n=k,\ k+1$ のとき $a_k,\ a_{k+1}$ が整数であると仮定すると，$a_{k+2}(=7a_{k+1}+a_k)$ も整数である．

(I)，(II) より，すべての自然数 n に対して a_n は整数である．

次に a_{3n} が偶数であることを数学的帰納法を用いて示す．

(III) $n=1$ のとき，

$$a_3=7a_2+a_1=7+1=8$$

より，a_3 は偶数である．

(IV) $n=k$ のとき，a_{3k} が偶数であると仮定する．

① に $n=3k$ を代入すると，

$$a_{3(k+1)}=50a_{3k+1}+7a_{3k}.$$

このとき，$50a_{3k+1}$ も $7a_{3k}$ も偶数なので，$a_{3(k+1)}$ は偶数である．

(III)，(IV) より，$a_{3n}\ (n=1,\ 2,\ 3,\ \cdots)$ は偶

数である.

(3) ① より,

$$a_{n+4}=50a_{n+2}+7a_{n+1}$$
$$=50(7a_{n+1}+a_n)+7a_{n+1}$$
$$=357a_{n+1}+50a_n. \quad \cdots②$$

a_{4n} が 3 の倍数であることを数学的帰納法により示す.

(Ⅰ) $n=1$ のとき,

$$a_4=7a_3+a_2=7\cdot8+1=3\cdot19$$

より, a_4 は 3 の倍数である.

(Ⅱ) $n=k$ のとき, a_{4k} が 3 の倍数であると仮定すると, ② より,

$$a_{4(k+1)}=357a_{4k+1}+50a_{4k}.$$

$357a_{4k+1}(=3\cdot119a_{4k+1})$, $50a_{4k}$ はどちらも 3 の倍数なので, $a_{4(k+1)}$ も 3 の倍数となる.

(Ⅰ), (Ⅱ) より, a_{4n} ($n=1,2,3,\cdots$) は 3 の倍数である.

【注】(2) の前半で, a_n がつねに整数であることを示した. これは, (2) の途中で

$$50a_{3k+1} が偶数であること,$$

(3) の途中で

$$3\cdot119a_{4k+1} が 3 の倍数であること$$

を示すために必要である.

(注終り)

136 ──〈方針〉

α, β は, t の 2 次方程式

$$t^2-(\alpha+\beta)t+\alpha\beta=0$$

の 2 解であることを用いて, P_{n+2} を P_{n+1} と P_n で表し, 数学的帰納法を用いて証明する.

$$\begin{cases}\alpha+\beta=(1+\sqrt{2})+(1-\sqrt{2})=2,\\ \alpha\beta=(1+\sqrt{2})(1-\sqrt{2})=-1\end{cases}$$

より, α, β は, 2 次方程式

$$t^2-2t-1=0$$

の 2 解である.

よって,

$$\alpha^2-2\alpha-1=0 \quad すなわち \quad \alpha^2=2\alpha+1$$

であり, 同様に,

$$\beta^2=2\beta+1$$

であるから, $P_n=\alpha^n+\beta^n$ ($n=1,2,3,\cdots$) に対して,

$$P_{n+2}=\alpha^{n+2}+\beta^{n+2}$$
$$=\alpha^n(2\alpha+1)+\beta^n(2\beta+1)$$
$$=2(\alpha^{n+1}+\beta^{n+1})+\alpha^n+\beta^n$$
$$=2P_{n+1}+P_n \quad \cdots①$$

が成り立つ.

「P_n は 4 の倍数ではない偶数」 $\cdots(*)$ であることを数学的帰納法により示す.

(Ⅰ) $n=1,2$ のとき.

$$P_1=\alpha+\beta=2,$$
$$P_2=\alpha^2+\beta^2=(\alpha+\beta)^2-2\alpha\beta=6$$

であり, 2, 6 はともに 4 の倍数ではない偶数であるから, $n=1,2$ のとき $(*)$ は成り立つ.

(Ⅱ) $n=k$, $k+1$ のとき, $(*)$ が成り立つと仮定する.

このとき, 整数 N, M を用いて,

$$P_k=4N+2, \quad P_{k+1}=4M+2$$

と表すことができ,

$$P_{k+2}=2P_{k+1}+P_k \quad (① より)$$
$$=2(4M+2)+(4N+2)$$
$$=4(2M+N+1)+2$$

となる. $2M+N+1$ は整数であるから, P_{k+2} は 4 の倍数ではない偶数となり, $n=k+2$ に対しても $(*)$ は成り立つ.

以上 (Ⅰ), (Ⅱ) より, すべての自然数 n に対して, P_n は 4 の倍数ではない偶数である.

(部分的別解)

P_{n+2} を P_{n+1}, P_n で表すには次のようにしてもよい.

$$P_{n+2}=\alpha^{n+2}+\beta^{n+2}$$
$$=(\alpha+\beta)(\alpha^{n+1}+\beta^{n+1})-\alpha^{n+1}\beta-\alpha\beta^{n+1}$$
$$=(\alpha+\beta)(\alpha^{n+1}+\beta^{n+1})-\alpha\beta(\alpha^n+\beta^n)$$
$$=2P_{n+1}+P_n.$$

(部分的別解終り)

137

$n=1,\ 2,\ 3,\ \cdots$ に対して

$$\frac{1}{1\cdot2}+\frac{1}{3\cdot4}+\frac{1}{5\cdot6}+\cdots+\frac{1}{(2n-1)\cdot2n}\leqq\frac{3}{4}-\frac{1}{4n}$$
$$\cdots(*)$$

が成り立つことを数学的帰納法によって証明する.

(I) $n=1$ のとき,

$$((*) \text{ の左辺})=\frac{1}{1\cdot2}=\frac{1}{2},$$

$$((*) \text{ の右辺})=\frac{3}{4}-\frac{1}{4}=\frac{1}{2}$$

より, $(*)$ は成立する.

(II) $n=k$ のとき, $(*)$ が成り立つと仮定すると,

$$\frac{1}{1\cdot2}+\frac{1}{3\cdot4}+\frac{1}{5\cdot6}+\cdots+\frac{1}{(2k-1)\cdot2k}\leqq\frac{3}{4}-\frac{1}{4k}.$$

両辺に $\dfrac{1}{(2k+1)(2k+2)}$ を加えて,

$$\frac{1}{1\cdot2}+\frac{1}{3\cdot4}+\frac{1}{5\cdot6}+$$

$$\cdots+\frac{1}{(2k-1)\cdot2k}+\frac{1}{(2k+1)(2k+2)}$$

$$\leqq\frac{3}{4}-\frac{1}{4k}+\frac{1}{(2k+1)(2k+2)}.$$

ここで,

$$\frac{3}{4}-\frac{1}{4(k+1)}-\left\{\frac{3}{4}-\frac{1}{4k}+\frac{1}{(2k+1)(2k+2)}\right\}$$

$$=\frac{1}{4k}-\frac{1}{4(k+1)}-\frac{1}{2(2k+1)(k+1)}$$

$$=\frac{(k+1)-k}{4k(k+1)}-\frac{1}{2(2k+1)(k+1)}$$

$$=\frac{(2k+1)-2k}{4k(k+1)(2k+1)}$$

$$=\frac{1}{4k(2k+1)(k+1)}>0$$

となるので,

$$\frac{1}{1\cdot2}+\frac{1}{3\cdot4}+\frac{1}{5\cdot6}+\cdots+\frac{1}{(2k+1)(2k+2)}$$

$$\leqq\frac{3}{4}-\frac{1}{4(k+1)}$$

が成立する.

よって, $n=k+1$ のときも $(*)$ は成立する.

(I), (II) より, すべての自然数 n に対して $(*)$ は成立する.

138 ──〈方針〉

(2) (1)を利用する.

$$P(X=k)=P(X\leqq k)-P(X\leqq k-1).$$

(3) $V(X)=E(X^2)-\{E(X)\}^2.$

(1) $X\leqq k$ となるのは,

「2回とも k 以下の番号の ついたカードを取りだす」 $\cdots(*)$

場合であるから,

$$P(X\leqq k)=\left(\frac{k}{n}\right)^2.$$

(2) $X=k$ となるのは, $(*)$ のうち,

「少なくとも1回番号 k の ついたカードを取りだす」

場合である.

これは, $(*)$ のうち

「2回とも $k-1$ 以下の番号の ついたカードを取りだす」

場合を除いた事象である.

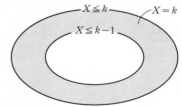

よって,

$$P(X=k)=P(X\leqq k)-P(X\leqq k-1)$$

$$=\left(\frac{k}{n}\right)^2-\left(\frac{k-1}{n}\right)^2$$

$$=\frac{2k-1}{n^2}.$$

$P(X\leqq0)=0$ と解釈すると, これは $1\leqq k\leqq n$ で成り立つ.

よって, X の確率分布は,

$$P(X=k)=\frac{2k-1}{n^2}$$

$$(k=1,\ 2,\ \cdots,\ n)$$

(3) まず，

$$E(X)=\sum_{k=1}^{n}kP(X=k)$$

$$=\frac{1}{n^2}\sum_{k=1}^{n}k(2k-1)$$

$$=\frac{1}{n^2}\left\{2\cdot\frac{n(n+1)(2n+1)}{6}-\frac{n(n+1)}{2}\right\}$$

$$=\frac{(n+1)(4n-1)}{6n}.$$

また，

$$E(X^2)=\sum_{k=1}^{n}k^2P(X=k)$$

$$=\frac{1}{n^2}\sum_{k=1}^{n}k^2(2k-1)$$

$$=\frac{1}{n^2}\left\{2\cdot\frac{n^2(n+1)^2}{4}-\frac{n(n+1)(2n+1)}{6}\right\}$$

$$=\frac{(n+1)(3n^2+n-1)}{6n}$$

であるから，

$$V(X)=E(X^2)-\{E(X)\}^2$$

$$=\frac{(n+1)(3n^2+n-1)}{6n}$$

$$-\left\{\frac{(n+1)(4n-1)}{6n}\right\}^2$$

$$=\frac{(n+1)(n-1)(2n^2+1)}{36n^2}.$$

【注】 $V(X)$ の定義は次の通りであるが，これで求めるのは計算が大変である．

$$V(X)=\sum_{k=1}^{n}\{k-E(X)\}^2P(X=k).$$

そこで，$V(X)$ を求める際には，次の公式を使うことが多い．

$$V(X)=E(X^2)-\{E(X)\}^2.$$

これは，$V(X)$ の定義式から，次のようにして導かれる．

$m=E(X)$，$p_k=P(X=k)$ とおくと，

$$V(X)=\sum_{k=1}^{n}(k-m)^2p_k$$

$$=\sum_{k=1}^{n}(k^2-2mk+m^2)p_k$$

$$=\sum_{k=1}^{n}k^2p_k-2m\sum_{k=1}^{n}kp_k+m^2\sum_{k=1}^{n}p_k$$

$$=E(X^2)-2m\cdot m+m^2\cdot1$$

$$=E(X^2)-\{E(X)\}^2.$$

(注終り)

139 ──〈方針〉──

(1) 2つの事象 A，B に対して

$$P(A)\cdot P(B)=P(A\cap B)$$

が成り立つとき，A と B は独立であるという．

(2) X，Y を確率変数とすると，

$$E(X+Y)=E(X)+E(Y)$$

であり，特に，X，Y が独立であるとき，

$$V(X+Y)=V(X)+V(Y).$$

また，$Y=aX+b$ $(a,\ b$ は実数$)$ であるとき，

$$E(Y)=aE(X)+b,$$

$$V(Y)=a^2V(X).$$

(1) 事象 E が起こる確率を $P(E)$ と表す．

$$P(A)=\left(\frac{3}{6}\right)^3=\frac{1}{8},$$

$$P(B)=\frac{6}{6}\cdot\frac{5}{6}\cdot\frac{4}{6}=\frac{5}{9}$$

であるから，

$$P(A)\cdot P(B)=\frac{1}{8}\cdot\frac{5}{9}=\frac{5}{72}.\quad\cdots\text{①}$$

$A\cap B$ は，2，4，6 の目がそれぞれ 1 回ずつ出る事象であるから，

$$P(A\cap B)=\frac{3}{6}\cdot\frac{2}{6}\cdot\frac{1}{6}=\frac{1}{36}.\quad\cdots\text{②}$$

①，② より，

$$P(A)\cdot P(B)\neq P(A\cap B)$$

であるから，

A と B は独立でない．

(2) i 回目 $(i=1,\ 2,\ 3)$ に出る目の数を X_i とする．

各 i に対して，

$$E(X_i) = 1 \cdot \frac{1}{6} + 2 \cdot \frac{1}{6} + 3 \cdot \frac{1}{6} + 4 \cdot \frac{1}{6} + 5 \cdot \frac{1}{6} + 6 \cdot \frac{1}{6}$$

$$= \frac{7}{2},$$

$$V(X_i) = E(X_i{}^2) - \{E(X_i)\}^2$$

$$= 1^2 \cdot \frac{1}{6} + 2^2 \cdot \frac{1}{6} + 3^2 \cdot \frac{1}{6} + 4^2 \cdot \frac{1}{6} + 5^2 \cdot \frac{1}{6}$$

$$+ 6^2 \cdot \frac{1}{6} - \left(\frac{7}{2}\right)^2$$

$$= \frac{35}{12}.$$

$X = X_1 + X_2 + X_3$ であるから,

$$E(X) = E(X_1) + E(X_2) + E(X_3)$$

$$= 3 \cdot \frac{7}{2}$$

$$= \frac{21}{2}$$

であり, X_1, X_2, X_3 は互いに独立であるから,

$$V(X) = V(X_1) + V(X_2) + V(X_3)$$

$$= 3 \cdot \frac{35}{12}$$

$$= \frac{35}{4}.$$

$Y = 2X$ より,

$$\boldsymbol{E(Y)} = 2E(X) = 2 \cdot \frac{21}{2} = \boldsymbol{21},$$

$$\boldsymbol{V(Y)} = 2^2 V(X) = 4 \cdot \frac{35}{4} = \boldsymbol{35}.$$

$\boldsymbol{140}$ ——〈方針〉

(1) 事象 A, B, C の起こる確率が順に p, q, r $(p+q+r=1)$ であるとき, A が a 回, B が b 回, C が c 回起こる確率は,

$$\frac{(a+b+c)!}{a!\,b!\,c!} p^a q^b r^c.$$

(2) 確率変数 X が二項分布 $B(n, p)$ に従うとき,

$$E(X) = np, \quad V(X) = np(1-p).$$

確率変数 X が正規分布 $N(m, \sigma^2)$ に従うとき,

$$Z = \frac{X - m}{\sigma}$$

で定まる Z は標準正規分布 $N(0, 1)$ に従う.

サイコロを投げて, 1, 2 の目が出る事象を A, 3, 4, 5 の目が出る事象を B, 6 の目が出る事象を C とすると,

$$P(A) = \frac{2}{6} = \frac{1}{3}, \quad P(B) = \frac{3}{6} = \frac{1}{2},$$

$$P(C) = \frac{1}{6}.$$

また, 事象 A が a 回, 事象 B が b 回, 事象 C が c 回起こったとすると, 得点の合計は

$$0a + 1b + 100c = 100c + b.$$

(1) サイコロを 5 回投げて得点の合計が 102 点になるとき,

$$\begin{cases} 総回数\ a+b+c=5, \\ 得点の合計\ 100c+b=102. \end{cases}$$

a, b, c が 0 以上の整数であることも考慮すると,

$$a = 2, \quad b = 2, \quad c = 1.$$

よって, 求める確率は

$$\frac{5!}{2!\,2!\,1!} \left(\frac{1}{3}\right)^2 \left(\frac{1}{2}\right)^2 \left(\frac{1}{6}\right)^1 = \boldsymbol{\frac{5}{36}}.$$

(2) X は合計得点を 100 で割った余りであるから,

$$X = \begin{cases} b & (0 \leqq b \leqq 99), \\ 0 & (b = 100) \end{cases}$$

である.

b は二項分布 $B\left(100, \dfrac{1}{2}\right)$ に従い,

$P(b=100)=\left(\dfrac{1}{2}\right)^{100}$ は非常に小さい値である

から,

$$E(X) \fallingdotseq E(b)=100\cdot\dfrac{1}{2}=50,$$

$$V(X) \fallingdotseq V(b)=100\cdot\dfrac{1}{2}\cdot\left(1-\dfrac{1}{2}\right)=25.$$

よって，X は正規分布 $N(50, 25)$ に近似的に従うから,

$$Z=\dfrac{X-50}{\sqrt{25}}=\dfrac{1}{5}(X-50)$$

とおくと，Z は標準正規分布 $N(0, 1)$ に近似的に従う.

したがって，求める確率は近似的に

$$\begin{aligned}
P(X \leqq 46) &=P(Z \leqq -0.8)\\
&=0.5-P(0 \leqq Z \leqq 0.8)\\
&=0.5-0.2881\\
&=\mathbf{0.2119.}
\end{aligned}$$

141

(1) n 回コインを投げて表が k 回 $(0 \leqq k \leqq n)$ 出るとき,

$$X_n=+1 \times k+(-1) \times (n-k)=2k-n \quad \cdots①$$

であり，この確率は,

$${}_n\mathrm{C}_k\left(\dfrac{1}{2}\right)^k\left(\dfrac{1}{2}\right)^{n-k}=\dfrac{{}_n\mathrm{C}_k}{2^n}$$

となる.

したがって，X_4 の確率分布は次のようになる.

X_4	-4	-2	0	2	4
P	$\dfrac{1}{16}$	$\dfrac{4}{16}$	$\dfrac{6}{16}$	$\dfrac{4}{16}$	$\dfrac{1}{16}$

これより，X_4 の平均 $E(X_4)$ と分散 $V(X_4)$ について,

$$E(X_4)=-4\cdot\dfrac{1}{16}-2\cdot\dfrac{4}{16}+0\cdot\dfrac{6}{16}+2\cdot\dfrac{4}{16}+4\cdot\dfrac{1}{16}$$

$$=0$$

であり，また,

$$\begin{aligned}
E(X_4{}^2)&=(-4)^2\cdot\dfrac{1}{16}+(-2)^2\cdot\dfrac{4}{16}\\
&\quad +0^2\cdot\dfrac{6}{16}+2^2\cdot\dfrac{4}{16}+4^2\cdot\dfrac{1}{16}\\
&=4
\end{aligned}$$

より,

$$V(X_4)=E(X_4{}^2)-\{E(X_4)\}^2=4-0^2=\mathbf{4}$$

となる.

同様に，X_5 の確率分布は次のようになる.

X_5	-5	-3	-1	1	3	5
P	$\dfrac{1}{32}$	$\dfrac{5}{32}$	$\dfrac{10}{32}$	$\dfrac{10}{32}$	$\dfrac{5}{32}$	$\dfrac{1}{32}$

これより，X_5 の平均 $E(X_5)$ と分散 $V(X_5)$ について,

$$\begin{aligned}
E(X_5)&=-5\cdot\dfrac{1}{32}-3\cdot\dfrac{5}{32}-1\cdot\dfrac{10}{32}\\
&\quad +1\cdot\dfrac{10}{32}+3\cdot\dfrac{5}{32}+5\cdot\dfrac{1}{32}\\
&=0
\end{aligned}$$

であり，また,

$$\begin{aligned}
E(X_5{}^2)&=(-5)^2\cdot\dfrac{1}{32}+(-3)^2\cdot\dfrac{5}{32}\\
&\quad +(-1)^2\cdot\dfrac{10}{32}+1^2\cdot\dfrac{10}{32}+3^2\cdot\dfrac{5}{32}+5^2\cdot\dfrac{1}{32}\\
&=5
\end{aligned}$$

より,

$$V(X_5)=E(X_5{}^2)-\{E(X_5)\}^2=5-0^2=\mathbf{5}$$

となる.

((1)の部分的別解)

n 回コインを投げたとき出る表の枚数 Y_n を確率変数とみなすと，Y_n は二項分布 $B(n, p)$ に従うから,

$$E(Y_n)=np, \quad V(Y_n)=np(1-p).$$

とくに，$p=\dfrac{1}{2}$ のとき

$$E(Y_n)=\dfrac{n}{2}, \quad V(Y_n)=\dfrac{n}{4}.$$

① より $X_n=2Y_n-n$ であるから,

$$E(X_n)=2E(Y_n)-n=0,$$
$$V(X_n)=2^2V(Y_n)=n.$$

したがって,
$$E(X_4)=E(X_5)=0,$$
$$V(X_4)=4, \quad V(X_5)=5.$$

(（1）の部分的別解終り)

(2) 動点 P の移動は次の図のようである.
ただし，丸囲みの数字は移動経路の数である．

P の座標

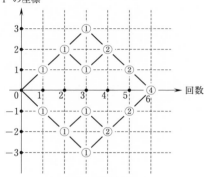

したがって，求める確率は，
$$4\left(\frac{1}{2}\right)^6=\frac{1}{16}$$
である．

(3) X_1 の平均 $E(X_1)$ は,
$$E(X_1)=1\cdot p-1(1-p)=2p-1$$
である．また，
$$E(X_1{}^2)=1^2\cdot p+(-1)^2(1-p)=1$$
より X_1 の分散 $V(X_1)$ は,
$$\begin{aligned}V(X_1)&=E(X_1{}^2)-\{E(X_1)\}^2\\&=1-(2p-1)^2\\&=4p-4p^2\end{aligned}$$
となる．

次に，k 回目 $(0\leqq k\leqq n)$ に表が出れば $Z_k=1$，裏が出れば $Z_k=-1$ で Z_k を定めると，
$$X_n=Z_1+Z_2+\cdots+Z_n$$
である．さらに，
$$E(Z_k)=E(X_1)=2p-1$$

であるから，
$$E(X_n)=E(Z_1)+E(Z_2)+\cdots+E(Z_n)$$
$$=\boldsymbol{n(2p-1)}$$
となり，Z_k $(0\leqq k\leqq n)$ が独立であることから，
$$V(Z_k)=V(X_1)=4p-4p^2$$
より
$$V(X_n)=V(Z_1)+V(Z_2)+\cdots+V(Z_n)$$
$$=\boldsymbol{n(4p-4p^2)}$$
となる．

(4) ① より，
$$X_{100}=2k-100$$
であるから，$X_{100}=28$ となるとき，
$$2k-100=28 \quad \text{すなわち} \quad k=64$$
である．よって，標本比率は，
$$\frac{64}{100}=0.64$$
となるから，p に対する信頼度 95 % の信頼区間は，
$$\left[0.64-1.96\sqrt{\frac{0.64\times0.36}{100}},\ 0.64+1.96\sqrt{\frac{0.64\times0.36}{100}}\right]$$
よって，
$$\boxed{[\boldsymbol{0.54592,\ 0.73408}]}$$
である．

142 ——〈方針〉

A 型の薬の効き目があった人数 X を確率変数とみなす．

B 型の薬の有効率が与えられているから，これをもとにした確率分布に X が従うと考えたとき，$X\geqq134$ となる確率が $\dfrac{5\%}{2}$ より大きいか小さいかで判断する．

A 型の薬の効き目があった人数 X を確率変数とみなす．

B 型の薬の有効率が 0.6 であるから，A 型の薬が B 型の薬と同じ有効率であると仮

定すると，X は二項分布 $B(200,\ 0.6)$ に従うことになる．

このとき，
$$E(X)=200\cdot0.6=120,$$
$$V(X)=200\cdot0.6\cdot(1-0.6)=48.$$

よって，X は近似的に正規分布 $N(120,\ 48)$ に従う．

$$Z=\frac{X-120}{\sqrt{48}}=\frac{\sqrt{3}}{12}(X-120)$$

とおくと，Z は近似的に標準正規分布 $N(0,\ 1)$ に従う．

$X\geqq134$ は $Z\geqq\dfrac{7\sqrt{3}}{6}$ と同値であり，

$$\left(\frac{7\sqrt{3}}{6}\right)^2=\frac{49}{12}>4$$

であるから，

$$\frac{7\sqrt{3}}{6}>2>1.96$$

である．

したがって，

$$P(X\geqq134)=P\left(Z\geqq\frac{7\sqrt{3}}{6}\right)<0.025$$

となるから，仮説は棄却される．

よって，有意水準 5 ％で A 型の薬は B 型の薬より

すぐれているといえる．

143

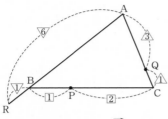

(1) 点 P の位置ベクトルを $\vec{p}$ とおくと,

$$\overrightarrow{AP}=\vec{p}-\vec{a}$$
$$=\frac{2\vec{b}+\vec{c}}{3}-\vec{a}$$
$$=-\vec{a}+\frac{2}{3}\vec{b}+\frac{1}{3}\vec{c}.$$

$$\overrightarrow{AQ}=\frac{3}{4}\overrightarrow{AC}$$
$$=\frac{3}{4}(\vec{c}-\vec{a})$$
$$=-\frac{3}{4}\vec{a}+\frac{3}{4}\vec{c}.$$

$$\overrightarrow{AR}=\frac{6}{5}\overrightarrow{AB}$$
$$=\frac{6}{5}(\vec{b}-\vec{a})$$
$$=-\frac{6}{5}\vec{a}+\frac{6}{5}\vec{b}.$$

(2) (1)の結果より,

$$\overrightarrow{RP}=\overrightarrow{AP}-\overrightarrow{AR}$$
$$=\left(-\vec{a}+\frac{2}{3}\vec{b}+\frac{1}{3}\vec{c}\right)-\left(-\frac{6}{5}\vec{a}+\frac{6}{5}\vec{b}\right)$$
$$=\frac{1}{5}\vec{a}-\frac{8}{15}\vec{b}+\frac{1}{3}\vec{c}. \qquad \cdots\text{①}$$

$$\overrightarrow{RQ}=\overrightarrow{AQ}-\overrightarrow{AR}$$
$$=\left(-\frac{3}{4}\vec{a}+\frac{3}{4}\vec{c}\right)-\left(-\frac{6}{5}\vec{a}+\frac{6}{5}\vec{b}\right)$$
$$=\frac{9}{20}\vec{a}-\frac{6}{5}\vec{b}+\frac{3}{4}\vec{c}. \qquad \cdots\text{②}$$

①, ② より,

$$\overrightarrow{RQ}=\frac{9}{4}\overrightarrow{RP}$$

が成立するので, 3 点 P, Q, R は一直線上にある.

144 ──〈方針〉──

(3) 3 点 A, B, P が同一直線上にあるとき,

$$\overrightarrow{OP}=\alpha\overrightarrow{OA}+\beta\overrightarrow{OB}$$

について,

$$\alpha+\beta=1$$

が成立する.

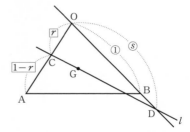

(1) 点 G は △OAB の重心であるから,

$$\overrightarrow{OG}=\frac{1}{3}\vec{a}+\frac{1}{3}\vec{b}.$$

(2) $\overrightarrow{OC}=r\vec{a}$, $\overrightarrow{OD}=s\vec{b}$ であり, $r\neq0$, $s\neq0$ なので,

$$\vec{a}=\frac{1}{r}\overrightarrow{OC}, \quad \vec{b}=\frac{1}{s}\overrightarrow{OD}.$$

よって,

$$\overrightarrow{OG}=\frac{1}{3r}\overrightarrow{OC}+\frac{1}{3s}\overrightarrow{OD}.$$

(3) G は直線 CD 上にあるので,

$$\frac{1}{3r}+\frac{1}{3s}=1.$$

よって,

$$\frac{1}{r}+\frac{1}{s}=3.$$

(4) C は辺 OA 上にあり，A≠O なので，
$$|\overrightarrow{OC}|=r|\overrightarrow{OA}|, \quad 0<r\leqq 1.$$
また，D は直線 OB 上にあるから，
$$|\overrightarrow{OD}|=|s||\overrightarrow{OB}|.$$
さらに，
$$\angle COD=\angle AOB$$
または
$$\angle COD=180°-\angle AOB.$$

したがって，
$$\triangle OCD=\frac{1}{2}|\overrightarrow{OC}||\overrightarrow{OD}|\sin\angle COD$$
$$=\frac{1}{2}r|\overrightarrow{OA}||s||\overrightarrow{OB}|\sin\angle AOB$$
$$=r|s|\triangle OAB.$$
これが △OAB の面積に等しいので，
$$r|s|=1.$$
$$s=\pm\frac{1}{r}.$$

(i) $s=\frac{1}{r}$ のとき．

(3) より，
$$\frac{1}{r}+r=3.$$
$$r^2-3r+1=0.$$
$$r=\frac{3\pm\sqrt{5}}{2}.$$
$0<r\leqq 1$ より，
$$r=\frac{3-\sqrt{5}}{2}.$$

(ii) $s=-\frac{1}{r}$ のとき．

(3) より，
$$\frac{1}{r}-r=3.$$
$$r^2+3r-1=0.$$

$$r=\frac{-3\pm\sqrt{13}}{2}.$$
$0<r\leqq 1$ より，
$$r=\frac{-3+\sqrt{13}}{2}.$$

(i), (ii) より，
$$r=\frac{3-\sqrt{5}}{2}, \quad \frac{-3+\sqrt{13}}{2}.$$

(5) OC：CA＝3：1 のとき，$r=\frac{3}{4}$ である．

(3) より，
$$\frac{4}{3}+\frac{1}{s}=3.$$
$$\frac{1}{s}=\frac{5}{3}.$$
$$s=\frac{3}{5}.$$

よって，
$$OD：DB=\mathbf{3：2}.$$

145 ─〈方針〉─

(ア)
$$\begin{cases} \overrightarrow{OP}=s\overrightarrow{OA}+t\overrightarrow{OB}, \\ s\geqq0, \quad t\geqq0, \quad s+t\geqq1 \end{cases}$$

のとき, 点 P の存在範囲は下図の網掛け部分(境界を含む).

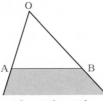

(イ)
$$\begin{cases} \overrightarrow{OP}=s\overrightarrow{OA}+t\overrightarrow{OB}, \\ s\geqq0, \quad t\geqq0, \quad s+t\leqq1 \end{cases}$$

のとき, 点 P の存在範囲は下図の網掛け部分(境界を含む).

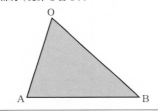

$$\overrightarrow{OP}=s\overrightarrow{OA}+t\overrightarrow{OB}.$$

(1) (i) $s\geqq0, \quad t\geqq0, \quad s+t\geqq1$ のとき.

P の存在し得る領域は, 次図の網掛け部分(境界を含む)である.

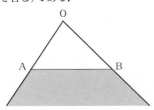

(ii) $s\geqq0, \quad t\geqq0, \quad s+t\leqq3$ のとき.

$$\begin{cases} \overrightarrow{OP}=\dfrac{s}{3}(3\overrightarrow{OA})+\dfrac{t}{3}(3\overrightarrow{OB}), \\ s\geqq0, \quad t\geqq0, \quad \dfrac{s}{3}+\dfrac{t}{3}\leqq1. \end{cases}$$

$s_1=\dfrac{s}{3}, \quad t_1=\dfrac{t}{3}, \quad \overrightarrow{OA_1}=3\overrightarrow{OA}, \quad \overrightarrow{OB_1}=3\overrightarrow{OB}$

とおくと,

$$\begin{cases} \overrightarrow{OP}=s_1\overrightarrow{OA_1}+t_1\overrightarrow{OB_1}, \\ s_1\geqq0, \quad t_1\geqq0, \quad s_1+t_1\leqq1. \end{cases}$$

したがって, P の存在し得る領域は, 次図の網掛け部分(境界を含む)である.

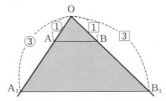

(i), (ii)より, P が存在し得る領域は, 次図の網掛け部分(境界を含む)であり, その面積は,

$$3^2S-S=8S$$

より, S の $\boxed{8}$ 倍である.

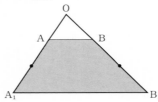

(2) $1\leqq s+2t\leqq3$ のとき.

$$\begin{cases} \overrightarrow{OP}=s\overrightarrow{OA}+2t\left(\dfrac{1}{2}\overrightarrow{OB}\right), \\ s\geqq0, \quad t\geqq0, \quad 1\leqq s+2t\leqq3. \end{cases}$$

$t_2=2t, \quad \overrightarrow{OB_2}=\dfrac{1}{2}\overrightarrow{OB}$ とおくと,

$$\begin{cases} \overrightarrow{OP}=s\overrightarrow{OA}+t_2\overrightarrow{OB_2}, \\ s\geqq0, \quad t_2\geqq0, \quad 1\leqq s+t_2\leqq3. \end{cases}$$

よって, (1)と同様にして, P が存在し得る領域は, 次図の網掛け部分(境界を含む)であり, その面積は,

$$3\cdot\dfrac{3}{2}S-\dfrac{1}{2}S=4S$$

より, S の $\boxed{4}$ 倍である.

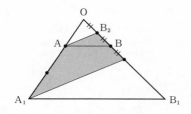

146 ──〈方針〉──

(2) △OAB に対して，
$$\overrightarrow{OP}=\alpha\overrightarrow{OA}+\beta\overrightarrow{OB}$$
で表される点 P が △OAB の内部にある条件は
$$\alpha>0,\quad \beta>0,\quad \alpha+\beta<1.$$

(1)
$$\overrightarrow{OP}+\overrightarrow{AP}+\overrightarrow{BP}=k\overrightarrow{OA}.$$
$$\overrightarrow{OP}+(\overrightarrow{OP}-\overrightarrow{OA})+(\overrightarrow{OP}-\overrightarrow{OB})=k\overrightarrow{OA}.$$
$$\overrightarrow{OP}=\frac{1+k}{3}\overrightarrow{OA}+\frac{1}{3}\overrightarrow{OB}. \quad \cdots①$$

(2) ① で表される P が △OAB の内部にあることから，
$$\begin{cases} \dfrac{1+k}{3}>0, \\ \dfrac{1+k}{3}+\dfrac{1}{3}<1. \end{cases}$$

よって，
$$-1<k<1.$$

(3) ① より，P は辺 OB を 1：2 に内分する点を通り，辺 OA に平行な直線上を動く．さらに，P は △OAB の内部にあるから，求める範囲は次図の線分 A′B′（両端を除く）となる．

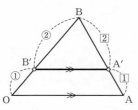

147 ──〈方針〉──

$|\vec{a}-t\vec{b}|^2$ を展開して t の2次関数とみなす．

$$\begin{aligned}\vec{a}\cdot\vec{b}&=|\vec{a}||\vec{b}|\cos\theta\\&=3\cdot1\cdot\cos60°\\&=\frac{3}{2}.\end{aligned}$$

よって，
$$\begin{aligned}|\vec{a}-t\vec{b}|^2&=|\vec{a}|^2-2t\vec{a}\cdot\vec{b}+t^2|\vec{b}|^2\\&=9-2t\cdot\frac{3}{2}+t^2\\&=t^2-3t+9\\&=\left(t-\frac{3}{2}\right)^2+\frac{27}{4}.\end{aligned}$$

したがって，$|\vec{a}-t\vec{b}|^2$ は $t=\dfrac{3}{2}$ のとき最小値 $\dfrac{27}{4}$ をとる．

ゆえに，$|\vec{a}-t\vec{b}|$ の最小値は
$$\sqrt{\frac{27}{4}}=\frac{3}{2}\sqrt{3}$$
であり，そのときの t の値は，
$$t=\frac{3}{2}.$$

(別解)
$$\vec{a}=\overrightarrow{OA},\ \vec{b}=\overrightarrow{OB},\ \vec{a}-t\vec{b}=\overrightarrow{OP}$$
とおく．

t が実数全体を動くとき，点 P は，点 A を通り $\overrightarrow{OB}$ に平行な直線 l を描く．

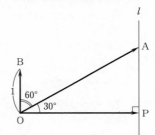

$|\overrightarrow{OP}|$ が最小になるのは
$$\overrightarrow{OP}\perp l$$

となるときであり，このとき
$$\angle \text{AOP}=30°$$
であるから，$|\overrightarrow{\text{OP}}|$ の最小値は
$$|\overrightarrow{\text{OA}}|\cos 30°=\frac{3}{2}\sqrt{3}.$$

また，このとき
$$|\overrightarrow{\text{PA}}|=|\overrightarrow{\text{OA}}|\sin 30°=\frac{3}{2}$$
であり，$|\overrightarrow{\text{OB}}|=1$ であるから，
$$\overrightarrow{\text{PA}}=\frac{3}{2}\overrightarrow{\text{OB}}.$$
$$\vec{a}-(\vec{a}-t\vec{b})=\frac{3}{2}\vec{b}.$$
$$t\vec{b}=\frac{3}{2}\vec{b}.$$
$$\boldsymbol{t=\frac{3}{2}}.$$

（別解終り）

148 ——〈方針〉——

$\vec{a}=(a_1,\ a_2),\ \vec{b}=(b_1,\ b_2)$ のとき，
$\vec{a}\perp\vec{b}$ （$\vec{a}$ と $\vec{b}$ が垂直）
$\iff \vec{a}\cdot\vec{b}=a_1 b_1+a_2 b_2=0.$
$\vec{a}\ /\!/\ \vec{b}$ （$\vec{a}$ と $\vec{b}$ が平行）
$\iff \vec{b}=k\vec{a}$ （k は実数）．

$$\vec{a}+\vec{b}=(3,\ x-1),$$
$$2\vec{a}-3\vec{b}=(-4,\ 2x+3).$$

(1) $\vec{a}+\vec{b},\ 2\vec{a}-3\vec{b}$ が垂直であるとき，
$$(\vec{a}+\vec{b})\cdot(2\vec{a}-3\vec{b})=0.$$
$$3\cdot(-4)+(x-1)(2x+3)=0.$$
$$2x^2+x-15=0.$$
$$(2x-5)(x+3)=0.$$
よって，
$$\boldsymbol{x=\frac{5}{2},\ -3}.$$

(2) $\vec{a}+\vec{b},\ 2\vec{a}-3\vec{b}$ が平行であるとき，
$$2\vec{a}-3\vec{b}=k(\vec{a}+\vec{b})$$
を満たす実数 k がある．
両辺の成分を比べて，

$$\begin{cases} -4=3k, & \cdots① \\ 2x+3=k(x-1). & \cdots② \end{cases}$$

① より，
$$k=-\frac{4}{3}.$$

② に代入して，
$$2x+3=-\frac{4}{3}(x-1).$$
$$\boldsymbol{x=-\frac{1}{2}}.$$

(3) $\vec{a}\cdot\vec{b}=|\vec{a}||\vec{b}|\cos 60°$
より，
$$1\cdot 2+x\cdot(-1)=\sqrt{1+x^2}\sqrt{5}\cdot\frac{1}{2}.$$
$$2(2-x)=\sqrt{5(1+x^2)}.$$
$$4(2-x)^2=5(1+x^2).\quad (x\leqq 2)$$
$$x^2+16x-11=0.\quad (x\leqq 2)$$
よって，
$$\boldsymbol{x=-8\pm 5\sqrt{3}}.$$

149 ——〈方針〉——

(2) △ABC の面積は
$$\frac{1}{2}\sqrt{|\overrightarrow{\text{AB}}|^2|\overrightarrow{\text{AC}}|^2-(\overrightarrow{\text{AB}}\cdot\overrightarrow{\text{AC}})^2}.$$
証明は【注】参照．

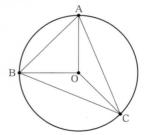

(1) △ABC は半径 1 の円に内接するので，
$$\text{OA}=\text{OB}=\text{OC}=1.$$
$$3\overrightarrow{\text{OA}}+4\overrightarrow{\text{OB}}+5\overrightarrow{\text{OC}}=0 \quad\cdots(*)$$
より，
$$5\overrightarrow{\text{OC}}=-3\overrightarrow{\text{OA}}-4\overrightarrow{\text{OB}}.$$
$$|5\overrightarrow{\text{OC}}|^2=|-3\overrightarrow{\text{OA}}-4\overrightarrow{\text{OB}}|^2.$$

$$25=9|\overrightarrow{OA}|^2+24\overrightarrow{OA}\cdot\overrightarrow{OB}+16|\overrightarrow{OB}|^2.$$
$$25=9+24\overrightarrow{OA}\cdot\overrightarrow{OB}+16.$$
$$25=+24\overrightarrow{OA}\cdot\overrightarrow{OB}.$$
$$\overrightarrow{OA}\cdot\overrightarrow{OB}=\boldsymbol{0}.$$

また (*) より，
$$3\overrightarrow{OA}=-4\overrightarrow{OB}-5\overrightarrow{OC}.$$
$$|3\overrightarrow{OA}|^2=|-4\overrightarrow{OB}-5\overrightarrow{OC}|^2.$$
$$9=16|\overrightarrow{OB}|^2+40\overrightarrow{OB}\cdot\overrightarrow{OC}+25|\overrightarrow{OC}|^2.$$
$$9=41+40\overrightarrow{OB}\cdot\overrightarrow{OC}.$$
$$\overrightarrow{OB}\cdot\overrightarrow{OC}=-\frac{4}{5}.$$

同様に (*) より，
$$4\overrightarrow{OB}=-5\overrightarrow{OC}-3\overrightarrow{OA}.$$
$$|4\overrightarrow{OB}|^2=|-5\overrightarrow{OC}-3\overrightarrow{OA}|^2.$$
$$16=25|\overrightarrow{OC}|^2+30\overrightarrow{OC}\cdot\overrightarrow{OA}+9|\overrightarrow{OA}|^2.$$
$$16=34+30\overrightarrow{OC}\cdot\overrightarrow{OA}.$$
$$\overrightarrow{OC}\cdot\overrightarrow{OA}=-\frac{3}{5}.$$

(2)　$\triangle ABC=\dfrac{1}{2}\sqrt{|\overrightarrow{AB}|^2|\overrightarrow{AC}|^2-(\overrightarrow{AB}\cdot\overrightarrow{AC})^2}.$

$$\begin{aligned}|\overrightarrow{AB}|^2&=|\overrightarrow{OB}-\overrightarrow{OA}|^2\\&=|\overrightarrow{OB}|^2-2\overrightarrow{OA}\cdot\overrightarrow{OB}+|\overrightarrow{OA}|^2\\&=2.\end{aligned}$$
$$\begin{aligned}|\overrightarrow{AC}|^2&=|\overrightarrow{OC}-\overrightarrow{OA}|^2\\&=|\overrightarrow{OC}|^2-2\overrightarrow{OC}\cdot\overrightarrow{OA}+|\overrightarrow{OA}|^2\\&=\frac{16}{5}.\end{aligned}$$
$$\begin{aligned}\overrightarrow{AB}\cdot\overrightarrow{AC}&=(\overrightarrow{OB}-\overrightarrow{OA})\cdot(\overrightarrow{OC}-\overrightarrow{OA})\\&=\overrightarrow{OB}\cdot\overrightarrow{OC}-\overrightarrow{OA}\cdot\overrightarrow{OB}-\overrightarrow{OC}\cdot\overrightarrow{OA}\\&\qquad\qquad\qquad\quad+|\overrightarrow{OA}|^2\\&=\frac{4}{5}.\end{aligned}$$

よって，
$$\triangle ABC=\frac{1}{2}\sqrt{\frac{32}{5}-\frac{16}{25}}=\frac{6}{5}.$$

((2) の別解)

(*) より，
$$-5\overrightarrow{OC}=3\overrightarrow{OA}+4\overrightarrow{OB}.$$
$$-\frac{5}{7}\overrightarrow{OC}=\frac{3\overrightarrow{OA}+4\overrightarrow{OB}}{7}.$$

AB を $4:3$ に内分する点を D とおくと

$$\overrightarrow{OD}=\frac{3\overrightarrow{OA}+4\overrightarrow{OB}}{7}$$

より，
$$-\frac{5}{7}\overrightarrow{OC}=\overrightarrow{OD}.$$
$$\overrightarrow{OC}=-\frac{7}{5}\overrightarrow{OD}. \qquad \cdots(**)$$

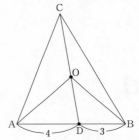

$\triangle OAB$ と $\triangle ABC$ について，AB を共通の底辺とすると，面積比は高さの比に等しい。

$\triangle OAB$ と $\triangle ABC$ の高さの比は
$$OD:CD=1:\frac{12}{5}. \quad ((**) より)$$

また，$\overrightarrow{OA}\perp\overrightarrow{OB}$ より
$$\begin{aligned}\triangle OAB&=\frac{1}{2}|\overrightarrow{OA}||\overrightarrow{OB}|\\&=\frac{1}{2}.\end{aligned}$$

よって，
$$\triangle ABC=\frac{12}{5}\triangle OAB=\frac{6}{5}.$$

((2) の別解終り)

【注】　一般に，$\triangle ABC$ の面積 S は
$$S=\frac{1}{2}\sqrt{|\overrightarrow{AB}|^2|\overrightarrow{AC}|^2-(\overrightarrow{AB}\cdot\overrightarrow{AC})^2}.$$

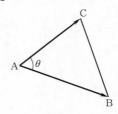

（証明）

∠BAC＝θ とおくと，

$$S=\frac{1}{2}AB\cdot AC\cdot\sin\theta$$

$$=\frac{1}{2}|\overrightarrow{AB}||\overrightarrow{AC}|\sqrt{1-\cos^2\theta}$$

$$=\frac{1}{2}\sqrt{|\overrightarrow{AB}|^2|\overrightarrow{AC}|^2-|\overrightarrow{AB}|^2|\overrightarrow{AC}|^2\cos^2\theta}$$

$$=\frac{1}{2}\sqrt{|\overrightarrow{AB}|^2|\overrightarrow{AC}|^2-(\overrightarrow{AB}\cdot\overrightarrow{AC})^2}.$$

（注終り）

150

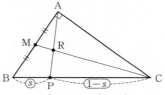

(1)
$$\overrightarrow{AP}=(1-s)\overrightarrow{a}+s\overrightarrow{b}$$

であり，R は直線 AP 上にあるから，x を
実数として，

$$\overrightarrow{AR}=x\overrightarrow{AP}$$
$$=x\{(1-s)\overrightarrow{a}+s\overrightarrow{b}\} \quad\cdots①$$

と表せる．

また，R は直線 MC 上にあるから，y を
実数として，

$$\overrightarrow{AR}=(1-y)\overrightarrow{AM}+y\overrightarrow{AC}$$
$$=\frac{1}{2}(1-y)\overrightarrow{a}+y\overrightarrow{b} \quad\cdots②$$

と表せる．

$\overrightarrow{a}$, $\overrightarrow{b}$ は1次独立であるから，①，② よ
り，

$$x(1-s)=\frac{1}{2}(1-y), \quad xs=y.$$

これを解くと，

$$x=\frac{1}{2-s}, \quad y=\frac{s}{2-s}.$$

よって，

$$\overrightarrow{AR}=\frac{1-s}{2-s}\overrightarrow{a}+\frac{s}{2-s}\overrightarrow{b}.$$

(2) $\overrightarrow{AP}\perp\overrightarrow{MC}$ より，

$$\overrightarrow{AP}\cdot\overrightarrow{MC}=0.$$
$$\overrightarrow{AP}\cdot(\overrightarrow{AC}-\overrightarrow{AM})=0.$$
$$\{(1-s)\overrightarrow{a}+s\overrightarrow{b}\}\cdot\left(\overrightarrow{b}-\frac{1}{2}\overrightarrow{a}\right)=0.$$
$$-\frac{1}{2}(1-s)|\overrightarrow{a}|^2+\left\{(1-s)-\frac{1}{2}s\right\}\overrightarrow{a}\cdot\overrightarrow{b}+s|\overrightarrow{b}|^2=0.$$

$|\overrightarrow{a}|=1$, $|\overrightarrow{b}|=\sqrt{2}$ であり，∠BAC＝90°
より $\overrightarrow{a}\cdot\overrightarrow{b}=0$ であるから，

$$-\frac{1}{2}(1-s)+s\cdot(\sqrt{2})^2=0.$$

$$s=\frac{1}{5}.$$

このとき，

$$\overrightarrow{AR}=\frac{1}{9}(4\overrightarrow{a}+\overrightarrow{b})$$

であるから，

$$|\overrightarrow{AR}|^2=\frac{1}{9^2}(16|\overrightarrow{a}|^2+8\overrightarrow{a}\cdot\overrightarrow{b}+|\overrightarrow{b}|^2)$$
$$=\frac{1}{9^2}\{16\cdot1^2+8\cdot0+(\sqrt{2})^2\}$$
$$=\frac{2}{9}.$$

よって，

$$|\overrightarrow{AR}|=\frac{\sqrt{2}}{3}.$$

151 ──〈方針〉─

△ABC において，∠A の二等分線と
BC の交点を D とすると

$$AB:AC=BD:DC$$

が成立する．

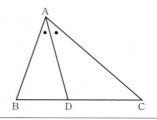

余弦定理から，

$$BC^2 = AB^2 + AC^2 - 2AB \cdot AC \cos A$$
$$= 16 + 25 - 2 \cdot 4 \cdot 5 \cdot \frac{1}{8}$$
$$= 36.$$

よって,
$$BC = \boxed{6}.$$

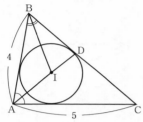

ここで, $\angle BAD = \angle CAD$ より,
$$BD : DC = AB : AC = 4 : 5$$
であるから,
$$\overrightarrow{AD} = \frac{5\overrightarrow{AB} + 4\overrightarrow{AC}}{4 + 5}.$$

また,
$$BD = \frac{4}{4+5}BC = \frac{8}{3}$$
であり, $\angle ABI = \angle DBI$ より,
$$AI : ID = BA : BD = 4 : \frac{8}{3} = 3 : 2$$
なので,
$$\overrightarrow{AI} = \boxed{\frac{3}{5}}\overrightarrow{AD} = \frac{3}{5} \cdot \frac{5\overrightarrow{AB} + 4\overrightarrow{AC}}{9}$$
$$= \boxed{\frac{1}{3}}\overrightarrow{AB} + \boxed{\frac{4}{15}}\overrightarrow{AC}$$
と表せる. ここで,
$$|\overrightarrow{AB}| = 4, \quad |\overrightarrow{AC}| = 5,$$
$$\overrightarrow{AB} \cdot \overrightarrow{AC} = |\overrightarrow{AB}||\overrightarrow{AC}| \cos A = \frac{5}{2}$$
より,
$$|\overrightarrow{AI}|^2 = \left|\frac{1}{15}(5\overrightarrow{AB} + 4\overrightarrow{AC})\right|^2$$
$$= \frac{1}{15^2}(25|\overrightarrow{AB}|^2 + 40\overrightarrow{AB} \cdot \overrightarrow{AC} + 16|\overrightarrow{AC}|^2)$$
$$= \frac{1}{15^2}\left(25 \cdot 16 + 40 \cdot \frac{5}{2} + 16 \cdot 25\right)$$
$$= 4.$$

よって,
$$|\overrightarrow{AI}| = \boxed{2}.$$

【注】 一般に, $\triangle ABC$ において, 内心を I とし, $AB = c$, $BC = a$, $CA = b$ とすると,
$$\overrightarrow{OI} = \frac{a\overrightarrow{OA} + b\overrightarrow{OB} + c\overrightarrow{OC}}{a + b + c}.$$
ただし, O は平面上の任意の点である.

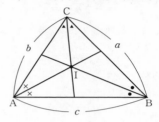

(注終り)

152 ──〈方針〉

3点 P, Q, S で定まる平面上に点 R があるとき, $\overrightarrow{PR} = x\overrightarrow{PQ} + y\overrightarrow{PS}$ と表せる.

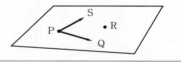

(1)

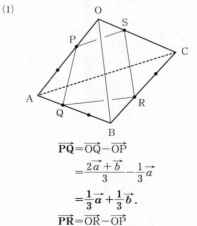

$$\overrightarrow{PQ} = \overrightarrow{OQ} - \overrightarrow{OP}$$
$$= \frac{2\vec{a} + \vec{b}}{3} - \frac{1}{3}\vec{a}$$
$$= \frac{1}{3}\vec{a} + \frac{1}{3}\vec{b}.$$
$$\overrightarrow{PR} = \overrightarrow{OR} - \overrightarrow{OP}$$

$$=\frac{2\overrightarrow{b}+\overrightarrow{c}}{3}-\frac{1}{3}\overrightarrow{a}$$

$$=\boldsymbol{-\frac{1}{3}\overrightarrow{a}+\frac{2}{3}\overrightarrow{b}+\frac{1}{3}\overrightarrow{c}}.$$

$$\boldsymbol{\overrightarrow{PS}}=\overrightarrow{OS}-\overrightarrow{OP}$$

$$=s\overrightarrow{c}-\frac{1}{3}\overrightarrow{a}$$

$$=\boldsymbol{-\frac{1}{3}\overrightarrow{a}+s\overrightarrow{c}}.$$

(2) R は平面 PQS 上にあるから，x，y を実数として，

$$\overrightarrow{PR}=x\overrightarrow{PQ}+y\overrightarrow{PS}$$

と表せる．

これと (1) より，

$$-\frac{1}{3}\overrightarrow{a}+\frac{2}{3}\overrightarrow{b}+\frac{1}{3}\overrightarrow{c}=x\left(\frac{1}{3}\overrightarrow{a}+\frac{1}{3}\overrightarrow{b}\right)+y\left(-\frac{1}{3}\overrightarrow{a}+s\overrightarrow{c}\right).$$

$$-\frac{1}{3}\overrightarrow{a}+\frac{2}{3}\overrightarrow{b}+\frac{1}{3}\overrightarrow{c}=\frac{x-y}{3}\overrightarrow{a}+\frac{x}{3}\overrightarrow{b}+ys\overrightarrow{c}.$$

$\overrightarrow{a}$，$\overrightarrow{b}$，$\overrightarrow{c}$ は1次独立であるから，

$$\begin{cases}-\dfrac{1}{3}=\dfrac{x-y}{3},\\[2mm] \dfrac{2}{3}=\dfrac{x}{3},\\[2mm] \dfrac{1}{3}=ys.\end{cases}$$

これより，

$$x=2,\ y=3,\ \boldsymbol{s=\frac{1}{9}}.$$

153 ――〈方針〉

(4) (2), (3) の結果を利用して，$\overrightarrow{AP}$ を $\overrightarrow{a}$，$\overrightarrow{b}$，$\overrightarrow{c}$ を用いて2通りに表し，「係数比較」する．

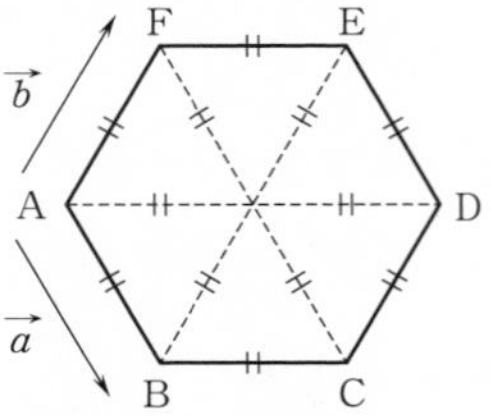

(1) $\boldsymbol{\overrightarrow{AC}=2\overrightarrow{a}+\overrightarrow{b}}.$

(2) $\boldsymbol{\overrightarrow{AR}}=(1-t)\overrightarrow{AC}+t\overrightarrow{AG}$

$$=(1-t)(2\overrightarrow{a}+\overrightarrow{b})+t\overrightarrow{c}$$

$$=\boldsymbol{(2-2t)\overrightarrow{a}+(1-t)\overrightarrow{b}+t\overrightarrow{c}}.$$

(3) $\overrightarrow{BQ}=x\overrightarrow{BD}+y\overrightarrow{BI}$ …(*) を満たす実数 x，y が存在するので，点 Q は **3 点 B，D，I を通る平面上にある．**

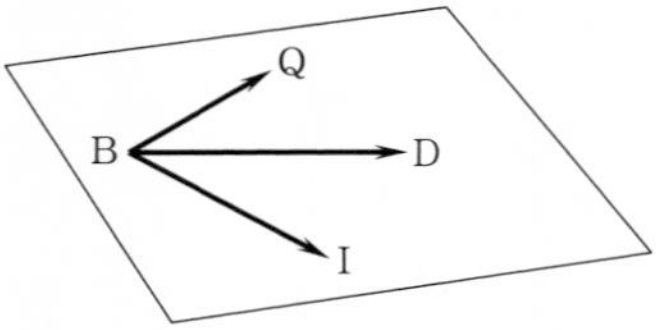

このとき，

$$\overrightarrow{BD}=\overrightarrow{a}+2\overrightarrow{b},\ \overrightarrow{BI}=\overrightarrow{a}+\overrightarrow{b}+\overrightarrow{c}$$

を (*) に代入して，

$$\overrightarrow{BQ}=x(\overrightarrow{a}+2\overrightarrow{b})+y(\overrightarrow{a}+\overrightarrow{b}+\overrightarrow{c}).$$

よって，

$$\boldsymbol{\overrightarrow{AQ}}=\overrightarrow{AB}+\overrightarrow{BQ}$$

$$=\boldsymbol{(1+x+y)\overrightarrow{a}+(2x+y)\overrightarrow{b}+y\overrightarrow{c}}.$$

(4) (2), (3) の結果から，点 P について，

$$\begin{cases}\overrightarrow{AP}=(2-2t)\overrightarrow{a}+(1-t)\overrightarrow{b}+t\overrightarrow{c}\quad(0<t<1),\\ \overrightarrow{AP}=(1+x+y)\overrightarrow{a}+(2x+y)\overrightarrow{b}+y\overrightarrow{c}\end{cases}$$

とおける．

$\overrightarrow{a}$，$\overrightarrow{b}$，$\overrightarrow{c}$ は1次独立なので，

$$\begin{cases}2-2t=1+x+y,\\ 1-t=2x+y,\\ t=y\end{cases}$$

が成り立つ．

これを解いて，

$$x=y=t=\frac{1}{4}.$$

よって，

$$\boldsymbol{\overrightarrow{AP}=\frac{3}{2}\overrightarrow{a}+\frac{3}{4}\overrightarrow{b}+\frac{1}{4}\overrightarrow{c}}.$$

154 ─〈方針〉─

Q は直線 OP と平面 ABC の交点であるから，$\overrightarrow{OQ}=k\overrightarrow{OP}$ かつ
$\overrightarrow{OQ}=s\overrightarrow{OA}+t\overrightarrow{OB}+u\overrightarrow{OC}$ $(s+t+u=1)$
と表せる.

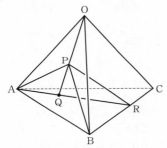

(1) $6\overrightarrow{OP}+3\overrightarrow{AP}+2\overrightarrow{BP}+4\overrightarrow{CP}=\vec{0}$ より，
$6\overrightarrow{OP}+3(\overrightarrow{OP}-\vec{a})+2(\overrightarrow{OP}-\vec{b})+4(\overrightarrow{OP}-\vec{c})=\vec{0}$.
$15\overrightarrow{OP}=3\vec{a}+2\vec{b}+4\vec{c}$.

$$\overrightarrow{OP}=\frac{3}{15}\vec{a}+\frac{2}{15}\vec{b}+\frac{4}{15}\vec{c}.$$

Q は直線 OP 上にあるから，
$$\overrightarrow{OQ}=k\overrightarrow{OP}$$
$$=\frac{3}{15}k\vec{a}+\frac{2}{15}k\vec{b}+\frac{4}{15}k\vec{c} \quad \cdots①$$

と表せて，さらに Q は平面 ABC 上にあるから ① において係数の和が 1 である.

つまり，$\dfrac{3}{15}k+\dfrac{2}{15}k+\dfrac{4}{15}k=1$.

よって，$k=\dfrac{5}{3}$.

① に代入して，
$$\overrightarrow{OQ}=\frac{1}{3}\vec{a}+\frac{2}{9}\vec{b}+\frac{4}{9}\vec{c}.$$

(2) R は直線 AQ 上にあるから，
$$\overrightarrow{OR}=\overrightarrow{OA}+t\overrightarrow{AQ}$$
$$=\vec{a}+t(\overrightarrow{OQ}-\overrightarrow{OA})$$
$$=\vec{a}+t\left(\frac{1}{3}\vec{a}+\frac{2}{9}\vec{b}+\frac{4}{9}\vec{c}-\vec{a}\right)$$
$$=\left(1-\frac{2}{3}t\right)\vec{a}+\frac{2}{9}t\vec{b}+\frac{4}{9}t\vec{c} \quad \cdots②$$

と表せる.

また，R は直線 BC 上の点であるから
$$\overrightarrow{OR}=s\vec{b}+(1-s)\vec{c} \quad \cdots③$$

と表せる.

$\vec{a}$, $\vec{b}$, $\vec{c}$ は一次独立であるから，②，③ より，

$$1-\frac{2}{3}t=0 \text{ かつ } \frac{2}{9}t=s \text{ かつ } \frac{4}{9}t=1-s.$$

よって，
$$t=\frac{3}{2}, \quad s=\frac{1}{3}.$$

s の値に注目すると BR：RC＝2：1.
また (1) の k の値から OQ：PQ＝5：2.
よって，

$$\frac{W}{V}=\frac{\triangle ABR}{\triangle ABC}\cdot\frac{PQ}{OQ}$$
$$=\frac{BR}{BC}\cdot\frac{PQ}{OQ}$$
$$=\frac{2}{3}\cdot\frac{2}{5}=\frac{4}{15}.$$

【注】 (1)で Q が平面 ABC 上にある条件は，次のようにも表せる.
$$\overrightarrow{OQ}=\overrightarrow{OA}+\alpha\overrightarrow{AB}+\beta\overrightarrow{AC}$$
$$=\vec{a}+\alpha(\vec{b}-\vec{a})+\beta(\vec{c}-\vec{a})$$
$$=(1-\alpha-\beta)\vec{a}+\alpha\vec{b}+\beta\vec{c}. \quad \cdots④$$

①，④ より，
$$\begin{cases} \dfrac{3}{15}k=1-\alpha-\beta, \\[2mm] \dfrac{2}{15}k=\alpha, \\[2mm] \dfrac{4}{15}k=\beta. \end{cases}$$

これより，
$$k=\frac{5}{3}, \ \alpha=\frac{2}{9}, \ \beta=\frac{4}{9} \text{ を得る.}$$

（注終り）

155 ──〈方針〉─

(1) $|\overrightarrow{AB}|^2=|\overrightarrow{OB}-\overrightarrow{OA}|^2$ を利用する.

(2) $\overrightarrow{CH}\cdot\overrightarrow{OA}=0$, $\overrightarrow{CH}\cdot\overrightarrow{OB}=0$ を示す.

(3) $V=\dfrac{1}{3}\cdot\triangle OAB\cdot CH$.

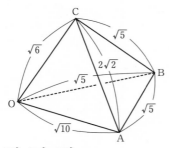

(1) $\overrightarrow{AB}=\overrightarrow{OB}-\overrightarrow{OA}$ より,
$$|\overrightarrow{AB}|^2=|\overrightarrow{OB}-\overrightarrow{OA}|^2.$$
$$|\overrightarrow{AB}|^2=|\overrightarrow{OB}|^2-2\overrightarrow{OA}\cdot\overrightarrow{OB}+|\overrightarrow{OA}|^2.$$
$$(\sqrt{5})^2=(\sqrt{5})^2-2\overrightarrow{OA}\cdot\overrightarrow{OB}+(\sqrt{10})^2.$$
$$\overrightarrow{OA}\cdot\overrightarrow{OB}=5.$$

同様にして,
$$|\overrightarrow{AC}|^2=|\overrightarrow{OC}-\overrightarrow{OA}|^2.$$
$$|\overrightarrow{AC}|^2=|\overrightarrow{OC}|^2-2\overrightarrow{OA}\cdot\overrightarrow{OC}+|\overrightarrow{OA}|^2.$$
$$(2\sqrt{2})^2=(\sqrt{6})^2-2\overrightarrow{OA}\cdot\overrightarrow{OC}+(\sqrt{10})^2.$$
$$\overrightarrow{OA}\cdot\overrightarrow{OC}=4.$$
$$|\overrightarrow{BC}|^2=|\overrightarrow{OC}-\overrightarrow{OB}|^2.$$
$$|\overrightarrow{BC}|^2=|\overrightarrow{OC}|^2-2\overrightarrow{OB}\cdot\overrightarrow{OC}+|\overrightarrow{OB}|^2.$$
$$(\sqrt{5})^2=(\sqrt{6})^2-2\overrightarrow{OB}\cdot\overrightarrow{OC}+(\sqrt{5})^2.$$
$$\overrightarrow{OB}\cdot\overrightarrow{OC}=3.$$

(2) $\overrightarrow{OH}=\dfrac{1}{5}\overrightarrow{OA}+\dfrac{2}{5}\overrightarrow{OB}$ より,
$$\overrightarrow{CH}=\overrightarrow{OH}-\overrightarrow{OC}$$
$$=\dfrac{1}{5}\overrightarrow{OA}+\dfrac{2}{5}\overrightarrow{OB}-\overrightarrow{OC}.$$

よって,
$$\overrightarrow{CH}\cdot\overrightarrow{OA}=\left(\dfrac{1}{5}\overrightarrow{OA}+\dfrac{2}{5}\overrightarrow{OB}-\overrightarrow{OC}\right)\cdot\overrightarrow{OA}$$
$$=\dfrac{1}{5}|\overrightarrow{OA}|^2+\dfrac{2}{5}\overrightarrow{OA}\cdot\overrightarrow{OB}-\overrightarrow{OA}\cdot\overrightarrow{OC}$$
$$=\dfrac{1}{5}(\sqrt{10})^2+\dfrac{2}{5}\cdot5-4$$
$$=0,$$
$$\overrightarrow{CH}\cdot\overrightarrow{OB}=\left(\dfrac{1}{5}\overrightarrow{OA}+\dfrac{2}{5}\overrightarrow{OB}-\overrightarrow{OC}\right)\cdot\overrightarrow{OB}$$
$$=\dfrac{1}{5}\overrightarrow{OA}\cdot\overrightarrow{OB}+\dfrac{2}{5}|\overrightarrow{OB}|^2-\overrightarrow{OB}\cdot\overrightarrow{OC}$$
$$=\dfrac{1}{5}\cdot5+\dfrac{2}{5}(\sqrt{5})^2-3$$

$$=0.$$
また,
$$|\overrightarrow{CH}|^2=\left|\dfrac{1}{5}\overrightarrow{OA}+\dfrac{2}{5}\overrightarrow{OB}-\overrightarrow{OC}\right|^2$$
$$=\dfrac{1}{25}|\overrightarrow{OA}|^2+\dfrac{4}{25}|\overrightarrow{OB}|^2+|\overrightarrow{OC}|^2$$
$$+\dfrac{4}{25}\overrightarrow{OA}\cdot\overrightarrow{OB}-\dfrac{4}{5}\overrightarrow{OB}\cdot\overrightarrow{OC}-\dfrac{2}{5}\overrightarrow{OA}\cdot\overrightarrow{OC}$$
$$=\dfrac{1}{25}(\sqrt{10})^2+\dfrac{4}{25}(\sqrt{5})^2+(\sqrt{6})^2$$
$$+\dfrac{4}{25}\cdot5-\dfrac{4}{5}\cdot3-\dfrac{2}{5}\cdot4$$
$$=4\ (\neq0).$$
ゆえに,
$$\overrightarrow{CH}\cdot\overrightarrow{OA}=0,\quad\overrightarrow{CH}\cdot\overrightarrow{OB}=0,$$
$$\overrightarrow{CH}\neq\vec{0},\quad\overrightarrow{OA}\neq\vec{0},\quad\overrightarrow{OB}\neq\vec{0}$$
であるから, $\overrightarrow{CH}$ は $\overrightarrow{OA}$ と $\overrightarrow{OB}$ のいずれとも垂直である.

(3) (2)から CH は平面 OAB に垂直である.
よって, 四面体 OABC の体積 V は,
$$V=\dfrac{1}{3}\times\triangle OAB\times CH$$
$$=\dfrac{1}{3}\times\dfrac{1}{2}\sqrt{|\overrightarrow{OA}|^2|\overrightarrow{OB}|^2-(\overrightarrow{OA}\cdot\overrightarrow{OB})^2}\times2$$
$$=\dfrac{1}{3}\sqrt{(\sqrt{10})^2(\sqrt{5})^2-5^2}$$
$$=\dfrac{5}{3}.$$

156

(1) $\overrightarrow{AB}=(-1,\ 0,\ 1),\quad\overrightarrow{AC}=(-1,\ 2,\ 2)$
より
$$|\overrightarrow{AB}|^2=(-1)^2+0^2+1^2=2,$$
$$|\overrightarrow{AC}|^2=(-1)^2+2^2+2^2=9,$$
$$\overrightarrow{AB}\cdot\overrightarrow{AC}=(-1)\cdot(-1)+0\cdot2+1\cdot2=3$$
であるから, $\triangle ABC$ の面積 S は,
$$S=\dfrac{1}{2}\sqrt{|\overrightarrow{AB}|^2|\overrightarrow{AC}|^2-(\overrightarrow{AB}\cdot\overrightarrow{AC})^2}$$
$$=\dfrac{1}{2}\sqrt{2\cdot9-3^2}$$
$$=\dfrac{3}{2}.$$

(2) H は α 上にあるので実数 x, y を用いて,

$$\overrightarrow{OH}=\overrightarrow{OA}+x\overrightarrow{AB}+y\overrightarrow{AC}$$
$$=(0,\ 1,\ 0)+x(-1,\ 0,\ 1)+y(-1,\ 2,\ 2)$$
$$=(-x-y,\ 1+2y,\ x+2y)$$

と表せる. また, $\overrightarrow{OH}\perp\alpha$ より,

$$\overrightarrow{OH}\perp\overrightarrow{AB} \quad \text{かつ} \quad \overrightarrow{OH}\perp\overrightarrow{AC}$$

である. これより,

$$\overrightarrow{OH}\cdot\overrightarrow{AB}=0 \quad \text{かつ} \quad \overrightarrow{OH}\cdot\overrightarrow{AC}=0$$

すなわち,

$$\begin{cases}(-x-y)\cdot(-1)+(1+2y)\cdot 0+(x+2y)\cdot 1=0,\\(-x-y)\cdot(-1)+(1+2y)\cdot 2+(x+2y)\cdot 2=0\end{cases}$$

であるから, これを解くと,

$$(x,\ y)=\left(\frac{2}{3},\ -\frac{4}{9}\right)$$

となる. よって,

$$\overrightarrow{OH}=\left(-\frac{2}{9},\ \frac{1}{9},\ -\frac{2}{9}\right)$$

となるので

$$H\left(-\frac{2}{9},\ \frac{1}{9},\ -\frac{2}{9}\right)$$

である.

(3)

$$OH=\frac{1}{9}\sqrt{(-2)^2+1^2+(-2)^2}=\frac{1}{3}$$

であるから四面体 OABC の体積 V は,

$$V=\frac{1}{3}\cdot S\cdot OH=\frac{1}{3}\cdot\frac{3}{2}\cdot\frac{1}{3}=\frac{1}{6}$$

である.

157 ──〈方針〉

(2) 角を二等分するベクトルを求めるには, 「ひし形」を利用する.

(1)
$$\begin{cases}|\vec{a}|=\sqrt{2^2+1^2+(-2)^2}=3,\\|\vec{b}|=\sqrt{3^2+(-2)^2+6^2}=7,\\\vec{a}\cdot\vec{b}=2\cdot 3+1\cdot(-2)+(-2)\cdot 6=-8.\end{cases}$$

よって,

$$|\vec{c}|^2=|t\vec{a}+\vec{b}|^2$$
$$=t^2|\vec{a}|^2+2t\vec{a}\cdot\vec{b}+|\vec{b}|^2$$

$$=9t^2-16t+49$$
$$=9\left(t-\frac{8}{9}\right)^2+\frac{377}{9}.$$

t は任意の実数値をとり得るから, $|\vec{c}|$ は $t=\frac{8}{9}$ のとき最小となり, 最小値は,

$$\sqrt{\frac{377}{9}}=\boxed{\frac{\sqrt{377}}{3}}.$$

【注1】 次のように考えることもできる.

原点 O に対して,

$$\vec{a}=\overrightarrow{OA},\quad \vec{b}=\overrightarrow{OB},\quad \vec{c}=\overrightarrow{OC}$$

によって 3 点 A, B, C を定めると,

$$\vec{c}=t\vec{a}+\vec{b}$$

より,

$$\overrightarrow{OC}=\overrightarrow{OB}+t\vec{a}.$$

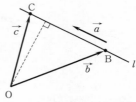

よって, C は, B を通り $\vec{a}$ と平行な直線 l 上の動点であるから, $|\vec{c}|=OC$ は $\vec{c}\perp\vec{a}$ のときに最小となる. このとき,

$$\vec{c}\cdot\vec{a}=(t\vec{a}+\vec{b})\cdot\vec{a}$$
$$=t|\vec{a}|^2+\vec{a}\cdot\vec{b}$$
$$=9t-8=0.$$

よって, $t=\frac{8}{9}$ となる.

(注1終り)

(2)

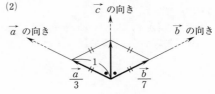

$$\frac{\vec{a}}{|\vec{a}|}=\frac{\vec{a}}{3},\quad \frac{\vec{b}}{|\vec{b}|}=\frac{\vec{b}}{7}\ \text{は, いずれも単位}$$

ベクトルである. $\vec{c}$ はこれらのなす角を二

等分するから，上図のひし形を利用して，

$$\vec{c}=k\left(\frac{\vec{a}}{3}+\frac{\vec{b}}{7}\right)$$

$$=\frac{k}{3}\vec{a}+\frac{k}{7}\vec{b} \quad (k \text{ は実数})$$

と表すことができる．これと，

$$\vec{c}=t\vec{a}+\vec{b}$$

および $\vec{a}$ と $\vec{b}$ が1次独立であることから，

$$\frac{k}{3}=t, \quad \frac{k}{7}=1.$$

よって，

$$k=7, \quad t=\boxed{\frac{7}{3}}.$$

【注2】 次のように考えることもできる．

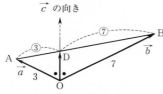

$\vec{c}$ の向き

直線 OC と AB の交点を D として，
△OAB に角の二等分線の性質を用いると，

$$AD:DB=OA:OB=3:7.$$

よって，

$$\overrightarrow{OD}=\frac{7\overrightarrow{OA}+3\overrightarrow{OB}}{3+7}=\frac{1}{10}(7\vec{a}+3\vec{b}).$$

これと $\vec{c}\,/\!/\,\overrightarrow{OD}$ より，p を実数として，

$$\vec{c}=p(7\vec{a}+3\vec{b}) \quad \left(=21p\left(\frac{\vec{a}}{3}+\frac{\vec{b}}{7}\right)\right)$$

と表すことができる．

(注2終り)

((2)の別解)

　【注1】，**【注2】** の考えを合わせると，次のように解答することもできる．

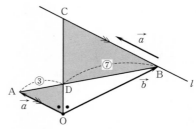

C は直線 l と OD の交点である．
OA // BC より，

$$\triangle DOA \backsim \triangle DCB$$

であり，相似比は，

$$DA:DB=3:7.$$

よって，

$$OA:BC=3:7.$$

したがって，

$$\overrightarrow{OC}=\overrightarrow{OB}+\frac{7}{3}\vec{a}=\boxed{\frac{7}{3}}\vec{a}+\vec{b}.$$

((2)の別解終り)

158 ──〈方針〉

　O を原点とする座標空間において，
点 $A(x_0,\ y_0,\ z_0)$ を通り，
$\vec{d}=(a,\ b,\ c)$ に平行な直線を l とする．

　l 上の点 P の位置ベクトル $\overrightarrow{OP}$ は t
を実数として，次式で表せる．

$$\overrightarrow{OP}=\overrightarrow{OA}+t\vec{d}$$

$$=(x_0,\ y_0,\ z_0)+t(a,\ b,\ c)$$

(1) 点 P は l 上にあるから，実数 s を用いて，

$$\overrightarrow{OP}=\overrightarrow{OA}+s\vec{a}$$

$$=(4,\ 2,\ 1)+s(-1,\ 1,\ 1)$$

$$=(4-s,\ 2+s,\ 1+s) \quad \cdots①$$

と表せる．また，点 Q は m 上にあるから，実数 t を用いて，

$$\overrightarrow{OQ}=\overrightarrow{OB}+t\vec{b}$$
$$=(4,\ 0,\ 3)+t(2,\ -1,\ 0)$$
$$=(4+2t,\ -t,\ 3)\qquad\cdots②$$

と表せる．

このとき，①，② より

$$\overrightarrow{PQ}=\overrightarrow{OQ}-\overrightarrow{OP}$$
$$=(4+2t,\ -t,\ 3)-(4-s,\ 2+s,\ 1+s)$$
$$=(2t+s,\ -t-s-2,\ 2-s)$$

であるから，

$$|\overrightarrow{PQ}|^2=(2t+s)^2+(-t-s-2)^2+(2-s)^2$$
$$=3s^2+6st+5t^2+4t+8$$
$$=3(s+t)^2+2(t+1)^2+6.$$

よって，$s+t=0$，$t+1=0$ のとき，すなわち，

$$s=1,\quad t=-1$$

のとき $|\overrightarrow{PQ}|$ は最小となり，最小値は，

$$|\overrightarrow{\mathbf{PQ}}|=\sqrt{6}\ .$$

また，$s=1$，$t=-1$ のとき，①，② より，

$$\overrightarrow{OP}=(3,\ 3,\ 2),\quad\overrightarrow{OQ}=(2,\ 1,\ 3)$$

であるから，求める P，Q の座標は，

$$\mathbf{P}(3,\ 3,\ 2),\quad\mathbf{Q}(2,\ 1,\ 3).$$

(2) ① で $(x$ 成分$)=0$ としたときの P が P′ であるから，

$$4-s=0.$$
$$s=4.$$

このとき，① より，

$$\overrightarrow{OP'}=(0,\ 6,\ 5)$$

であるから，P′ の座標は，

$$\mathbf{P'}(0,\ 6,\ 5).$$

〔参考〕 $\overrightarrow{PQ}\perp l$，$\overrightarrow{PQ}\perp m$ とすると，

$$\begin{cases}\overrightarrow{PQ}\cdot\vec{a}=0,\\ \overrightarrow{PQ}\cdot\vec{b}=0\end{cases}$$

より，

$$\begin{cases}(2t+s)\cdot(-1)+(-t-s-2)\cdot1+(2-s)\cdot1=0,\\ (2t+s)\cdot2+(-t-s-2)\cdot(-1)+(2-s)\cdot0=0.\end{cases}$$

$$\begin{cases}-3s-3t=0,\\ 3s+5t+2=0.\end{cases}$$

よって，

$$s=1,\quad t=-1$$

となり，解答と同じ結果を得る．つまり，

$$\overrightarrow{PQ}\perp l,\ \overrightarrow{PQ}\perp m\iff|\overrightarrow{PQ}|\ \text{が最小}$$

である．

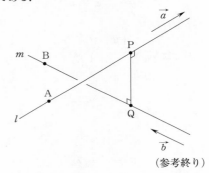

（参考終り）

159 ——〈方針〉

$\vec{n}$ が平面 OAB に垂直であるための条件は，$\vec{n}\perp\overrightarrow{OA}$ かつ $\vec{n}\perp\overrightarrow{OB}$.

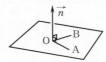

△ABC の面積は，

$$\frac{1}{2}\sqrt{|\overrightarrow{AB}|^2|\overrightarrow{AC}|^2-(\overrightarrow{AB}\cdot\overrightarrow{AC})^2}.$$

(1)

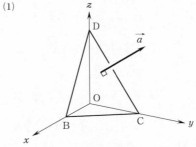

$$\overrightarrow{BC}=(-1,\ 2,\ 0),\quad\overrightarrow{BD}=(-1,\ 0,\ 3).$$
$$\vec{a}=(x,\ y,\ z)\ (x,\ y,\ z\ は正)$$

とおくと，$\vec{a}\perp\overrightarrow{BC}$，$\vec{a}\perp\overrightarrow{BD}$ より，

$$\begin{cases} \vec{a}\cdot\overrightarrow{BC}=-x+2y=0, \\ \vec{a}\cdot\overrightarrow{BD}=-x+3z=0. \end{cases}$$

これより，

$$y=\frac{1}{2}x,\quad z=\frac{1}{3}x. \qquad \cdots\text{①}$$

$|\vec{a}|=7$ より，

$$x^2+y^2+z^2=7^2.$$

① を代入して，

$$x^2+\frac{1}{4}x^2+\frac{1}{9}x^2=49.$$

$$x^2=36.$$

$x>0$ より，$x=6$.

① より，$y=3$，$z=2$.

よって，

$$\vec{a}=(6,\ 3,\ 2).$$

(2) $|\overrightarrow{BC}|=\sqrt{(-1)^2+2^2+0^2}=\sqrt{5}$,

$\quad |\overrightarrow{BD}|=\sqrt{(-1)^2+0^2+3^2}=\sqrt{10}$,

$\quad \overrightarrow{BC}\cdot\overrightarrow{BD}=1+0+0=1$.

よって，

$$\triangle BCD=\frac{1}{2}\sqrt{|\overrightarrow{BC}|^2|\overrightarrow{BD}|^2-(\overrightarrow{BC}\cdot\overrightarrow{BD})^2}$$

$$=\frac{1}{2}\sqrt{5\cdot10-1^2}$$

$$=\frac{7}{2}.$$

(3) 四面体 OBCD の体積を 2 通りに表すことにより，

$$\frac{1}{3}\triangle BCD\cdot OH=\frac{1}{3}\triangle OBC\cdot OD.$$

$$\frac{1}{3}\cdot\frac{7}{2}\cdot OH=\frac{1}{3}\cdot\left(\frac{1}{2}\cdot1\cdot2\right)\cdot3.$$

$$\frac{7}{6}OH=1.$$

$$OH=\frac{6}{7}.$$

(4) $\quad\overrightarrow{OP}=t\overrightarrow{OA}$

$$=t(1,\ 1,\ 1)$$

$$=(t,\ t,\ t)\ (t>0) \qquad \cdots\text{②}$$

と表せる.

Q は平面 α 上にあるから，実数 p，q を用いて

$$\overrightarrow{OQ}=\overrightarrow{OB}+p\overrightarrow{BC}+q\overrightarrow{BD}$$

$$=(1,\ 0,\ 0)+p(-1,\ 2,\ 0)+q(-1,\ 0,\ 3)$$

$$=(1-p-q,\ 2p,\ 3q) \qquad \cdots\text{③}$$

と表せる.

②，③ より，

$$\overrightarrow{PQ}=(1-p-q-t,\ 2p-t,\ 3q-t)$$

であり，条件より $\overrightarrow{PQ}$ は $\vec{a}$ または $-\vec{a}$ に等しい.

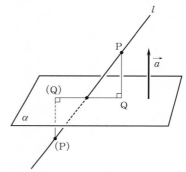

(i) $\overrightarrow{PQ}=\vec{a}$ のとき.

$$\begin{cases} 1-p-q-t=6, & \cdots\text{④} \\ 2p-t=3, & \cdots\text{⑤} \\ 3q-t=2. & \cdots\text{⑥} \end{cases}$$

⑤，⑥ より，

$$p=\frac{t+3}{2},\quad q=\frac{t+2}{3}.$$

これを ④ に代入して，

$$1-\frac{t+3}{2}-\frac{t+2}{3}-t=6.$$

$$11t=-43.$$

$$t=-\frac{43}{11}.$$

これは $t>0$ に反する.

(ii) $\overrightarrow{PQ}=-\vec{a}$ のとき.

$$\begin{cases} 1-p-q-t=-6, & \cdots\text{⑦} \\ 2p-t=-3, & \cdots\text{⑧} \\ 3q-t=-2. & \cdots\text{⑨} \end{cases}$$

⑧，⑨ より，

$$p=\frac{t-3}{2},\quad q=\frac{t-2}{3}.$$

これを ⑨ に代入して，

$$1-\frac{t-3}{2}-\frac{t-2}{3}-t=-6.$$
$$11t=55.$$
$$t=5.$$

これは $t>0$ を満たす.

このとき,
$$p=1, \quad q=1.$$

よって, ②, ③ より,
$$\mathbf{P}(5, \ 5, \ 5), \quad \mathbf{Q}(-1, \ 2, \ 3).$$

160

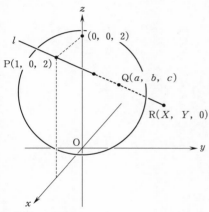

球面 S の方程式は,
$$x^2+y^2+(z-1)^2=1$$

であり, $Q(a, \ b, \ c)$ とすると, Q が $(0, \ 0, \ 2)$ 以外の球面 S 上の点を動くから,
$$\begin{cases} a^2+b^2+(c-1)^2=1, & \cdots① \\ c\neq 2 \end{cases}$$

である.

次に, R は平面 $z=0$ 上にあるから,
$$R(X, \ Y, \ 0)$$

とおくと, R は直線 l 上にあることより, 実数 t を用いて,
$$\overrightarrow{OQ}=\overrightarrow{OP}+t\overrightarrow{PR}$$

と表される. よって,
$$(a, \ b, \ c)=(1, \ 0, \ 2)+t(X-1, \ Y-0, \ 0-2)$$

$$=(1+t(X-1), \ tY, \ 2-2t). \cdots②$$

② を ① へ代入すると,
$$\{1+t(X-1)\}^2+(tY)^2+(2-2t-1)^2=1.$$
$$\{(X-1)^2+Y^2+4\}t^2+2(X-3)t+1=0.$$
$$\cdots③$$

また, $c\neq 2$ であるから, ② より,
$$2-2t\neq 2.$$
$$t\neq 0. \qquad \cdots④$$

③ かつ ④ を満たす実数 t が存在するための $X, \ Y$ に対する条件を求めればよい.

③ において,
$$(X-1)^2+Y^2+4\neq 0$$

であるから, ③ の判別式を D とすると,
$$\frac{D}{4}=(X-3)^2-\{(X-1)^2+Y^2+4\}$$
$$=-4X-Y^2+4.$$

よって, ③ を満たす実数 t が存在するためには, $D\geqq 0$ より,
$$-4X-Y^2+4\geqq 0.$$
$$X\leqq -\frac{1}{4}Y^2+1.$$

また, ③ を満たす実数 t は ④ を満たすから, $X, \ Y$ に対する条件は,
$$X\leqq -\frac{1}{4}Y^2+1$$

のみであり, R の動く範囲は,
$$xy \text{ 平面上の } x\leqq -\frac{1}{4}y^2+1$$

となる.

これを図示すると次図の網掛け部分となる.

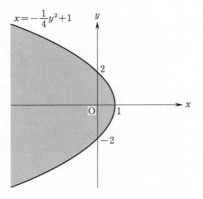